区域规划环境影响评价
方法及应用研究

Methodology and Application Study of

Regional Planning Environmental Assessment

都小尚　郭怀成　著

国家重点基础研究发展计划（973 计划）项目（2005CB724205）资助

科　学　出　版　社

北　京

内 容 简 介

本书提出了系统性的集可持续发展原则、决策理论和项目环境影响评价技术方法为一体的综合区域规划环境影响评价方法学构架，构建了具有普适性的不确定性下区域规划环境影响评价"3层2级"系统优化及累积环境影响评价方法框架和耦合模型，开发了基于景观格局分析的区域规划环境影响评价方法、区域规划环境影响评价污染物排放总量控制方法及模型，并以郑州航空港地区总体规划环境影响评价为例，验证了以上方法的科学性、先进性和实用性。

本书可供环境科学、生态学、城乡规划等学科的科研技术人员、高等院校师生以及政府部门有关人员阅读和参考。

图书在版编目(CIP)数据

区域规划环境影响评价方法及应用研究 / 都小尚，郭怀成著.
—北京：科学出版社，2012

ISBN 978-7-03-035402-0

Ⅰ. 区… Ⅱ. ①都… ②郭… Ⅲ. 区域规划–环境影响–评价–研究
Ⅳ. X321

中国版本图书馆 CIP 数据核字 （2012） 第 198584 号

责任编辑：张 震 / 责任校对：刘小梅
责任印制：徐晓晨 / 封面设计：无极书装

科 学 出 版 社 出版
北京东黄城根北街 16 号
邮政编码：100717
http://www.sciencep.com

北京厚诚则铭印刷科技有限公司 印刷
科学出版社发行 各地新华书店经销

*

2012 年 8 月第 一 版 开本：B5 （720×1000）
2017 年 4 月第二次印刷 印张：17 3/4 插页：4
字数：420 000

定价：160.00 元
（如有印装质量问题，我社负责调换）

前　　言

20 世纪以来，人类经济社会的迅猛发展，产生了严重的资源环境问题，如资源短缺、环境污染、生态破坏、全球气候变暖、臭氧层空洞、生物多样性锐减等，威胁着人类的生存和持续发展。究其原因，主要是人类思想上不正确的自然观和由此导致的行为不当，即人类对资源和环境的不当利用以及人类社会发展与自然的不协调。因此，解决环境问题的根本途径在于转变人类的发展观，树立可持续发展的理念，并在人类的政治、经济和社会生活中，按照可持续发展的要求调整和规范人类自身的行为，使人类的经济社会发展与自然环境的承载能力相协调，从而实现人与自然和谐共生。

战略环境评价（strategic environmental assessment，SEA，以下简称战略环评或 SEA）作为协调人类发展与资源环境关系的辅助决策工具应运而生。它以体现人类自然观、影响人类重大决策行为的战略层次（政策、规划和计划）为切入点，以资源环境的承载能力为基点，以可持续发展理念为指导原则，将资源环境因素前瞻性地和系统地纳入人类的战略制定和决策过程，协调经济、社会和环境三者的关系，匹配三者的质与量，以环境优化经济社会发展，实现源头防治和可持续发展的目标。自 20 世纪 60 年代产生以来，战略环评逐步被学术界及各国政府所重视。90 年代以来，战略环评的理论、方法和应用研究已成为当前国内外区域可持续发展研究的热点之一，国际上对其已有 30 多年的研究历史，取得了较为显著的进展，但大多数集中于理念的建立、概念方法框架的探讨和比较分散的技术方法应用研究，系统的 SEA 集成创新方法仍然比较欠缺。在我国，自 2002 年《环境影响评价法》的颁布至今，不过 8 年时间，对 SEA 的理论、方法和应用研究尚处于起步阶段。尽管近些年来研究工作有较大进展，但其力度和效果仍然有限，尚难以适应可持续发展对战略环评的需求。

当前，我国正处于全面建设小康社会与加快转变经济发展方式的战略转型关键时期。2010 年 10 月通过的《中共中央关于制定"十二五"规划的建议》，明确提出要破解日趋强化的资源环境约束，必须把加快建设资源节约型、环境友好型社会作为重要着力点，积极应对气候变化，加大环境保护力度，提高生态文明水平，走可持续发展之路。"十二五"时期是全面建设小康社会的关键时期，为实现这一战略目标，我国经济社会将步入新一轮快速发展阶段，很有可能对资源环境产生巨大的压力。因此，在决策的源头，即政策、规划和计划制定阶段，将资源环境因素纳入战略制定和决策过程，进行战略环评，协调经济社会和资源环境的关系，避免因决策失误造成巨大的环境污染和生态破坏就成为当务之急；进一步强化战略环评的理论、方法和应用研究，为以环境优化经济社会发展，建设"资源节约型和环境友好型社会"提供有力的理论、方法和实证支持就显得尤为重要，具有重大的现实意义和深远的历史意义。

我国"十一五"期间以及之前的战略环评相关研究，尚未充分体现国际研究的前沿理念，更多地将重心放在以建设项目环境影响评价方法传承过来的技术方法为核心的 SEA 方法研究和应用，对以可持续发展原则和决策理论为核心的综合 SEA 理论、方法和实证研究不够，尤其是对战略环评的方案系统优化、累积环境影响评价、不确定性处理和战略环评方案风险决策等缺乏方法学研究，使得战略环评的有效性受到较大限制。《中共中央关于制定"十二五"规划的建议》提出了进一步深化环境影响评价制度的战略要求，为推动战略环评的理论和方法创新，更好地服务于我国的经济和社会建设提供了强有力的支持。

区域规划环境影响评价（regional planning environmental assessment，RPEA，以下简称区域规划环评）是对规划战略层次的环境评价，是国内外开展最多的 SEA 的一种重要形式。集可持续发展原则和决策理论以及传统的项目环境影响评价技术方法为一体的综合 SEA 方法研究已成为 SEA 方法研究发展的方向。以此为目的，作者以区域规划环评的方法和应用研究为突破口，运用可持续发展、环境承载力、生态系统以及决策科学的相关理论和方法展开研究，以方法创新和应用验证为目标，完成了以下研究和创新：①综合分析区域规划的特征、内容构成和区域规划环评的目的和任务，首次提出了区域规划由空间管制层、产业方案层和景观生态层构成的层次概念和集可持续发展原则、决策理论和项目环境影响评价技术方法为一体的综合区域规划环评（RPEA）方法，即不确定性下区域规划环评"3 层（空间管制层、产业方案层和景观生态层）2 级（规划方案级和补救措施级）"普适性决策者-优化者互动型系统优化方法及耦合模型，为实现区域规划科学决策、源头防治的战略思想提供技术支持。②提出区域规划环评的重要组成部分及研究的热点和难点——累积环境影响评价（cumulative effects assessment，CEA，又称累积影响评价）新方法，初步解决了目前区域规划环评中对累积环境影响评价研究不足或缺失的问题，提高了规划环评的有效性和可靠性。③深入探讨区域新、老污染源污染物排放总量削减之间的良性互动机制，提出区域建设项目环境管理实施总量控制是实现区域总量控制目标的关键，并构建了区域规划环评污染物排放总量控制的理论、方法框架及管理模型，为区域污染物总量控制提供了新的思路和方法。④基于景观格局分析和景观格局安全的相关理论和方法，开发了区域景观格局安全性判别准则、景观格局累积影响动态分析评价和景观格局安全性系统优化方法，为保障区域景观格局的安全和可持续性提供了方法学支持。⑤将以上所开发的区域规划环评新方法成功应用于郑州航空港区总体规划环境影响评价方法验证研究，为政府部门在规划制定阶段的科学决策和规划实施提供了指导，以期为我国的战略环评工作和区域可持续发展提供方法学支持。

全书共 5 章。第 1 章阐述研究背景、目的、技术路线等。第 2 章阐述战略环评的理论、方法学体系、国内外研究进展及该领域主要的科学问题和发展趋势。第 3 章建立综合区域规划环评方法学的理论基础及方法思路。在此基础上，系统研究、开发了集可持续发展原则、决策理论和项目环境影响评价技术方法为一体的综合区域规划环评方法学构架及模型。第 4 章以郑州航空港地区总体规划环境影响评价为例，验证了本书所开发的方法的科学性、先进性和实用性。第 5 章讨论了主要结论、创新点以及该研究领域的发展方向。

目前，集可持续发展原则、决策理论和项目环境影响评价技术方法为一体的综合区域规划环评方法学研究在国内外均处于起步阶段，研究范围广且方法新。希望本书能够推动我国学者在该领域的理论、方法和实证等方面开展广泛研究，促进更多相关问题的提出、探讨和解决，从而更好地为我国的战略环评、环境经济综合决策和环境管理服务。

在开展研究与本书写作的过程中，笔者得到了许多老师和同学的关怀与帮助。感谢唐孝炎院士在百忙中关心研究的开展并给予宝贵的指导和支持；感谢刘永研究员和周丰博士在本书大纲、内容及撰写和修改等方面的指导和帮助；感谢北京大学张世秋、徐晋涛、何玉山、梅凤乔、谢绍东、赵智杰、李文军、王奇、韩凌等各位老师，清华大学张天柱教授、黄跃飞研究员、陈吕军教授，北京师范大学曾维华教授，中国环境科学研究院席北斗研究员等提出的宝贵意见和建议。同时，感谢刘慧在系统动力学模型方面提供的帮助；感谢杨永辉和盛虎在模型计算方面给予的帮助；感谢郁亚娟、于书霞、黄凯、王真等老师和阳平坚、蔡浩、王翠榆、何成杰、刀谞、李娜等同学所给予的帮助、关心和支持；感谢郑州大学环境政策规划评价研究中心刘翠霞、张培在景观制图方面给予的帮助。

由于笔者水平有限，经验不足，书中不妥之处在所难免，欢迎读者不吝批评指正，可通过 duxiaoshang@ sohu. com 与笔者交流。

作　者

2012 年 5 月于燕园

目　　录

彩图

1

绪　论

1.1　研究背景、选题依据和研究目的

1.1.1　研究背景

20 世纪以来，随着世界经济和社会的快速发展，人类对资源环境干预的速度、规模和强度越来越大，经济社会的发展和环境保护之间的矛盾越来越突出，由此产生的资源环境问题日趋严重。从 20 世纪 40~50 年代环境问题在局部地区的产生，然后发展到区域污染，到 80~90 年代全球环境问题（气候变化、臭氧层破坏、生物多样性锐减、海洋污染、自然资源的短缺和耗竭等）提上议事日程，再到进入 21 世纪至现在，环境问题呈现地域上扩张和程度上恶化的趋势，经过局地—区域—全球的过程（钱易和唐孝炎，2000）。其中，最重要的原因之一就是人类利用资源环境不当，人类经济社会发展与自然不相协调，未将资源环境因素纳入经济社会发展的决策过程，即对经济社会发展可能产生的环境影响缺乏前瞻性的考虑，经济社会的发展超出了资源环境的承载能力，导致环境、经济和社会三者严重失衡，发展的可持续性受到严重挑战。

为解决人类发展和资源环境的协调问题，环境影响评价作为重要的决策支持工具和制度应运而生，并应用到决策过程中。1969 年通过的美国《国家环境政策法》提出，"在对人类环境质量具有重大影响的每一项建议或立法建议报告和其他重大联邦行动中，均应由负责官员提供关于该行动可能产生的环境影响说明"。但是接下来的 20 余年，环境影响评价主要集中于项目层次，称为项目环境影响评价（environmental impact assessment，EIA，以下简称项目环评或项目

EIA）。随着环境问题由局地污染扩展到区域污染又发展到全球，人们逐渐认识到项目 EIA 的局限性，即项目 EIA 一般在项目确定后进行，且处于决策的低层次，缺乏前瞻性，难以参与战略决策、推动环境质量的整体改善。因此，单由项目环评控制点源污染已不能解决环境问题，必须从人类的决策源头——发展战略和区域、流域开发等重大人类活动的源头进行控制，才能从根本上解决环境问题。为实施可持续发展战略，解决决策失误所造成的环境问题，作为战略的决策辅助工具——战略环境评价（strategic environmental assessment，SEA，以下简称战略环评或 SEA）随着可持续发展概念的提出应运而生。20 世纪 70 年代中期，欧美及其他国家开始将环境影响评价的应用由项目层次扩展到战略层次，80 年代末，战略环评开始被全世界广泛接受，90 年代以来，对于包括政策、规划、计划（policy，plan，program，PPPs）等政府决策层次的环境影响评价（SEA）逐步被学术界及各国政府所重视。作用于战略实施全过程（政策—计划—规划—项目）的新的环境影响评价体系正在逐渐形成（鞠美庭和朱坦，2003；沈清基，2004；潘岳，2005；王亚男和赵永革，2006；吴婧和姜华，2006）。战略环评的理论、方法和应用研究已成为当前国内外区域可持续发展研究的热点之一。国际上对战略环评的研究已有 30 多年的历史，而我国自 2002 年《中华人民共和国环境影响评价法》（以下简称《环评法》）颁布开始至今不过 8 年时间，处于刚刚起步阶段。

自英国学者 N. Lee 等于 20 世纪 90 年代提出战略环境评价（SEA）的概念至今，世界上已有 100 多个国家和地区开展了 SEA，实施方法有立法形式、行政命令形式及其他形式。迄今，包括中国在内的许多国家和地区已经实施并建立了各自的 SEA 制度，涉及经济体制转型、贸易与投资、财政与金融服务、资源开发、区域发展、工业、农业、交通、能源、城市化和土地利用等领域的政策、规划和计划等（舒廷飞等，2006a）。开展较为广泛的国家主要为发达国家和地区，美国、欧盟、加拿大、荷兰、英国、澳大利亚、新西兰、丹麦、芬兰、挪威、德国、奥地利、俄罗斯等都通过立法要求对拟定的政策规划和计划进行环境影响评价（苏继新和刘春博，2002；沈清基，2004）。

美国的 SEA 始于 1969 年的《美国国家政策法》，1978 年以后，其 SEA 由环境质量委员会具体指导，各州以此为基础制定地方法规，保证本地区 SEA 的实施（苏继新和刘春博，2002）。如今，美国政府已经编制了几百部"战略环境影响报告"（潘岳，2005）。

加拿大 1993 年颁布了《政策和规划提案的环境影响评价程序》（*The Environmental Assessment for Policy and Program Proposals*），规定提交内阁审议的所有

联邦政策和规划提案都需要经过非立法性的环境评价程序（沈清基，2004）。

欧盟已在其所有的成员国内开展了 SEA，而且举办了多次 SEA 研讨会，有关研究工作也较深入，积累了较多的实施 SEA 的经验（苏继新和刘春博，2002）。1993 年，欧盟发布文件规定，今后凡有可能造成显著环境影响的开发活动或新的立法议案必须经过战略环评（潘岳，2005）；1985 年，欧洲委员会颁布《环境影响评价法令》（*EIA Directive*），强制要求对所有建设项目进行环评。之后，欧洲委员会陆续发布文件强调战略环评的必要性，战略环评在欧洲国家普遍进行，特别是对于以土地利用为核心的空间规划及其他部门规划。在此基础上，欧盟于 1997 年发布了《战略环境评价导则（草案）》，要求其成员国最迟在 1999 年年底前开始实施。2001 年年末，欧盟《战略环境评价法令》（*SEA Directive*）正式批准实施（王亚男和赵永革，2006）。

在亚洲，韩国环评法要求国家及地方政府在制定实施各种政策与计划时必须进行战略环评。日本出台了一整套"计划环境评价体系"，专门用于区域开发计划中的战略环评（潘岳，2005）。

目前，国际上对 SEA 方法学的研究可分为 3 类，即基于项目 EIA 的 SEA 方法、基于政策评估的 SEA 方法和基于可持续性原则的综合 SEA 方法（Devuyst，1999；Deakin et al.，2002；Bao et al.，2004）。但方法学研究仍处于探索阶段，尚未形成比较完善和成熟的方法体系和工作程序（Noble and Storey，2001；王亚男和赵永革，2006）。

尽管 SEA 的实施已遍布世界的许多国家和地区，但由于 SEA 的对象为高层战略层次，涉及经济社会发展的各个方面，所涉及的部门、团体、集团利益关系较为复杂，实践中 SEA 面临方法学的不完备、制度阻力、部门分割、管辖权的交叠、公众有效参与和理性决策等 10 项主要挑战，成为 SEA 有效执行的主要障碍（Shepherd and Ortolano，1996；Stinchcombe and Gibson，2001），需要加强方法学的研究和不断实践，积累经验（苏继新和刘春博，2002）。

"预防为主，防治结合"是我国环境保护的基本政策。环境影响评价制度是我国实施环境保护基本政策的环境管理八项制度之一（钱易和唐孝炎，2000），是从源头防止环境污染和生态破坏的最有效手段，在协调经济发展与环境保护关系方面发挥着不可替代的重要作用（孙钰，2006）。我国的环境影响评价起步于 20 世纪 70 年代。1973 年，第一次全国环境保护会议以后，环境影响评价的概念开始引入我国。1978 年，国务院环境保护领导小组《环境保护工作汇报要点》，首次提出要开展环境影响评价。1979 年，《中华人民共和国环境保护法（试行）》开始实施，将环境影响评价作为强制性法律制度确定下来，标志着我国环境影响评价制度的正式建立。1998 年，国务院颁布《建设项目环境保护管理条例》（以下简称《条例》），对环境影响评价的内容、程序、基本要求、责任、惩罚等做了进一步的详细规定。2002 年 10 月 28 日颁布、2003 年 9 月 1 日起实施的《环评法》，对环评的主体、对象、内容、程序等予以明确，使环评制度的法律地位和层次得到了很大提升，成为我国环评制度发展的重要里程碑（祝兴祥，2006）。从《条例》到《环评法》，标志着我国环境保护战略在空间上由点源到区域、流域，在决策层次上由项目到战略（政策、规划和计划）的根本性转变，也标志着我国环境影响评价的发展进入了一个新阶段。

《环评法》颁布实施前，我国对 SEA 的研究主要为区域环境影响评价（regional environmental impact assessment，REIA，以下简称区域环评或 REIA），研究对象主要是区域开发项目以及少数旧城区改造项目和流域开发项目（吴婧和姜华，2006）。《环评法》颁布实施后，2003 年 8 月 11 日国家环境保护总局发布了《规划环境影响评价技术导则（试行）》（HJ/T130—2003）[以下简称《导则》（试行）]，对我国开展规划环评工作作了原则性规定，并于 2003 年 9 月 1 日起实施。我国学者依据《环评法》和《导则》（试行）对 SEA 的研究逐年增多，研究对象主要集中在规划战略层次，目前研究的实例涉及林纸业、铁路、高速公路、火电、水电、城市快速轨道交通等行业规划及地区经济社会发展纲要、城市新区、城市总体、港口、各类开发区和矿产资源开发等综合性规划环境影响评价（planning environmental assessment，PEA，以下简称规划环评或 PEA）。规划环评方法主要为项目 EIA 方法在战略层次的扩展，其技术方法涉及层次分析、德尔菲法、核查表法、评估矩阵法、环境数学模型方法、系统动力学方法、GIS 系统、投入产出和费用–效益分析方法、情景分析方法等。其方法学研究主要涵盖：①规划环评的一般原则、框架和程序（尚金成和包存宽，2000；李明光，2003；鞠美庭和朱坦，2003；王亚男和赵永革，2006）；②城市规划环评方法（沈清基，2004；王吉华等，2004；舒廷飞等，2006；刘毅等，2008）；③土地利用规划环评方法（于书霞等，2004；蔡玉梅等，2005；吕昌河等，2007；唐弢等，2007）；④开发区及港口规划环评方法（杨乃克，2000；毛小苓等，2002；曹德友等，2006；朱俊等，2006；王静和戴明忠，2007）；⑤能源和矿产资源规划环评方法（王圣和陈文燕，2007；李川，2007）；⑥景观生态学方法在规划环评中的应用（廖德兵等，2004；张晓峰和周伟，2007）；⑦数学模型在规划环评中的应用（马小明等，2003；王吉华等，2004；周世星等，2005）；⑧多技术组合 SEA 方法（Chen et al.，2009）。尽管我国学者对规划环评方法进行了多方面的探讨，但目前我国规划环评方法学研究仍处于起步阶段（舒廷飞等，2006；王亚男和赵永革，2006），研究的深度与广度和大量地开展实证研究工作亟待进一步加强。

　　当前，我国经济高速增长，GDP 年增长率（2004～2010 年）已连续 7 年保持在 10%左右，2008 年，全国 GDP 达 300 670 亿元，2009 年达 335 353 亿元。在我国 GDP 的增长中，各类开发区的经济增长呈迅猛势头，已成为我国区域经济增长的主要形式。根据国家发展和改革委员会、国土资源部和建设部联合颁发的《中国开发区审核公告目录》（2006 年版），截止到 2006 年，经过审核的国家级开发区有 222 家，其中包括经济技术开发区、高新技术产业开发区、保税区、出口加工区、边境经济合作区及其他类型开发区，省级开发区有 1346 家（刘现伟，2006）。据目前数据统计：2009 年，全国 54 个高新技术产业开发区工业增加值达 15 417 亿元（科学技术部，2009），占全国 GDP 的 4.60%；全国 54 个经济技术开发区工业增加值达 12 482 亿元（中国开发区网，2009），占全国 GDP 的 3.72%；二者合计占全国 GDP 的 8.32%。

　　经济的高速增长给我国环境带来了巨大的压力，环境形势严峻。以 2008 年为例，全国废水排放总量达到 571.7 亿 t，比上年增长 2.7%；化学需氧量（chemical oxygen demand，COD）排放总量为 1320.7 万 t，比上年减少 4.4%。地表水污染依然严重。长江、黄河、珠江、松花江、淮河、海河和辽河等七大水系总体水质与上年持平。200 条河流 409 个断面中，Ⅰ～Ⅲ类、Ⅳ～Ⅴ类和劣Ⅴ类水质的断面比例分别为 55.0%、24.2%和 20.8%。珠江、长江总体水质良好，松花江为轻度污染，黄河、淮河、辽河为中度污染，海河为重度污染。在监测营养状态的 26 个湖泊（水库）中，呈富营养状态的湖（库）占 46.2%。环境空气质量也不容乐观，2008 年 SO_2 排放总量为 2321.2 万 t，比上年减少 5.9%。城市空气质量总体良好，比上年有所提高，但部分城市污染仍较重；全国酸雨分布区域保持稳定，但酸雨污染仍较重。2008 年度，全国有 519 个城市报告了空气质量数据，达到一级标准的城市 21 个（占 4.0%），二级标准的城市 378 个（占 72.8%），三级标准的城市 113 个（占 21.8%），劣于三级标准的城市 7 个（占 1.4%）。全国地级及以上城市的达标比例为 71.6%，县级城市的达标比例为 85.6%。尽管我国开展了大力度的污染减排工作，取得了明显的成效，但污染物（COD 和 SO_2）排放总量依然很大，环境形势依然严重。

　　目前，中国环境形势总体呈现"局部有所改善，总体尚未遏制，形势依然严峻，压力继续加大"的特点。从未来形势看，中国是最大的发展中国家，人口众多、资源相对不足、生态环境脆弱，正处于工业化、城镇化快速发展的历史阶段，随着经济总量不断扩大和人口继续增加，污染物产生量还会增多，保护环境的压力进一步加大（周生贤，2010）。

各类开发区的迅猛发展已成为我国区域经济增长的主要方式。工业和人口在短期内和有限的区域空间内的快速集聚，无疑对环境和资源构成了巨大的压力。这样的区域发展模式，环境和资源能否承载？区域环境经济综合决策在方法学中的主要学术问题是什么？以环境优化经济发展，即以区域规划环评为手段优化区域经济社会发展，规划环评在方法学中如何体现，在实践中如何落实？是我国当前经济社会发展过程中所面临的严峻课题。实施可持续发展战略，关键是要协调发展与环境的关系，要将经济社会的发展建立在环境和资源的承载能力基础上。我国目前的发展和存在的环境问题，在很大程度上是在战略层面上的决策失误所致，即在经济社会的发展战略（包括政策、规划、计划）制定和实施过程中，没有将环境和资源的承载能力科学地纳入其中。因此，有效地解决环境和发展的问题应从决策的战略层次上，实行环境与发展综合决策的战略思想，实现源头防治，从而促进可持续发展（Partidario，1996；Shepherd and Ortolano，1996；Stinchcombe and Gibson，2001；潘岳，2005）。战略环评研究是将可持续发展战略的宏观目标连接到具体项目的桥梁，是实现环境与发展综合决策的手段。开展战略环评的方法和应用研究，在战略制定之初就充分考虑可能的环境影响，是全面落实可持续发展战略的必要条件。鉴于我国目前区域经济的高速增长带来严峻的区域资源和环境问题，且又面临越来越大的人口和社会压力，迫切需要以环境优化经济社会发展的方法为环境经济综合决策提供支持。因此，开展规划环评的方法和应用研究就显得十分重要和迫切。

1.1.2 选题依据

区域规划是我国战略层次的一种主要战略类型。区域开发是我国目前经济社会发展的主要方式，表现为各类各级开发区的迅猛发展，已成为我国经济发展的龙头。区域规划环境影响评价（regional planning environmental assessment，RPEA，以下简称区域规划环评或 RPEA）是战略环评的一种主要形式，是我国唯一以法律形式规定的战略环评制度。因此，开展区域规划环评的方法学及应用研究的选题依据如下。

（1）目前，中国面临着经济高速增长和资源环境严重不足的矛盾，面临着传统经济增长模式对人类生存环境已构成重大威胁的现实状况（潘岳，2005）。环境问题突出，应从决策的战略层次上实施源头防治。规划环评是环境保护参与综合决策的主渠道，是从源头防止环境污染和生态破坏的根本途径，是实现可持续发展的重要制度保障，是以保护环境优化经济增长、推动环境保护历史性转变的最重要手段之一，是实现将环境问题纳入决策过程的重要工具（Bonnell and

Storey，2000；Nilsson and Dalkmann，2001；李明光，2002c；潘岳，2005）。

（2）SEA 从提出到现在已有近 40 年的历史，但其方法的研究仍处于探索阶段，尚未形成比较完善的工作框架和方法体系。相关的研究表明，缺乏一套适合 SEA 工作要求的方法体系已成为影响其发展的重要因素之一（Noble and Storey，2001；王亚男和赵永革，2006），需要方法学的创新，以更为有效地协调环境与发展的关系。

（3）SEA 的实施过程成为培育政治和生态合理性的综合机制。SEA 并不是培育一种狭隘的工具智慧，而是培育一种综合的政治和生态合理性（Wallington et al.，2007）。SEA 作用于决策的战略层次，克服了项目 EIA 的局限性。从制度体系上看，建设项目只处于整个决策链（战略、政策、规划、计划、项目）的末端，所以，建设项目环评也只能补救小范围的环境损害，无法从源头上保护环境，也不能指导政策或规划的发展方向，更不能解决开发建设活动中产生的宏观影响、间接影响、二次影响、累积影响（潘岳，2005）。因此，体现政治和生态合理性理念的区域规划环评方法研究就成为必然。

（4）区域经济增长是一个国家、一个地区经济增长的主要方式，区域规划是战略层次最为常见的一种形式，也是目前我国经济社会发展的一种主要战略决策方式。所以，区域规划环评方法及应用研究对于我国区域经济社会的健康和持续发展具有重要的现实意义和深远的历史意义。

1.1.3　研究目的

（1）以复合生态系统理论、可持续发展理论、决策理论及战略环评方法学理论等为指导，研究开发区域规划环评更为科学、先进和实用的新方法；

（2）探索区域规划和规划环评的特征和内涵，不确定性下二者融合一体的方法学框架及组成，重点解决区域规划环评方案和补救措施的系统优化问题；

（3）探索作为 SEA 重要组成部分和 SEA 方法学研究难点的区域规划环评累积环境影响评价（cumulative effects assessment，CEA，又称累积影响）新方法，克服以往 SEA 方法学中在累积环境影响方面缺少研究或研究不足的现状，保障其有效性，提高其可信度；

（4）探索基于景观生态学景观格局分析的区域规划环评新方法（landscape pattern analysis-based RPEA），突出区域发展环境优先和景观格局安全；

（5）研究区域规划环评中新增污染物总量控制方法学和管理框架，为区域污染物排放总量控制制度的有效实施奠定方法学基础；

（6）通过案例应用研究，验证所开发的区域规划环评方法的科学性、先进性和实用性，以及存在的问题和今后的努力方向。

1.2 研究内容与技术路线

1.2.1 研究内容

本书的核心工作就是开发不确定性下区域规划环评"规划方案–补救措施"两个层面系统优化方法框架和耦合模型、累积环境影响评价方法框架及区域污染物排放总量控制管理方法框架，并通过案例分析，验证其科学性、先进性和实用性，解决以环境优化经济社会发展的方法学的核心问题——不确定性和资源环境约束条件下区域规划方案的系统优化和风险决策问题。具体有 4 个关键问题需要解决：①区域规划环评方案系统优化方法及模型；②区域规划环评方案实施引致的累积环境影响预测、评价和预警方法；③区域规划环评方案实施阶段的环境保护补救措施优化方法；④区域规划环评污染物排放总量控制管理方法。主要研究内容包括以下 5 个部分。

（1）不确定性下区域规划环评（RPEA）规划方案–补救措施系统优化方法框架和耦合模型研究。结合区域规划和规划环评的特征及二者的主要任务和当前方法研究中存在的关键问题，构建区域规划和规划环评相互融合的规划环评方案–补救措施系统优化方法框架和耦合模型，解决区域规划和规划环评的不同步问题，以及不确定性下规划环评方案系统优化和风险评估问题。

（2）区域规划环评累积环境影响评价（CEA）方法研究。区域规划环评累积环境影响评价是区域规划环评方法框架的重要组成部分。目前，国内外对该领域的研究文献不多，实证案例研究更少，但规划环评如果不能有效地解决累积环境影响，其有效性和可信度无疑会受到质疑。通过研究区域规划中累积影响源、累积影响途径和环境受体的累积效应之间的因果关系，开发科学、先进和实用的 CEA 方法框架和相关应用技术。

（3）区域规划环评污染物排放总量控制管理方法研究。总量控制是改善和保持区域环境质量的关键措施，也是区域规划环评的主要内容。总量控制的关键在于区域经济不断增长的情况下，特别是在总量已超出区域环境容量的区域，如何控制区域新增污染物排放总量，即区域建设项目的总量控制问题。通过分析区域新老污染源污染物排放总量变化态势，构建新、老污染源之间的良性互动机制，采用总量替代的思路提出区域规划环评污染物排放总量控制管理方法框架，为制定区域建设项目总量控制的政策、制度和管理措施提供方法学支持。

（4）基于景观生态学景观格局分析的区域规划环评方法研究。将景观生态学方法引入区域规划环评是规划环评方法学研究发展的新方向。采用景观格局分析方法，选取适宜的景观格局指数，如景观碎裂度、优势度、多样性、均匀度、连通度等构建景观格局动态分析指标体系，根据已有的景观格局安全理论和准则，建立景观格局安全性判别分级准则，计算、分析区域景观格局在规划前后的指数变化（即景观格局的累积影响评价），并进行景观格局安全性评价，识别区域景观格局规划方案存在的安全性缺陷，提出区域景观格局优化调整措施，为区域规划环评方案系统优化奠定景观格局安全基础，开发集区域景观格局动态分析、安全性评价和格局优化于一体的区域规划环评景观生态学方法框架和应用技术。

（5）应用研究-方法验证。郑州航空港地区总体规划环境影响评价研究。将区域规划环评方案-补救措施系统优化方法框架、累积环境影响评价（CEA）方法、区域污染物排放总量控制管理方法和景观生态学方法应用于郑州航空港地区总体规划环境影响评价方法验证研究，获得郑州航空港地区可持续发展规划环评方案及对策措施，为该区域总体规划的制定和科学决策提供方法学支持。

1.2.2　技术路线

根据研究内容，提出本书的技术路线（图1-1）。

区域规划环评方法学研究技术路线共分4个层次，即问题识别与分析→理论研究→方法研究→应用研究-方法验证。每个层次包括3个方面，即由问题的提出得出研究的主要内容及模型与方法需求。①问题识别与分析层次：通过文献查阅、分析和案例区域调研，识别、提出目前国内外区域规划环评方法学的研究现状和存在的问题，继而为理论和方法研究指明方向；②理论研究层次：根据问题识别与分析，确定相关理论的范围、概念和主要内容，并归纳出区域规划环评的关键学术问题，为第3层次方法研究提供理论基础和指导；③方法研究：根据目前区域规划环评方法研究存在的关键学术问题，分析其发展趋势，制定方法研究的目标和内容，确定模型和方法需求，继而开展方法研究；④应用研究-方法验证：将所开发出的新方法应用于实践（郑州航空港地区总体规划环境影响评价），验证方法研究成果的科学性、先进性和实用性，为区域规划的制定和科学决策及区域可持续发展提供方法学支持。

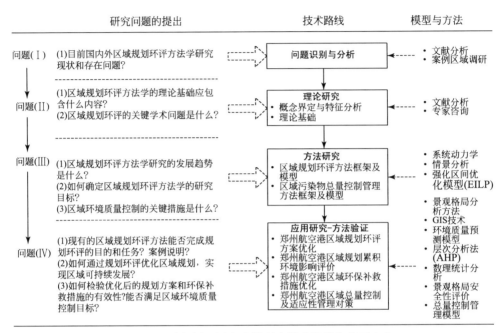

图 1-1 区域规划环评方法学研究技术路线与主要内容

Fig. 1-1 The technical route and main contents for RPEA methodology research

2

战略环评基础理论与国内外研究进展

战略环评（SEA）方法研究涉及 SEA 基础理论、SEA 自身理论，包括 SEA 方法、累积环境影响评价方法及 SEA 的景观生态学方法。本章主要对上述研究内容中的基础理论及对区域规划环评的指导作用进行阐述，重点对 SEA 自身理论、方法研究和应用进展概况进行综述、分析和评价。

2.1　战略环评的基础理论

战略环评是一种决策辅助工具，研究的对象为战略层次，包括政策、规划和计划。其中，规划环评是战略环评的一种主要形式。规划的对象是区域经济社会环境复合生态系统，评价的目的是实现规划的可持续性，评价的过程是以可持续发展理论为指导，以环境承载力为基础，科学系统地、前瞻性地将环境因素纳入规划制定过程，以获得区域经济社会环境复合生态系统的协调、可持续发展，为规划的科学决策提供技术支持。因此，战略环评的理论构建及其方法设计离不开区域规划相关理论、可持续发展理论、环境承载力理论、复合生态系统理论及决策理论，本节就其基础理论及对区域规划环评的指导作用进行阐述。

2.1.1　区域规划相关理论

区域规划环评相关于区域规划的理论主要包括产业结构分析和产业空间布局理论。区域规划相关理论侧重于从社会经济方面为区域规划环评提供区域现状、规划内容及方案合理性分析的理论基础。其相关论点对于环境影响评价的意义在于帮助认识、剖析评价对象。产业结构和空间布局是与区域规划环评密切相关的两个方面。其中，产业结构决定了可能产生的环境影响的性质，是进行区域污染物排放预测、区域生态系统影响分析，规划方案合理性分析，以及进行区域产业结构调整、替代方案设计的重要依据。空间布局直接关系对区域生态环境产生影响的范围和程度，区域规划环评中要着重解决的布局方案合理性、土地利用适宜性、组团间关系协调性等问题，都要以产业空间布局理论为依据进行。

2.1.2 可持续发展理论

可持续发展是 SEA 的重要理论基础，它的内涵和特征包括 3 个方面：①鼓励经济增长，但更强调经济增长的质量，即在可持续基础上的增长；②标志是资源的永续利用和良好的生态环境；③目标是谋求社会的全面进步（钱易和唐孝炎，2000）。可持续发展理论对区域规划环评的作用主要是后者以其思想和原则为指导，构建区域可持续发展指标体系并融合在区域规划环评的指标体系和评价过程中。

2.1.3 环境承载力理论

环境承载力指某一时刻环境系统所能承受的人类社会、经济活动的能力阈值，是环境系统功能的外在表现，即环境系统具有依靠能流、物流和负熵流来维持自身的稳态，有限地抵抗人类系统的干扰，重新调整自组织形式的能力。其特征表现为时间性、区域性及与人类社会经济行为的关联性（郭怀成等，2001），是区域规划环评判定区域可持续性的基线和标准。

2.1.4 生态系统理论

生态系统理论包括：复合生态系统理论、景观生态学理论、耗散结构理论、生态系统服务功能理论。

1. 复合生态系统理论

由我国著名生态学家马世骏教授于 1981 年提出：当今人类赖以生存的社会、经济、自然是一个复合大系统的整体。社会是经济的上层建筑；经济是社会的基础，又是社会联系自然的中介；自然是整个社会、经济的基础，是整个复合生态系统的基础。这为区域规划环评提供了整体观、系统观及区域环境经济社会复合生态系统的系统分析、模拟、环境承载力评价和系统调控优化基础。

2. 景观生态学理论

景观生态学是生态学和地理学的交叉学科。以景观生态系统为研究对象,从整体综合观点研究其结构、功能、演变规律及其与人类社会的相互作用,进而探讨景观优化利用与管理保护的原理和途径。为区域规划环评提供了空间系统分析和景观格局优化基础。

3. 耗散结构理论

区域复合生态系统是一个远离平衡态的耗散结构。耗散结构的自组织功能使得系统对于外界干扰有自我调节能力,以保证系统达到新的平衡状态而不会出现大的波动甚至崩溃,这是人类可以长期同自然系统共生的理论基础。对系统适度的干扰可以促进其发展至新的稳态,人类与环境的相互促进形成了螺旋式上升的发展模式。临界值的存在是耗散结构的一大特征,要求在进行区域规划环评时充分认识系统承载力的有限性,保持适度的规模及速度,这对于系统可持续发展具有决定性的意义。

4. 生态系统服务功能

生态系统服务功能指生态系统服务与生态系统功能的综合,即生态系统与生态过程所形成及所维持的人类赖以生存的自然环境条件与效用。区域规划及其实施对区域生态系统服务功能的影响是一种潜在的生态效应,对区域生态系统服务功能价值进行核算,为区域规划环评将其纳入评价过程,进而在决策中得到合理考虑和控制提供了有效途径。

2.1.5 决策理论

决策科学及相关的方法和观点可以分为3类:①描述性理论——试图解释实践中决策实际上是怎样做的;②标准化理论——阐明决策应当怎样做出,经常基于理性和一致性方法;③说明性理论——试图在特殊背景下通过消除在描述性理论中识别出的限制和偏见改善决策。基于此,Nilsson 和 Dalkmann(2001)提出,SEA 必须以真正的决策过程为出发点才能更为有效。战略环评是决策的辅助工具,决策理论及决策的非线性和非逻辑方式特征,为区域规划环评的方法和程序设计提供了理论指导。

2.2 研究进展（Ⅰ）—— 战略环境评价

2.2.1 战略环境评价的概念、特征、类型和作用

1. 战略环境评价的概念

SEA 与项目 EIA 共同起源于 1969 年通过的美国《国家环境政策法》，但是接下来的 20 多年，环境影响评价主要集中于项目层次（舒廷飞等，2006a）。自 20 世纪 60 年代末开始，随着各国环境意识的提高，西方的环保思想从"末端治理"、"生产过程控制"过渡到"源头防治"，这一认识过程体现了各国发展观的升华，对各种开发建设活动可能导致的环境影响的评价，成为一些发达国家的法定要求。1969 年，美国制定的《国家环境政策法》（*National Environment Policy Act*）规定，"在对人类环境质量具有重大影响的每一项建议或立法建议报告和其他重大联邦行动中，均应由负责官员提供关于该行动可能产生的环境影响说明"，这就是战略环评制度的开端。70 年代中期开始，全球环境问题对人类生存和发展的危害性增加，人类开始由仅仅关注局部环境问题扩展到关注区域或全球性环境问题，环境影响评价的范围开始由项目层次的环境评价逐步上升和扩展到战略性的区域规划和政策层次的环境评价（潘岳，2005；王亚男和赵永革，2006）。在世界环境与发展委员会向联合国提交的《我们共同的未来》报告中，强调了进行战略环评的重要性，并建议将其纳入决策程序，"预见和防止环境破坏，需要在考虑政策的经济、贸易、能源、农业和其他方面影响的同时，考虑生态方面的影响，而且必须同时纳入国家机构和国际机构的议事日程中"（梁学功和刘娟，2004）。

战略环评的概念首先由英国的 Lee、Wood 和 Walsh 等提出（彭应登和王华东，1995）。在国外的 SEA 研究与实践中，战略范畴通常包括政策（policy）、规划（plan）和计划（program），简称 PPP（Seht，1999；Noble，2000）。相应地，SEA 有 4 个类型和层次，即法律法规 SEA、政策 SEA、规划 SEA、计划 SEA，有时还有重大项目或系列项目的 SEA（Bao et al.，2004）。Therviel 等（1992）正式给出 SEA 的概念，简单地讲，战略环评就是环境影响评价在法律、政策、规划、计划层次的应用（李巍等，1995）。此后，许多学者各自从不同的视角对战略环评的概念进行了研讨，但经过近 20 年的发展，至今尚未形成一个被广泛接受的统一的定义（Risse et al.，2003），其主要原因是对 SEA 的应用领域和工作

特点的不同理解。目前对于 SEA 的定义主要有两种观点，一种观点认为，SEA 一般是指"环境影响评价（项目 EIA）的原则与方法在战略层次的应用，是对一项政策、计划或规划及其替代方案的环境影响进行正式的、系统的、综合的评价过程，包括完成 SEA 研究报告，并将结论应用于决策"（李巍等，1995；Therivel and Partidario，1996；Seht，1999；Noble，2000；Bao et al.，2004）；另一种观点基于决策理论和可持续发展评估认为，SEA 不是简单地由项目 EIA 向战略层次的扩展，而是有其自身的特质，可以定义为"对所提议的政策、规划和计划以及它们的替代方案的环境评估的系统过程，以保证在决策过程的早期的合适阶段完全地包含并适当地解决。它意味着评估报告的准备及用于决策的公开说明"（Nilsson and Dalkmann，2001；Herrera，2007；Wallington et al.，2007），即战略环评是战略编制过程的一个环节，是战略决策的辅助工具。这一定义将 SEA 所考虑的影响从环境方面扩展到了包括社会、经济、环境在内的综合效应，并注重了决策过程的连续性，更能体现可持续发展的思想。我国学者及政府部门对 SEA 的概念倾向于第一种观点（舒廷飞等，2006a）。

我国 2002 年颁布的《环评法》对规划环评的定义是：对规划和建设项目实施后可能造成的环境影响进行分析、预测和评估，提出预防或者减轻不良环境影响的对策和措施，以及进行跟踪监测的方法与制度。这一制度用于项目层次为项目 EIA，用于规划层次为规划环评（plan environmental assessment，PEA），用于区域拟开发各种活动（如综合工业基地开发，大型水利工程建设或流域建设、城市建设、新兴经济小区开发、老工业区的改造）称之为区域环境影响评价（regional environmental assessment，REA，简称区域环评）（徐鹤等，2000）。其中所指的规划环评是战略环评体系的一个主要组成部分，规划环评和区域环评都是 SEA 的形式。《环评法》颁布之后，"区域环评"已不常使用，已纳入规划环评体系，国内外战略环评的研究多集中在规划层次。

2. 战略环评的特征

战略环评的特征主要表现在 3 个方面。

1）战略性

战略性是 SEA 区别于其他影响评价类型的最主要的特征（Noble，2000），战略首先体现在评价对象上，评价针对政策、规划、计划等公共决策而进行。作用和目的的战略性是其战略性的实质（李明光等，2003），即评价的目的是为了将工作体现在最终决策中，充分发挥辅助决策的功能，实现综合决策。而要达到 SEA 作用的战略性，就必须实现方法学的战略性。

2) 不确定性

SEA 的不确定性主要源于评价对象即战略的不确定性和战略影响的受体——生态环境系统的不确定性两个方面。由于 SEA 要求在战略制定的初期就开始工作，战略内容、实施方案、战略的颁布与发挥作用，以及产生环境影响之间的时间长短等都很难确定。战略决策涉及因素众多，决策过程存在很多的非理性或政治因素，对其环境后果的分析不可避免地存在很大的不确定性，战略实施所引发的后续发展项目、规模等也很难确定。

战略作用于环境系统所产生的效应也存在不确定性。战略作用的对象是一个社会经济环境的复杂巨系统，人们对于该系统运行规律的认识还很有限。因此，很难准确预测发展战略实施以后可能的环境效应，环境损害与外界胁迫之间通常是一种非线性关系。基于此种预测所开展的影响评价也相应地具有了不确定性特征（Nilsson and Dalkmann，2001；Dalkmanna et al.，2004）。

3) 评价方法的前瞻性、概要性、粗线条性和非技术性

SEA 在战略目标确定以后，要对多种可供选择的方案进行比较、分析和评价，并制订替代方案甚至修改战略目标，以选择能够满足规划目标的最优方案或对各个替代方案的满意度进行排序。因此，它所体现的是一种前瞻性的思维，可以根据需要在战略制定的任一阶段开始为决策提供信息。

SEA 评价具有概要性、粗线条性特征。评价所处决策链中的层次越高，评价过程越粗略。从计划、规划到政策层次，对于评价技术的要求逐渐降低，而对于非技术性的方法，尤其是综合集成方法（如情景分析）的依赖性越高（Noble，2000）。

Noble（2000）对项目 EIA 和 SEA 的特征进行深入研究，认为 SEA 的战略性主要体现在它广阔的视角和目的、目标，综合性的方案制定和选择及前瞻性的方法和评估过程的粗线条性和非技术性。在对比 SEA 和 EIA 的特征的基础上，提出战略环评分为两个层面，方案选择的战略层面和方案实施后的环境影响评价的非战略层面，战略环评的关键是战略层面。SEA 和 EIA 的特征比较如表 2-1 所示。

表 2-1　SEA 和 EIA 的特征比较

Table 2-1　Defining characteristics of EIA and SEA

项目	EIA	SEA
1. 最终结果	表达一个评价结果 ——结束一个问题或任务，提供对一个行为的评价后果	导致一个行动战略 ——提供达到一个目的和目标的手段和方式

续表

项目	EIA	SEA
2. 评价对象	目的和目标预先确定 ——预测一个已经预先选择的潜在后果	基于广阔的视角、目的和目标背景下的战略制定 ——检查完成特别的目的和目标的战略
3. 解决的主要问题	解决选择的影响问题 ——选择方案对方案选择 ——在项目层次按照预先确定的方案解决有效选择问题 ——方案经常局限于技术设计层面 ——理论上含有一个无行动方案，可能做出选择但不进行	解决最佳选择的问题 ——方案选择对选择方案 ——在早期阶段制定广泛的方案 ——包含一个无变化方案，即无拟议行动的零方案。维持现有的路径帮助达到目标。它不是一种选择
4. 环境管理	管理着重在减轻可能的负面影响	在早期阶段，通过选择最小负面影响的方案使负面后果最小化
5. 预测方式	预测 ——预测和评估一项特别任务的可能后果	回顾过去，然后预测未来 ——基于目的决定一系列的选择，然后预测每项选择的可能后果
6. 评估方式	反应性的环境评估 ——做出选择，设计 EIA 评估所作选择 ——确定性的，有明确的开始（项目建议）和对一个单项任务的评估结束（决定是否进行）	前瞻性的环境评估 ——产生和检查导致满意选择的方案 ——即期进行。如果战略选择没有满足特别的目的和目标，或又产生了新的目的和目标，在任何时间都可以执行的一个过程
7. 评价层次和范围	项目层次特有的 ——对一项特别的项目建议任务的评估 ——狭窄的视角和高度的详细 ——集中于预先确定的方案选择评估，通常为技术性的、定量的和高度详细的	非项目层次特有的 ——集中于方案、机会、区域和部门 ——广阔的视角和粗略的细节 ——集中于广泛的方案 ——从计划、规划和政策递级上升至方案 ——评估是广泛的，通常是非技术性的和定性的

3. 战略环评的类型

(1) 按照应用领域分类。可分为部门（或者行业）SEA、区域或综合 SEA、特殊的 SEA 或者称为间接 SEA（Partidario，1996；彭应登和王华东，1995）3 种类型。其中，间接 SEA 的评价对象指虽然不带来直接的发展项目，但是可能对环境产生显著影响的政策，如科学与技术政策，农业政策、金融政策等。

(2) 按照 SEA 自身特征分类。可分为基于项目 EIA 的 SEA、基于政策评估的 SEA、综合的 SEA 及特殊的 SEA 4 种类型。其中，特殊的 SEA 通常没有系统的评价工作，通过圆桌会议、监督委员会等手段考虑环境问题，但是没有系统的将环境问题纳入决策过程的机制。

(3) 按照评价对象的层次关系分类。可分为政策 SEA，规划 SEA 和计划 SEA 3 种类型（李巍等，1995；李明光等，2002a；Bao et al.，2004）。

综上所述，SEA 的内涵主要包括以下几个方面：①SEA 是一个综合的、系统的工作过程，是一类评价的总称。其重点在于过程（辅助决策）而非结果，即不在于使规划建议者面临负面结果的信息。②SEA 的评价客体是正在执行中的或拟议的政策、计划、规划及其替代方案。③SEA 的主要目标是为战略的制定和最终决策提供环境方面的信息，帮助实施环境与发展的综合决策，并最终推动可持续发展目标的实现。④SEA 有基于项目 EIA 和源于决策理论及可持续发展 3 种不同的思路、模式及工作方法。

4. 战略环评的作用

Shepherd 和 Ortolano（1996），Noble（2000），Stinchcombe 和 Gibson（2001），Bao 等（2004），Alshuwaikhat（2005），Bina（2007），Wallington 等（2007），马蔚纯等（2000），陈彬和张格平（2001），彭应登和王华东（1995），李巍等（1995），梁学功和刘娟（2004），舒廷飞等（2006a），祝兴祥（2006），潘岳（2005），程龙飞（2007）等许多学者对 SEA 产生的原因、目的和作用进行了探讨，主要论点包括两个方面：①源头防治的需要呼唤战略环评，战略环评的战略特征从方法学上克服了项目 EIA 的局限性，具有促进可持续性目标的实现、前瞻性的方法、推进对累积影响的关注和更有效的公众参与、提高项目 EIA 的效率等多项优势；②战略环评构建了培育政治和生态合理性的综合机制，成为实施可持续发展战略的重要工具和连接宏观的、抽象的可持续发展目标与具体的、可操作的项目之间的桥梁，是环境与发展综合决策的制度化保障。

2.2.2 国内外实践进展

1. 国外实践进展

国外 SEA 按照其发展历程可以分为以下 3 个阶段。

1) SEA 的起步阶段（SEA 的提出到 20 世纪 90 年代初）

这一阶段主要是 SEA 概念的提出和评价工作的初步探索。重要标志有：1969 年，美国环境政策法案提出了任何对环境有重大影响的法例或行动须附带对环境影响的报告。美国《国家环境政策法》第二条第三款就规定，要将环境影响评价应用于对环境质量具有重大影响的每一项立法建议（Proposal For Legislation）和其他重大联邦行动（Major Federal Action）；1978 年，美国国家环境保护局（NEPA）法规中提出：需做环评的项目可以依地区、内容或科技类型划分；1987 年，荷兰推出了适用于国家规划与计划的环评法案；1989 年，澳大利亚资源管理委员会法案确立了资源政策的聆讯程序。同年，世界银行推出了旨在进行部门及区域环境评估的指引；1990 年，加拿大推出政策与计划的环评（鞠美庭和朱坦，2003）。欧盟对环境影响评价的作用认识始于 20 世纪 70 年代。欧盟委员会在 1973 年的第一次环境行动计划（environmental action program，EAP）就提出了对所有规划进行完整的环境影响评价，以在源头防止环境损害的重要性。1985 年，EIA 指令（*EIA Directive. 85/337/EEC*）建立了欧共体的项目 EIA 制度，之后，着手 SEA 指令的起草工作（李明光等，2002b）。

该阶段尽管提出了 SEA 的概念，不少国家初步制定了相应的法案和工作程序，但在概念上认为 SEA 即 EIA 在高层次决策中的应用，加之该阶段环境问题呈现局部性特征，区域化和全球化尚不突出，实际工作中仍多集中于项目 EIA，战略层次开展 SEA 的为数不多，且多为 EIA 方法在其中的应用。

2) SEA 的快速发展阶段（20 世纪 90 年代到 2000 年）

这一阶段主要是对 SEA 理论、方法、程序、实证进行了初步探索，提出 SEA 的概念框架和程序。这一阶段，越来越多的国家与地区制定了与 SEA 有关的规章、法令，已具备 SEA 系统的国家有加拿大、美国、荷兰、英国、丹麦、瑞典、挪威、芬兰、德国、法国、新西兰和澳大利亚等（Therviel and Partidario，1996）。加拿大 1993 年颁布了《政策和规划提案的环境影响评价程序》（*The Environmental Assessment for Policy and Program Proposals*），规定提交内阁审议的所有联邦政策和规划提案都需要经过非立法性的环境评价程序。1991 年，英国出台政策评估的导则（1997 年修订），提出了主要针对（国家）政策的环境评价要求；1992 年，英国出台的规划与指南解释（1998 年修订）提出了针对地方区域发展规划的 SEA；联合国欧洲经济委员会（UNEC）推出了政策、规划与计划的环评方法；中国香港出台了政府政策的环境考虑。1993 年，丹麦开始对政府法案进行环评，丹麦总理发布关于商业和环境影响的内阁通知，要求对有较大环境影响的政府议案进行 SEA。丹麦的 SEA 为行政命令而非法律要求。同年，欧盟开始进行法例的环评。欧盟的环境评价在 85/337/EEC 的约束下，经历了 10 年发展后，20 世纪 90 年代中期进入了第二个发展时期，主要有两个标志，一是通过 97/11/EC 导则对 85/337/EEC 的修改、补充；二是从项目 EIA 向 SEA 的扩展（Barker and Wood，2001）。俄罗斯于 1994 年公布的《俄罗斯联邦环境影响评价条例》，将环境影响评价的范围确定为五大类，即部门和地区社会经济发展构想、规划（包括投资规划）和计划；自然资源综合利用和保护纲要；城市建设文件（城市总体规划、详细规划方案和纲要等）；研制新技术、新工艺、新材料和新物质的文件；建设投资的前期设计方案论证文件，现有经济和其他项目及联合体的新建、改建、扩建和技术改造的技术经济论证文件及设计方案（沈清基，2004）。1994 年英国开始实施规划的环评。同年，挪威开始对政府白皮书进行环评；1995 年，荷兰出台内阁所作的环境考验；欧盟于 1996 年颁行了《欧盟关于特定计划与规划环境影响评价指令建议》（*Proposal for a Council Directive on the Effects of Certain Plans and Programs on the Environment*）指出，环境评价是在计划和规划中综合考虑环境因素的重要手段，它可以确保有关当局在采纳有关计划和规划之前考虑这些计划和规划实施时可能产生的环境影响，成员国应在其制定的计划和规划中开展环境评价。同年，欧盟出台战略环评导则（1999 年修订）。1998 年，芬兰推出新法案的环评指引。1999 年，澳大利亚出台环境保护与生物多样性保育法案。

该阶段，随着开发规模的扩大，区域和全球环境问题日趋严重，可持续发展的思想更加得到接受和认同，各国学者和政府对项目 EIA 的局限性和 SEA 的优势逐步加深了认识，即 SEA 必须重新审视自己的地位，更为独立于项目 EIA 发展自己的方法（Shepherd and Ortolano，1996；Therivel and Partidario，1996；Herrera，2007）。对 SEA 的认识亦由 "EIA 在高层次决策中的应用" 转变为 "系统评价拟议政策、规划或计划行动的环境影响的过程，其目的是确保这些环境影响能够在决策的早期与经济、社会方面一起得到充分及适当的考虑"，更加强调 SEA 应起支持综合决策的作用（Shepherd and Ortolano，1996；Wallington et al.，2007；李巍等，1995；李明光等，2002b）。认识的提高推进了 SEA 理论、方法、程序和实证的较大发展。

3) SEA 的深化发展阶段（2000 年以后）

这一阶段主要是对 SEA 理论、方法、程序和实证开展了广泛深入的研究，SEA 的理论、方法和程序得到进一步提高和完善，以可持续发展思想和原则为指导的综合 SEA 理论和方法逐步形成。重要标志有：2001 年欧盟公布了战略环境评价导则 2001/42/EC，并要求成员国最迟在 2004 年 7 月 1 日前实施。导则的颁布是欧盟环境评价发展的又一阶段的标志，也是世界范围内新的 SEA 研究阶段的开始。其主要目标是通过在计划、规划的制定阶段预测、评价可能的环境影响，在决策中考虑环境问题，以推进可持续目标的实现（Risse et al.，2003）。

2002 年和 2003 年 5 月于维也纳举办的两次可持续性评估欧洲会议提出了 EASY-ECO 的理念，即管理的可持续性。会议对可持续性评估所面临的挑战，即可持续发展理论、评估的适宜时机、评估工具和平衡手段进行了深入讨论，并提出深化可持续性评估的政策建议：①推进可持续发展——提高意识和改变框架条件（政治承诺）；②政策风格——基于评估的管制；③政治能力建设和制度化（Martinuzzi，2004）。会议推进了 SEA 向以可持续发展理论为指导、参与综合决策、为管理服务的方向发展。

Chaker 等（2006）按照地理位置、经济条件（即发达国家和地区、发展中国家、经济转型国家）、SEA 系统和方法的不同以及数据有效性等原则选取了加拿大、捷克、丹麦、中国香港、荷兰、新西兰、葡萄牙、斯洛文尼亚、南非、瑞典、英国、美国等 12 个国家和地区，对各自的 SEA 法律、制度和程序框架进行了比较研究，得出结论：①这些国家和地区中部分已经建立了正式的 SEA 法律需求（作为 EIA 的一部分、在其他部门规章中规定或专门的 SEA），而其他国家和地区采取了 SEA 导则。SEA 的选择取决于国家或地区背景，包括法律和规章框架、历史及执法手段和管制方式现状。②尽管这些国家和地区的程序各不相同，但其结构都包括 SEA 的筛选和识别、SEA 范围、SEA 文件、替代方案的考虑、影响减缓措施和跟踪监测、公众参与和质量保证等。

以上进展体现了 SEA 已进入深化发展阶段。该阶段，许多学者提出了 SEA 方法学设计的新理念。例如，Noble（2000）SEA 战略和非战略二层面程序设计理论，Wallington 等（2007）SEA 要体现培育一种综合的政治和生态合理性理念，Herrera（2004，2007）区域可持续发展评估的分层结构整体系统模型和 SEA 环境价值决策理论，Nilsson 和 Dalkmann（2001）基于决策理论的 SEA 方法设计理论，Morrison-saunders 和 Therivel（2006）提出的新的可持续性评估概念模型；我国学者沈清基（2000；2003）、张惠远（2006）和舒廷飞等（2006a）提出的城市生态化理念，郭怀成等（2003）提出的区域、流域可持续性系统规划理念，朱坦和汲奕（2006）提出的将循环经济理念纳入 SEA 等，对 SEA 的理论研究和方法学设计都起到了很大的推动作用，新一代 SEA 方法学理论正在逐步形成。

2. 国内实践进展

1）中国内地 SEA 实践进展

中国内地的 SEA 研究可以分为以下 3 个发展阶段。

（1）区域环境影响评价、SEA 概念引进、学术讨论和初步研究阶段（20 世纪 80 年代至 2003 年《环评法》颁布实施前）。该阶段以 20 世纪 80 年代的区域环评和 90 年代早期 SEA 引入我国后的理论和方法初步探索为特征。

我国有关战略环境评价的实践和研究始于 20 世纪 80 年代区域环境影响评价的开展（吴婧和姜华，2006；王亚男和赵永革，2006）。20 世纪 90 年代早期，我国学者从国外引进 SEA 概念，并开展了学术讨论和初步研究，某种程度上普及了 SEA（Zhu and Ru，2008）。自此，我国认识到开展战略环评的重要性，先后在《国务院关于环境保护若干问题的决定》及《中国 21 世纪议程》等政策文件中提出对重大政策、法规进行环境影响评价（王亚男和赵永革，2006）。

国内一些研究机构主要在区域环境影响评价、规划环境影响评价和战略环境评价试点研究等 3 个层面开展了针对政策、计划和规划的环境影响评价研究工作。主要工作有：①在环评法颁布以前，各地进行的区域环境影响评价的对象主要是区域开发项目，以及少数旧城区改造项目和流域开发项目。由于没有相应的法律支持，这些区域环境影响评价项目的开展多数依据 1993 年《关于进一步做好建设项目环境保护管理工作的几点意见》（国环字第 015 号）、1996 年《国务院关于环境保护若干问题的决定》及 1998 年 12 月国务院颁布的《建设项目环境保护管理条例》中有关区域环境影响评价的要求（吴婧和姜华，2006）。例如，《湖南省株洲市河西区开发建设环境影响报告书》、《福建省湄洲湾新经济开发区环境规划综合研究》、《马鞍山市区区域环境影响评价》等是初期研究中比较有代表性的实例（林逢春和陆雍森，1999；王云，2000，彭应登，1999）。1993 年，国家环保局提出了 REA 的基本原则和管理程序。1998 年，国务院首次要求对流域开发规划、开发区和新城区建设及现有城市改造进行 REA（建设项目环境管理规定）。据此，中国开展了包头、太原和马鞍山三钢铁公司的第 8 个、第 9 个五年发展规划、西气东输、西电东输、南水北调、青藏铁路工程等环评工作。但这些环评主要在于识别影响和环保措施建议，而非决定工程或项目的环境可行性（Zhu and Ru，2008）。②规划环评方面。天津市于 1992 年组织了对天津市经济技术开发区规划的环评，江苏省省委、省政府1997年发布了《关于切实加强环境与发展综合决策的通知》，之后有关部门组织了对苏州工业园区等建设规划和江苏省产业结构调整政策等方面的环境影响评价研究（王亚男和赵永革，2006）；《东江流域规划环境影响评价报告书》、《上海市交通政策与网络规划环境影响评价》、上海市《芦潮港新城规划》和《上海市中长期电源建设规划（研究）》的规划环评，交通部提出的"十五"环保发展目标中有"开展全行业交通总体发展规划环境影响评价的试点工作"的内容，水利部、能源部1992年颁布了《江河流域规划环境影响评价规范（SL45—1992）》等。所有这些表明，我国较早地进行了规划环境影响评价的探索。但这些规划环境影响评价与新颁布的《环评法》的要求有一定的距离（沈清基，2004）。20世纪90年代以来，SEA逐渐引起EIA专家和政府的重视，他们逐步认识到应该在国家、省和市级层次的经济政策、区域和城市总体规划及交通、能源、林业等专项部门规划的早期决策阶段，考虑环境因素的需求。在此背景下，许多SEA研究，如澜沧江中下游、新疆塔里木河流域等流域开发利用规划，天津港、秦皇岛港等交通行业重要港口总体规划，全国和部分省域范围的铁路网规划和公路网规划，城市轨道交通规划，天津市、河北省邢台市的城市总体规划，上海新城镇规划，大气污染防治法，长春经济技术开发区，中国能力建设，上海交通政策和网络规划，中国西部开发等实施了SEA。③战略政策环境评价的试点项目。例如，2004年年初，国家环保总局评估中心成立了"振兴东北老工业基地战略环境影响评价课题组"开展战略环评，为国家环保总局制定对策提供决策依据，同时也为在政策层次开展战略环评进行探索和积累经验。2005年，国家环保总局将武汉市、大连市和内蒙古自治区列为第一批进行城市（自治区）发展规划战略环境评价的试点城市（自治区）。希望通过这些试点项目，探索在政策层次、政府宏观社会和经济发展规划层次开展环境影响评价的思路（吴婧和姜华，2006）。

这些研究反映了中国学者将发达国家的理论成果和实践经验与中国的具体情况相结合，开发适合中国SEA框架、制度和方法的努力。整体来看，此阶段，我国SEA的实践在理论上沿用发达国家的理论成果，方法上仍然继承了项目EIA的分析评价技术，研究对象上以区域环境影响评价为主，介入时机在区域规划制定之后，为决策后评估，忽略了SEA的早期介入和系统地将环境因素综合于决策以及利益相关者磋商过程中，多为事后补救功能，没有真正实现SEA前瞻性地支持综合决策的作用。

（2）法制阶段（2003年《环评法》颁布实施至今）。该阶段，我国各级环保部门和环评机构按照《环评法》的要求，开展了大量的规划环评工作和实证研究，规划环评报告书逐年增多，对规划环评的理论和方法研究也更为深入和广泛。2009 年 8 月 17 日，国务院以第 559 号令颁布了《规划环境影响评价条例》，进一步规范和推动了规划环评的开展。目前，我国环境保护领域知名大学和大型研究机构开展的规划环评代表性研究工作如表 2-2 所示。

表 2-2　我国战略环境评价工作代表性研究（典型案例）一览表

Table 2-2　The representative work（the typical cases）of SEA in China

评价对象 （研究领域）	案例应用	研究（评价） 机构	主要评价内容	评价方法特点
经济社会 发展规划 纲要 SEA	《内蒙古自治区国民经济和社会发展第十一个五年规划纲要战略环境影响评价》	中国环境科学研究院，2006	资源、环境承载力，产业发展定位、布局、结构、规模等	我国首次对一个省级行政区的经济社会发展规划纲要评价。采用战略决策失灵与灰色分析方法、压力分析方法、情景分析法
	《宁波市国民经济和社会发展第十一个五年规划纲要环境影响评价》	清华大学，2006	资源环境承载力、环境容量、发展战略、规模、产业结构、空间布局	"3s" 技术、环境数值模拟技术、情景分析方法
城市发展 规划 SEA	《沈阳市浑南新区规划战略环境评价与研究》	北京大学，2003	规划规模、结构、布局等方案的全局性优化调整	首次构建了不确定性多目标规划环境影响评价模型，解决了规划环评的不确定性问题和多目标优化问题
	《大连城市发展规划（2003—2020）环境影响评价》	清华大学，2005	规划规模、结构、布局等方案的全局性优化调整	首次建立了基于结构与空间不确定性分析的城市规划环评方法和系统评估模型
铁路行业 规划 SEA	《铁路"十一五"规划环境影响评价》	铁道第四勘察设计院，2006	铁路网规划布局、环境污染防治和生态保护措施，规划中铁路建设项目环评指南	矩阵分析、叠图分析、情景分析

续表

评价对象 （研究领域）	案例应用	研究（评价） 机构	主要评价内容	评价方法特点
交通行业 规划 SEA	《上海市城市交通白皮书环境影响评价示范性研究》	同济大学，2002	SEA 的工作框架、实施程序、技术支持与方法学体系	交通政策环境影响分析、情景分析、可持续性分析
	《上海市城市快速轨道交通近期建设规划环境影响评价》	上海市环境科学研究院，2006	资源需求和资源利用方式的合理性分析，污染控制、土地利用、社会经济发展影响分析评价	情景分析、多目标评价分析
	《江苏省高速公路网规划环境影响评价》	江苏省环境科学研究院，2006	生态环境影响分析、评价	叠图法、数学模型法、趋势分析法
区域开发 规划 SEA	《广西北部湾经济区发展规划环境影响评价》	北京师范大学，2007	发展目标、定位、规模、布局、结构	环境承载力分析、空间分析、情景分析、SW OT 分析
	《宁波化学工业区总体规划环境影响评价》	中国环境科学研究院，2006	发展目标、结构规模、布局、	环境承载力分析、环境风险分析
	《鄂尔多斯市主导产业与重点区域发展规划环境影响评价》	北京师范大学，2007	定位、规模、结构、布局、循环经济产业链、累积生态影响	环境承载力分析、空间分析、情景分析、环境经济分析
	《大榭开发区总体规划环境影响跟踪评价》	中国环境科学研究院，2006	1994 年开展规划环评，2006 年开展跟踪评价；分析开发10 年后环境质量的变化、后续发展的环境资源制约及环境影响程度	我国第一个规划跟踪评价；对比分析、回顾性评价、后续开发跟踪评价
	《江苏省沿江地区火电规划建设项目区域环境影响评价》	国电环保研究院和南京大学环境科学研究所，2004	评价目标区为重点的多尺度评价，火电建设项目的规模、布局和污染控制方案	环境承载力分析、情景分析、多尺度联合评价

评价对象（研究领域）	案例应用	研究（评价）机构	主要评价内容	评价方法特点
流域开发规划 SEA	《四川省大渡河干流水电规划调整环境影响评价》	中国水电顾问集团成都勘测设计院，2005	与南水北调的关系分析，流域陆生和水生生态系统完整性、社会经济影响分析与评价	流域生态完整性评价，生物多样性评价、局地气候影响评价
	《长江口综合整治开发规划环境影响评价》	长江水资源保护科学研究所，2007	水生生态、水资源利用、湿地、防洪潮、社会经济	遥感解译法、叠图法、情景分析法、机理分析法
港口规划 SEA	《青岛港总体规划环境影响评价》	交通部规划研究院，2007	海域内水动力条件、水域生态、环境风险事故	叠图法、对比分析法、环境数学模型法
	《南京港总体规划环境影响评价》	交通部水运科学研究所，2005	沿江生态系统、湿地、事故风险、污染控制	环境承载力分析、可持续发展能力分析、环境数学模型
矿区规划 SEA	《山西晋东大型煤炭基地阳泉矿区总体规划环境影响评价》	中煤国际工程集团北京华宇工程有限公司，2005	生态环境、地下水资源、大气环境、规划项目、规模和建设时序	情景分析法、景观生态及生态风险分析法、环境承载力分析、模型法
	《陕西省神府矿区南区总体规划环境影响评价》	煤炭科学研究总院西安研究院，2008	生态环境、地下水环境、土地资源、生态承载力	生态足迹法、3S调查法、数学模型法、相容分析法
生态旅游区规划 SEA	《山西蟒河国家级自然保护区生态旅游区规划环境影响评价》	北京师范大学，2008	旅游资源开发强度、生态影响、生态系统健康和服务功能、水资源保护	承载力分析、空间分析、情景分析
灾后恢复重建规划 SEA	《德阳市灾后恢复重建总体实施规划环境影响评价》	清华大学，2008	区域资源、环境和生态条件变化及承载能力；发展规模、结构布局	情景分析、承载力分析、生态综合评估方法

续表

评价对象 （研究领域）	案例应用	研究（评价） 机构	主要评价内容	评价方法特点
国家粮食 战略工程 建设规划 SEA	《国家粮食战略工程 河南核心区建设规 划环境影响评价》	河南省环境保护科 学研究院，2008	水资源、农业面源、 南水北调影响、地 下水、生态环境	叠图法、相容分析法、 层次分析法、情景分 发、承载力分析法、 数学模型法
城市高压电 网规划 SEA	《广州市城市高压电 网规划环境影响评 价》	中国电力工程顾问 集团中南电力设计 院，2007	电磁环境影响、生 态环境、环境风险	电磁环境影响模型， 生态影响分析、类比 监测

注：引自《战略环境影响评价案例讲评》（环境保护部，第一辑，2006；第二辑，2009；第三辑，2010）。

该阶段的研究在 SEA 理论、方法和实证等方面取得了较大进展。可持续发展、城市生态化、循环经济等理念和原则在 SEA 方法和实践中得到一定的体现，但方法和实例研究仍然是试探性的，比较零散，偏重于项目 EIA 技术方法在战略层次的应用，方法体系的系统化、综合集成和创新仍然不够，对环境经济综合决策的支持仍有较大差距。

（3）规划环评扩展到政策、法规战略层次上的全面发展阶段（可能在2015 年后）。Bao 等（2004）根据我国现阶段规划环评的发展趋势推测：基于规划环评的经验，我国战略环评的发展将从规划层次扩展到政策和法规层次。进而，这种扩展通过修订《环评法》而融入其中，并从立法、组织建设、宣传和技术支持 4 个方面建立和完善 SEA 操作系统。战略环评的理论、方法和实证研究也将应可持续发展的要求得到全面提升，从而更有效地服务于综合决策和环境管理。

2）中国香港和中国台湾地区 SEA 实践进展

香港地区的 SEA 在规划和战略上的应用始于 1988 年，其环境影响评价法令（EIAO）于 1998 年 4 月 1 日颁布实施，旨在避免、最大限度地减少和控制开发项目的不利环境影响。EIAO 规定，凡提交行政会议的文件必须包含政策、建议或问题的潜在环境影响章节，提交前由环境主管部门审批。1988 ~ 2004 年，香港对开发项目进行环境评估已有 16 年的实践经验，产生了各类开发项目和规划建议的环评报告 500 多个，如全港发展策略检讨中的战略性环境评估。香港的空间规划过程已融入了 SEA 过程，如香港特别行政区政府（HKSAR）于1997 年委托进行的 21 世纪可持续发展研究加强了 SEA 和规划过程的融合。该研究应环境和社会问题以及经济追求目标的综合考虑和未来可持续发展的综合决策需求而开展，提出了一系列的可持续发展指导原则和前瞻性的可持续性指标，用于监控发展和度量可持续发展的实现程度（李明光等，2002b；Ng and Obbard，2005）。

台湾地区于 1994 年在立法中涉及 SEA，早于大多数亚洲国家和地区。1994 年，台湾地区环境影响评价法的 26 款规定："可能产生潜在的重大不利环境影响的政策环评程序应当由政府主管部门提出"。然而，到 2004 年中期，SEA 仅在 4 个案例中应用，法定需要进行 SEA 的 11 个 PPPs 一半以上仍然缺乏任何评估，反映了台湾地区有限的 SEA 经历。1997 年 9 月，台湾环境保护主管部门颁布了 PPPs 的 SEA 导则，首次明文规定需要包含在 SEA 报告中的强制筛选名单和内容。基于台湾地区的发展现状，Liou 等（2006）对台湾地区现有的 SEA 框架进行了改进，在原有 SEA 管理程序中增添了评估程序，并将二者融合在一起。评估系统主要采用环境影响分析矩阵，由 SEA 主管当局的官员、学者和专家组成的评估小组进行评估，并将可持续性指标综合在其中，使得台湾地区 SEA 框架更为系统化和完整，提高评估的效果和效率，推进可持续发展。

总体上，我国的战略环评研究尚处于起步阶段，理论、方法体系尚不成熟，正处于探索和积累经验阶段（王亚男和赵永革，2006）。

2.2.3　战略环评的主要理论

目前，国际国内对 SEA 理论的研究集中在 SEA 方法学理论、SEA 评估标准、SEA 数据和尺度选择、SEA 管理、SEA 政治与法律、SEA 公众参与等几个方面。

1. SEA 方法学理论

SEA 方法学理论概括起来主要包括：SEA 与可持续发展、SEA 的战略性、SEA 程序设计理念、SEA 的工作机制、SEA 方案优化、城市生态化理论等几个方面。国内外关于 SEA 方法学理论的研究已经开展了很多，也取得了丰硕成果，其代表性理论可以归纳为 3 个方面，即基于项目 EIA 方法和程序扩展到战略层次所形成的 SEA 方法学理论、基于决策理论指导下的 SEA 方法学理论和以可持续发展理论为指导的综合 SEA 方法学理论。

1）基于项目 EIA 方法和程序扩展到战略层次所形成的 SEA 方法学理论

代表性的学者有 Therivel 和 Partidario（1996），Seht（1999），Noble（2000），Bina（2007）以及我国的大部分学者，如李巍等（1995），尚金城和包存宽（2000），

包存宽等（2004），鞠美庭和朱坦（2003），Zhu等（2005）。

主要观点为：SEA由项目EIA的方法和程序扩展而来，是EIA的原则和方法在战略层次的应用。该种观点源于1969年美国的《国家环境政策法》，其中就包含着SEA的思想，SEA起初是借鉴EIA的程序。以规划环评为例，基本的方法和程序框架包括规划筛选、影响识别、规划分析、预测和评估、防治和减缓措施、SEA报告编制和提交以及跟踪和监测几个步骤。这种SEA的方法和程序与项目EIA相似，沿用了项目EIA的理性假设和技术内涵。尚金城、包存宽、朱坦、鞠美庭等也分别提出了我国类似的SEA的方法学框架。

2）基于决策理论指导下的SEA方法学理论

基于EIA在战略层次应用的局限性和决策受政治、制度、文化影响的非线性、非逻辑方式和有限理性的特征，多位学者提出了以决策理论为中心的SEA方法设计理论，以解决SEA面临不确定性和价值冲突的挑战，改进SEA方法学。

Nitz和Brown（2001）基于政策制定和决策过程提出了融合性政策SEA模型。Fischer（2003）深入探讨后现代时期SEA程序设计理论，提出了适应战略制定者、决策者及其利益相关者和评估者之间沟通互动的磋商规则和更加灵活、适应的SEA程序设计框架。Wallington等（2007）认为，SEA的目的在于实现环境可持续，并不是培育一种狭隘的工具智慧，而是培育一种综合的政治和生态合理性；SEA的战略不仅要致力于SEA和政治过程二者的合理性和价值观，而且要致力于政治和决策背景的结构和特征。Herrera（2007）提出了决策的一致性需求概念和相关环境价值决策概念，认为本质上战略环评和规划具有相同的任务，且前者必须为后者辅助产生一个环境可持续的规划并有益于规划过程。Bina（2007）一方面认为，SEA本质上是EIA的方法日益增多地在高层次决策中的应用；另一方面又认为，SEA的方法框架越来越强调过程而非技术，是一个综合规划和决策过程。SEA最大的潜能在于说服规划者在早期规划阶段设计环境更为可持续的方案，而不在于使规划建议者面临负面结果的信息，其方法设计将致力于规划、决策、制度、管理、文化和政治背景，即致力于规划背景的过程。

基于决策理论指导下的SEA方法学理论最具代表性的是Nilsson和Dalkmann（2001）提出的以决策为中心的SEA框架。认为SEA框架不能单独依赖于对决策支持的理性主义方法，必须基于价值和政治过程而进行，本质上基于价值判断和理性标准。因此，SEA框架应当发展成为一个适应决策背景变化、强调混合决策和有限理性决策为其特征的系统过程。基于理性决策的框架为：环境和社会背景—问题确定—目的设定—信息收集和处理—替代方案—评估—决策—

执行；基于混合决策和有限决策的框架为：可持续发展的考虑—行动者构造描绘和分析（包括他们的利益、价值和权力）—SEA 的任务和功能选择—过程设计（依据从决策理论和对 SEA 的含义中的几个重点考虑因子进行程序设计），即在 SEA 理性程序（由项目 EIA 程序扩展到战略层次）中增加对理性局限、不确定性、决策的非线性和政治制度背景等因素的考虑，使得 SEA 程序更加灵活、适应和动态。

3）以可持续发展理论为指导的综合 SEA 方法学理论

20 世纪 80 年代以来，可持续发展作为一个全新的理论体系，正在逐步形成和完善。不少学者将可持续发展的理论和原则应用到 SEA 方法设计中，力图使 SEA 的方法更加完善，提出集可持续发展理论和原则、决策理论及 EIA 方法和技术于一体的综合 SEA 方法学理论。

Shepherd 和 Ortolano（1996）探讨了城市可持续发展的潜力和面临的挑战，提出两种不同的方法用于战略决策：一种是从下至上的方法，即从项目 EIA 的有限范围扩展到高层次的 PPPs 评估；另一种是自上而下的方法，即建立可持续发展原则，渗透到 PPPs，然后到项目。Therivel 和 Partidario（1996）认为 SEA 过程需要在战略最高层次渗透到较低层次才更为有效。Herrera（2004）提出了区域可持续发展评估的分层结构整体系统模型（A Holarchical Model For Regional Sustainability Assessment），并认为区域可持续发展不是时空中的点平衡，而是一个动态的分层结构整体系统的平衡，达到这种平衡不依赖精确的识别，而是每一时刻能够带来这种平衡的过程识别，这是可持续发展最重要的资产。Morrison-Saunders 和 Therivel（2006）探讨了对环境、社会和经济的考虑，何时、怎样纳入可持续性评估，提出了新的可持续性评估概念模型，以解决评估什么和评估方法问题。

国内学者在 SEA 方法学理论方面也进行了多方面的探讨。北京大学、清华大学、南开大学、同济大学等著名学府及城市规划和环境科学研究机构等不少学者在区域、流域规划战略、城市发展空间优化战略、城市生态化、城市规划战略、战略环评方案优化、规划和规划环评的整合、战略环评质量控制、战略环评中引入循环经济理论等方面都提出了独到的见解。

沈清基（2000；2003）探讨了城市规划与生态学的结合，较早提出了城市规划生态学化的理念；张惠远（2006）认为城市的可持续发展即城市发展的生态化，并提出城市生态化的主要途径；舒廷飞等（2006a）从规划环评和生态规划整合的角度，重新阐释它们之间的关系和定位；李明光（2003）将评价的工作程序与规划的工作程序结合起来，提出了规划和规划环评同步进行的融合型规划环评理念，通过将规划环评功能在决策过程内部化、结构化而实现综合决策的制度化和规范化，使编制中的规划本身所可能产生的环境影响最小化；蒋宏国和林朝阳（2004）探讨了规划环评的替代方案进行比较的动态技术方法和原则；沈清基（2004）提出评价的目的不是提出措施将规划实施后所产生的环境影响最小化，而应该是使规划所可能产生的负面环境影响最小化；朱坦和汲奕（2006）提出在规划环评全过程中落实循环经济理念；王亚男和赵永革（2006）借鉴战略环境评价思路，提出空间规划编制必须从需求导向转向资源环境导向，将可持续发展原则真正融入空间规划编制；郭怀成等（2003）、王吉华等（2004）从环境规划角度，提出不确定性下区域、流域经济社会发展实现可持续性的多目标整合系统规划方法学理念；刘毅等（2008）提出基于城市规划经济增长和用地布局方案即结构与空间中存在多种不确定性的城市总体规划环评新方法思路。这些为区域、流域规划和规划环评方案在不确定性下和资源环境约束条件下的系统优化奠定了方法学基础。

2. SEA 的其他相关理论

在探讨 SEA 方法学理论的同时，国内外许多学者也探讨了 SEA 的评估（执行）标准、数据和尺度选择、管理、政治与法律及公众参与等相关理论。

（1）SEA 的评估（执行）标准。1999 年国际环境评价协会（IAIA）在格拉斯格会议上提出了 SEA 的推荐执行标准中，将 SEA 分成 6 个类别，对每个类别的 SEA 又提出了若干相应的执行标准，共 17 项，以阐明生物环境、社会和经济三方面的相互联系，将环评计划与决策过程紧密结合在标准中（鞠美庭和朱坦，2003）。之后，在 SEA 的研究中，为了改进和提高 SEA 报告质量，以加拿大学者 Noble 为代表，多位学者（Fischer，2002；Noble，2003，2009；刘兰岚等，2006；周丹平等，2007；Retief，2007；Söderman and Kallio，2009）提出了 SEA 的评估（执行）标准，为 SEA 的质量控制提供了科学依据。这些标准指标数量不一，但基本内容相似，涉及 SEA 系统部分、过程部分和结果部分 3 个方面。以 Noble（2009）提出的标准为例，具体内容包括 3 个方面共 15 项指标，即系统部分：①SEA 系统标准或需求的提供；②综合；③分层；④可持续发展原则。过程部分：⑤责任和义务；⑥目的和目标；⑦影响识别和界定；⑧替代方案；⑨影响评估；⑩累积影响；⑪监测计划；⑫公众参与和透明性。结果部分：⑬决策；⑭PPP 和项目影响；⑮系统改进。这些为 SEA 的质量控制奠定了基础。

（2）数据和尺度选择。数据和尺度选择影响 SEA 将环境综合到战略决策中这一关键目的，并在 SEA 过程中起到基础性和关键性的作用。João（2007a）就

SEA 的数据和尺度选择对 SEA 过程、质量和结论进行了探讨，提出了控制数据质量的元数据概念和 SEA 多尺度分析的需要。

（3）SEA 的管理。Bertrand 和 Larrue（2004）研究提出，对评估过程的认识、机构间的分割及技术和政治层面的分离是制约评估有效性的主要障碍。为此，提出了相应的解决措施；Noble（2003）提出了在 SEA 决策中专家评估意见的使用和对待的一系列原则，指导 SEA 实践者将专家评估意见综合在 SEA 决策过程，保障 SEA 质量；舒廷飞等（2006b）对规划和规划环评的关系深入研究，将规划环评分为融合型和调整型两种类型，并认为我国规划环评的作用难以充分发挥的主要原因是规划和规划环评没有真正地融合，而是一个问题的两个阶段，规划环评仍然是面向结果的评价，属于调整型而非融合性，并提出了二者融合的基本框架和思路。

（4）SEA 的政治与法律。我国提出的科学发展观、建立和完善环境与发展综合决策制度及构建资源节约型和环境友好型社会等理念，均成为 SEA 政治层面的理论指导。

王灿发（2004）对 SEA 的法律问题进行研究，涉及适用的对象、范围、战略环评的责任人和评价单位、战略环评的审查、违反战略环评要求的责任追究等问题；汪劲（2007）对欧美战略环评法律制度中的主体进行了比较研究，并对 SEA 的审查、审批、监督以及 SEA 的保密和透明问题进行了探讨，为我国 SEA 立法、建立和完善 SEA 法律制度起到了理论指导作用。

（5）SEA 的公众参与。公众参与是 SEA 科学性和决策透明性的重要保障。不少学者对如何提高公众参与的有效性进行了探讨。Diduck 和 Mitchell（2003）提出了环境评估（Environmental Assessment，EA）公众参与的定性分析理论方法框架；Videira 等（2003）构建了环境决策中公众参与的系统动力学模型，旨在为公众参与的各利益相关者参与政策情景替代方案的制定和试验建立一个协作环境，推进团体学习和增加对政策行动的承诺；Rajvanshi（2003a）对印度公众参与环境决策听证程序进行了案例分析评估，指出其存在参与时机晚、缺乏公众意见的采纳和执行机制，以及公众参与的公开性和透明性的失效等缺陷，并提出改进措施；Stewart 和 Sinclair（2007）提出有效公众参与程序的 8 项准则或必要因素，用于集中公众参与者、战略制定者和政府三方的共同点，以提高公众参与的有效性；Yang（2008）综合了多个学者关于公众参与的 10 项原则。

SEA 理论研究主要文献和理论要点如表 2-3 所示。

表 2-3　SEA 理论主要文献和理论要点一览表

Table 2-3　Main references and key points on SEA theory

类型	主要文献	理论要点
1. SEA 方法学理论	Therviel 等（1992）	SEA 是环境影响评价在法律、政策、规划、计划层次的应用
	Therivel 和 Partidario（1996）	SEA 过程需要在战略最高层次政策层次渗透到较低层次 PPPs 层次才更为有效
	Shepherd 和 Ortolano（1996）	SEA 方法思路：两种不同的方法可用于战略决策。一种是从下至上的方法，即从项目 EIA 的有限范围扩展到高层次的 PPPs 评估；另一种是自上而下的方法，即建立可持续发展原则，渗透到 PPPs，然后到项目
	Noble（2000）	SEA 的战略特征分为两个层面，方案选择的战略层面和方案实施后的环境影响评价的非战略层面，战略环评的关键是战略层面，非战略层面即战略方案实施后的 EIA
	Nitz 和 Brown（2001）	融合性政策 SEA 模型，影响整个政策制定过程和最终决策
	Nilsson 和 Dalkmann（2001）	以决策理论为基础的 SEA 方法设计理论，强调混合决策和有限理性决策为其特征的系统过程和动态的、适应性的决策支持工具
	Fischer（2003）	后现代时期 SEA 程序设计理论。提出了适应于战略制定者、决策者及其利益相关者和评估者之间沟通互动的磋商规则和更加灵活、适应的 SEA 程序设计框架
	Herrera（2004）	区域可持续发展评估的分层结构整体系统模型（A Holarchical Model For Regional Sustainability Assessment）
	Morrison-Saunders 和 Therivel（2006）	可持续性评估概念模型——环境、经济和社会综合考虑的时机、方式和内容
	Wallington 等（2007）	SEA 的目的在于协调社会、经济和环境价值，实现环境可持续；SEA 并不是培育一种狭隘的工具智慧，而是培育一种综合的政治和生态合理性
	Herrera（2007）	决策的一致性需求概念和相关环境价值决策概念。本质上，战略环评和规划具有相同的任务，该任务必须帮助产生一个环境可持续的规划，并有益于规划过程
	Bina（2007）	SEA 是一个综合规划和决策过程——致力于规划背景的过程，而非简单的影响分析，环境与可持续问题贯穿于规划的全过程

类型	主要文献	理论要点
1. SEA 方法学理论	沈清基（2000，2003，2004）	城市生态学化理念；评价的目的不是提出措施将规划实施后所产生的环境影响最小化，而应该是使规划所可能产生的负面环境影响最小化
	李明光（2003）	提出了规划和规划环评同步进行的融合型规划环评理念。规划环评的目的不仅仅是提出措施将规划实施后所产生的环境影响最小化，重点还在于使规划所可能产生的环境影响最小化
	郭怀成等（2003）；王吉华等（2004）	区域、流域经济社会发展实现可持续性的多目标整合系统规划方法学理念
	蒋宏国和林朝阳（2004）	规划环评的替代方案进行比较的动态技术方法和原则
	张惠远（2006）	提出城市的可持续发展即城市发展的生态化及城市生态化的主要途径
	舒廷飞等（2006b）	将规划环评分为融合型和调整型两种类型，并提出了二者融合的基本框架和思路
	舒廷飞等（2006a）	从规划环评和生态规划整合的角度，重新阐释它们之间的关系和定位
	朱坦和汲奕（2006）	将循环经济理念纳入规划环评，在规划环评全过程中落实循环经济理念
	王亚男和赵永革（2006）	借鉴战略环境评价思路，将可持续发展原则真正融入空间规划编制
	刘毅等（2008）	基于城市规划经济增长和用地布局方案即结构与空间中存在多种不确定性的城市总体规划环评新方法思路
2. SEA 的评估（执行）标准	Fischer（2002）	评估标准包括 6 项标准，即综合性、可持续性导向、集中性、可说明性、公众参与性和重复性等
	Noble（2003）	输入标准、过程标准和输出标准
	Noble（2009）	评估标准分为 SEA 系统部分、过程部分和结果部分三个方面共 15 项指标
	Retief（2007）	6 项质量评估标准，即综合性、可持续引导性，相关于规划和决策的重点突出性、公众参与性和评估结果可重复性

续表

类型	主要文献	理论要点
2. SEA 的评估（执行）标准	Söderman 和 Kallio（2009）	评估标准共 12 项
	刘兰岚等（2006）	选择评价对象、介入时机、替代方案的选择、公众参与、评价指标和累积影响评价等 6 类指标
	周丹平等（2007）	建立了评估规划环境影响评价实施有效性的指标体系，共 13 项指标
3. SEA 的数据和尺度选择	João（Guest Editor）（2007b）	数据和尺度对 SEA 的重要性——SEA 过程中起到基础性和关键性的作用
4. SEA 管理	Bertrand 和 Larrue（2004）	对评估过程的认识、机构间的分割以及技术和政治层面的分离是制约评估有效性的主要障碍
	Noble（2004b）	SEA 决策中专家评估意见的使用和对待的一系列原则
	Ju 等（2005）	从立法、环境政策、经济激励、市场机制、技术工具、环境教育和公众参与等 7 个方面分析了中国环境管理的现状，提出了四点建议
	梁学功和刘娟（2004）	实施规划环境影响评价存在两种方式，即自我评价和第三方评价，分别就其适用对象、介入规划的时机等问题进行了探讨
	舒廷飞等（2006b）	将规划环评分为融合型和调整型两种类型，并认为我国规划环评的作用难以充分发挥的主要原因是规划和规划环评没有真正地融合，提出了二者融合的基本框架和思路
5. SEA 政治与法律	Bao 等（2004）	对中国 SEA 的政治与法律基础进行了综合
	Chaker 等（2006）	对 12 个国家 SEA 的法律、制度、和程序框架进行了比较研究
	王灿发（2004）	对 SEA 的法律问题进行研究，涉及适用的对象范围、战略环评的责任人和评价单位、战略环评的审查、违反战略环评要求的责任追究等问题
	汪劲（2007）	对欧美战略环评法律制度中的主体进行了比较研究，并对 SEA 的审查、审批、监督以及 SEA 的保密和透明问题进行了探讨
6. SEA 的公众参与	Rajvanshi（2003a）	强调公众参与要更为公平、更为前瞻性地早期参与，以提高其有效性

类型	主要文献	理论要点
6. SEA 的公众参与	Videira 等（2003）	提出了环境决策中公众参与的系统动力学模型，旨在为公众参与的各利益相关者参与政策情景替代方案的制定和试验建立一个协作环境，推进团体学习和增加对政策行动的承诺
	Diduck 和 Mitchell（2003）	提出了环境评估（environmental assessment，EA）公众参与的定性分析理论方法框架
	Stewart 和 Sinclair（2007）	提出有效公众参与程序的 8 项准则或必要因素，用于集中公众参与者、战略制定者和政府三方的共同点，以提高公众参与的有效性
	Yang（2008）	综合了多个学者关于公众参与的 10 项原则，探讨了中国公众参与的发展历史，提出中国公众参与存在的问题和推进建议

2.2.4 战略环评方法学研究及应用进展

1. 战略环评的技术方法

包存宽等（2004）和 Deakin 等（2002）从不同角度分别对战略环评的主要技术方法进行了归纳和分类。

（1）根据 SEA 技术方法的主要特征和应用范围可分为 12 类：①提问表、访谈、专题小组讨论会；②核查表法；③矩阵法；④网络和系统流图法；⑤环境数学模型法；⑥趋势分析；⑦叠图技术和 GIS；⑧承载力分析；⑨生态系统分析；⑩投入–产出和费用–效益等经济影响分析法；⑪社会综合影响分析；⑫情景分析。实际应用时，可根据评价的时段、对象和要求选择其中的一种或多种使用，也可几种技术组合使用（包存宽等，2004）。

（2）根据评价对象、内容及评价类型可分为两大类共 64 种。①环境评估方法，包括条件估值法（contingent valuation）、成本–效益分析（cost benefit analysis）、幸福感（环境宜人性）（hedonic analysis）分析、多目标分析（multi-criteria analysis）和旅游成本理论（travel cost theory）等，评估集中于生态完整性；②可持续性评估，由环境评估方法发展而来，包括兼容性矩阵（compatibility matrix）、生态剖面分析（eco-profiling）、生态足迹分析（ecological footprint）、环境审计（environmental auditing）、标志方法（flag method）、蜘蛛图（网络）分析方法（spider analysis）等。

评估不仅集中于生态的完整性，而且集中于公平、公众参与以及作为城市发展、文化遗产和人类居住基础的经济、社会和制度结构的未来（Deakin et al.，2002）。

这些技术方法针对不同的评价对象和研究的时空特点，可单独应用或进行科学组合开发出适应各种情况的方法，构成战略环评的技术方法体系。

2. 战略环评方法学研究及应用概况

方法学研究的内容涵盖了 SEA 一般原则、总体框架、工作程序、评价战略的筛选、评价因子确定与指标体系、制度保证体系建设等；方法学研究的对象涵盖国家发展规划、土地利用总体规划、城市规划、交通规划、区域发展规划、开发区及港口规划、能源和矿产资源规划、海产养殖业发展规划、水资源管理、废水再利用政策、废物管理、森林管理、农业政策、温室气体排放减缓政策等区域、行业的规划和政策；技术方法应用涵盖景观生态学方法、生物多样性评估方法、健康评估方法、层次分析、德尔菲法、评估矩阵、GIS 系统、系统动力学模型技术、环境数学模型技术、生命周期评估方法、SWOT 分析方法、压力–状态–响应方法、累积影响评价方法、可持续性评估方法等多个方面。目前，国内外对 SEA 的方法学研究可以分为 3 种类型：基于项目 EIA 的 SEA 方法、基于政策评估的 SEA 方法和基于可持续性原则的综合 SEA 方法。

1）基于项目 EIA 的 SEA 方法

基于项目 EIA 的 SEA 方法大致又可分为 SEA 的总体框架及程序、行业（专项）SEA 方法和评估技术方法应用等 3 类。

（1）SEA 的一般原则、内容、总体方法框架和工作程序。Therivel 和 Partidario（1996），Seht（1999），Noble 和 Storey（2001）探讨了 SEA 系统的需求和一般程序。Seht（1999）提出了综合 SEA 系统需求的 7 个方面，包括：①立法基础和执法；②范围和筛选；③环境影响识别；④评估和 SEA 报告编写；⑤公众参与和公布；⑥终审和决策；⑦监测和审核，用于对现有 SEA 系统的评估基础和设计及评估新的 SEA 系统，从而推进 SEA 实践。Noble（2000）提出 SEA 战略和非战略二层面概念性方法框架。Say 和 Yucel（2006）探讨了 SEA 的法律制度框架和操作程序，基于项目 EIA 的欧盟 SEA 导则中的工作方法。我国学者李巍等（1995），尚金城和包存宽（2000），李明光（2003），包存宽等（2004），鞠美庭和朱坦（2003），Zhu 等（2005），王亚男和赵永革（2006）基于中国开展战略环评的实际情况，也分别提出了规划环评的一般原则、内容、方法框架和工作程序（技术路线）以及相关技术要求。鞠美庭和朱坦（2003）还提出了包括战略评价单位、战略拟议部门、战略审批部门和专家评审组在内的各自职责、任务和相互关系的战略环评管理程序。

总体上，以上方法框架均基于项目 EIA 方法在战略层次的扩展，其内容和工作程序都包含相关环境问题识别与分析、战略环评的目标、指标体系和替代方案的确定，环境影响预测与评估，替代方案分析、优选和减缓措施，组织公众参与，评价结论和建议，拟定监测与跟踪评价计划等。其方法特点是基于项目 EIA 方法传承下来的理性技术决策模型，解决环境问题依赖知识和技术，对政策和政治背景及战略动议带来的根本不同的挑战——不确定性和价值冲突考虑不够，程序合理性受到现实情况中决策过程非线性和非逻辑方式的挑战（Nilsson and Dalkmann，2001；Bina，2007；Wallington et al.，2007）。

（2）行业（专项）规划 SEA（PEA）方法。依据 SEA 的总体框架和程序，许多学者将其应用到各类行业（专项）规划中，探讨了各类行业（专项）规划的 SEA 方法，即 PEA 方法。行业（专项）规划开展的 SEA 涉及：土地利用总体规划 SEA 方法（郭怀成等，2003；于书霞等，2004；蔡玉梅等，2005；Tang et al.，2007；吕昌河等，2007）；城市规划环评方法（王吉华等，2004；沈清基，2004；舒廷飞等，2006b；刘毅等，2008）；城市交通规划环评方法（包存宽等，2004）；开发区及港口规划环评方法（杨乃克，2000；毛小苓等，2002；王静和戴明忠，2007；曹德友等，2006；朱俊等，2006）；能源和矿产资源规划环评方法（王圣和陈文燕，2007；李川，2007）；废物管理规划 SEA 方法（Federico et al.，2009；Desmond，2009）；森林管理规划 SEA 方法（Noble，2004a）；海产养殖业发展规划 SEA 方法（Thompson et al.，1995）；CO_2 捕获、运输和储存项目 SEA 方法（Koornneef et al.，2008）等。

包存宽等（2004）以《上海市城市交通白皮书（建议稿）》为实例，探讨了城市交通政策和规划环评应包含的内容、工作程序、主要的评价技术和方法，为编制城市交通和各种基础设施建设的政策与规划环评的技术指南奠定了基础；王吉华等（2004）针对城市规划环评的特点，建立了基于不确定性多目标的城市新区规划环境影响评价模型，以优化城市规划方案，实现城市的可持续发展；于书霞等（2004）探讨了基于生态价值核算的土地利用政策环境评价；Noble（2004a）将 SEA 过程综合于行业规划过程中，将环境目标和社会经济目标结合，制定出更加可持续的规划方案，满足政府和行业环境规章和标准；Desmond（2009）采用情景分析方法，提出废物管理规划方案制定的 SEA 决策标准，用于方案的识别和拟定，该方法强调应在规划方案制定阶段将 SEA 决策标准和规划标准结合在一起，同时满足废物管理和 SEA 的法律需求和标准，制定出更加可持续的方案，方法框架具有较强的普适性；刘毅等（2008）围绕城市总体规划特点，在分析识别规划经济增长和用地布局方案中存在的多种不确定性的基础上，以产业和用地为基本评估单元，综合运用蒙特卡罗随机采样技术和 HSY 算法，并将其与地理信息系统进行整合，建立了基于结构与空间不确定性分析的城市规划环评方法和系统评估模型。以上方法注重规划环评方案的多目标融合及不确定性处理，对 PEA 方法的研究具有普遍意义。

（3）具体技术方法应用 SEA 方法。随着战略环评各种方法的研究和探讨，多种分析和评估技术方法也应用到了战略环评中，形成了评估技术应用 SEA 方法。主要有：①景观生态学方法（Marull et al.，2007；Mörtberga et al.，2007；Slootweg et al.，2007；廖德兵等，2004；张晓峰和周伟，2007）；②SEA 指标选择和评估矩阵方法（Donnelly et al.，2007；吴飚，2007）；③SEA 健康评估方法（Kørnøv，2009）；④多技术组合 SEA 方法（Geneletti et al.，2007；Chen et al.，2009）；⑤基于生命周期评估方法（LCA）的 SEA 方法（Bras-Klapwijk and Knot，2001）；⑥情景设计 SEA 方法（Poulsen and Hansen，2003）；⑦生物多样性评估 SEA 方法（Díaz et al.，2001）；⑧数学模型 SEA 方法（马小明等，2003；王吉华等，2004；周世星等，2005）。

目前，多种评估技术方法应用于 SEA 形成的 SEA 方法尚处于初步探索阶段，在方法的系统性和实用性方面还存在诸多问题，有待于进一步提高和完善。

2）基于政策评估的 SEA 方法

基于 EIA 方法在战略层次扩展产生的 SEA 方法的局限性，多位学者以决策理论为指导，在方法中考虑不同利益相关者的利益冲突和平衡，以及决策和政治背景、决策的非线性和非逻辑方式特征，探讨了基于政策评估的 SEA 方法。

Tzilivakis 等（1999）提出了英国农业政策 SEA 方法（SEAM），旨在评估农业政策的环境影响，帮助制定更为可持续的农业政策；Rajvanshi（2001）将 SEA 方法应用于世界银行资助项目——印度生态发展规划（The India Ecodevelopment Project，IEP），以履行世界银行投资要求标准；Xu 等（2003）对天津废水再利用政策进行了 SEA，提出了中国政策 SEA 的管理程序和评估框架；Keith 和 Ouattar（2004）探讨了摩洛哥 the Souss Massa 流域战略规划、影响评估和技术支持，提出了流域综合水资源管理工程模型；Noble 和 Christmas（2008）开发了基于利益相关者的 SEA 方法对加拿大农业温室气体（Green House Gas，GHG）排放减缓政策进行了评估；Dalkmanna 等（2004）认识到，在多种情况下 SEA 不能保证环境价值适当地综合到它试图影响的决策中这一 SEA 实践中的现实问题，和在战略环评层次，精确预测环境影响的困难，基于决策科学不确定性、信息缺口和认识局限性的特点以及理性决策的非现实性，提出了分析型 SEA（Analytical

SEA，ANSEA）新方法框架，具有较强的普适性。

3）基于可持续性原则的综合 SEA 方法

SEA 的目的即其对可持续发展的贡献（Bina，2007；Wallington et al.，2007）。SEA 最大的潜能在于说服规划者在早期规划阶段设计环境更为可持续的方案，而不在于使规划建议者面临负面结果的信息（Bina，2007）。因此，SEA 只有在完整的分层规划体系（PPPs）中系统地连续地应用才能发挥其所有的潜力（Fischer，2002）。多位学者在基于项目 EIA 和基于政策评估的 SEA 方法基础上，探索基于可持续性原则的综合 SEA 方法，进一步提高、完善 SEA 方法体系。

Devuyst（1999）提出了可持续性评估的一般方法框架和程序，分为两种类型——可持续性评估核查框架和程序与可持续性评估研究框架和程序，并在此基础上，对 EIA、SEA 和可持续性评估（SA）3 种方法进行了比较（表 2-4）；Deakin 等（2002）探讨了环境、公平、公众参与和未来发展 4 个因素的相互联系，并提出相互作用的城市可持续发展 4 种定义框图，构建了城市可持续发展分析框架；Carter 和 Howe（2006）比较了欧洲水资源管理指南（WFD）和 SEA 指南，提出二者结合的水资源可持续利用整体分析方法；Jackson 和 Illsley（2007）基于环境公平的 4 项原则即参与公平、影响公平、程序公平和变化公平，探讨了基于可持续发展环境公平角度的 SEA 方法；Ridder 等（2007）提出了可持续性综合评估的 4 个阶段和 7 类评估工具，并探讨了每个评估阶段适配的评估工具类型；Hassan（2008）基于多属性功效理论的综合指数概念，提出区域可持续性综合指数评估方法。

表 2-4 EIA、SEA 和可持续性评估（SA）的主要区别一览表

Table 2-4 Overview of the major differences between EIA, SEA and Sustainability Assessment

	EIA	SEA	SA
评估项目	具有潜在重大环境影响的项目	具有潜在重大环境影响的 PPPs	具有潜在重大环境影响的动议（如立法、规章、PPPs 和项目）
参考理论	环境政策	环境政策	可持续发展的政策和目的
研究范围	主要检查环境方面（如水、大气、土壤、噪声和景观），有时也检查当地（项目周围）的社会经济条件	主要检查环境效果（如水、大气、土壤、噪声和景观），经常由对区域、国家或国际层次上（取决于 PPPs，影响的区域广阔）的社会经济研究来补充	需在适当的层次（当地、区域、国家或国际）上检查可持续性问题。包括：不可更新资源的利用，预防和可逆性原则的应用，集中于长期效果，对气候变化的影响，社会公平和南北半球间公平方面，对当地人口的培训和就业方面等

续表

	EIA	SEA	SA
政府引入	已在大多数国家和地区政府建立	在少数的国家或区域政府建立，多数政府进行了试验	少数地方政府基于试验基础的引入
影响预测方法	存在多种不同的定量影响预测方法	由于许多政策和规划建议的模糊不清的性质，影响预测经常是定性的	可持续性影响预测方法需要进一步研究，已尝试用可持续性指标体系预测动议将怎样影响社会的可持续性

以上关于 SEA 方法学的分类不是绝对的，主要依据方法的主要特征来分类，不少方法兼具两种或三种方法类型的特点，但按其最突出的特征进行归类。SEA 方法学研究进展主要文献如表 2-5 所示。

表 2-5　SEA 方法学研究进展一览表

Table 2-5　Research progress of SEA methodology

方法类型		主要文献	研究内容	方法特点
基于项目 EIA 的 SEA 方法	1. SEA 总体框架、程序	Seht（1999）	SEA 系统需求和一般程序	SEA 原则、法律基础、需求和一般程序
		Noble（2000）	SEA 特征和总体框架	SEA 分为两个阶段：战略和非战略阶段
		Say 和 Yucel（2006）	SEA 一般原则、框架和程序	国家发展规划 SEA 的法律制度框架和操作程序
		徐鹤等（2000）	REA 方法	中国 SEA 的一种形式
		尚金城和包存宽（2000）；Bao 等（2004）	SEA 一般原则、框架和程序	分为 7 个阶段：规划筛选、影响识别、规划分析、预测和评估、防治和减缓措施、SEA 报告编制和提交以及跟踪和监测
		李明光（2003）	PEA 工作程序与评价内容框架	规划和规划环评融合性程序框架
		鞠美庭和朱坦（2003）	PEA 管理程序和技术路线	PEA 评价程序和管理程序

续表

方法类型		主要文献	研究内容	方法特点
基于项目 EIA 的 SEA 方法	2. 行业(专项)SEA 方法	Thompson 等 (1995)	海产养殖业 SEA 方法	基于项目 EIA 的 SEA 方法
		Noble (2004a)	加拿大森林管理规划 SEA	SEA 过程综合于行业规划过程中，特别是环境目标和社会经济目标的结合
		Tang 等 (2007)	土地利用总体规划的 SEA 管理框架和操作程序	类似于一般 SEA 框架
		Koornneef 等 (2008)	CO_2 捕获、运输和储存项目规划（CCS）SEA 方法	不同决策层次的 CCS EIA 和 SEA 程序评估的项目和规划的合理方案
		Desmond (2009)	废物管理规划 SEA	强调应在规划方案制定阶段将 SEA 决策标准和规划标准结合在一起，同时满足废物管理和 SEA 的法律需求和标准
		杨乃克 (2000)	工业开发区 REA	REA 技术方法
		毛小苓等 (2002)	工业园项目环境影响评价	工业园区域多项目联合环评技术方法
		王吉华等 (2004)	城市新区规划 SEA	基于不确定性多目标的 SEA 方法
		于书霞等 (2004)	土地利用政策 SEA	基于生态价值核算
		蔡玉梅等 (2005)	土地利用规划 SEA	强调规划目标导向，与规划同步。包括压力－状态－相应方法和生态服务功能价值方法
		曹德友等 (2006)	港口规划 SEA	SEA 指标体系
		朱俊等 (2006)	港口总体规划 SEA	多方案比选与"零方案"分析
		吕昌河等 (2007)	土地利用规划 SEA	指标体系
		唐弢等 (2007)	土地利用规划 SEA	基于生态系统服务功能价值评估

续表

方法类型	主要文献	研究内容	方法特点
2. 行业(专项)SEA 方法	王静 和 戴明忠 (2007)	区域开发环评方法	区域开发环评方法
	王圣 和 陈文燕 (2007)	能源规划 SEA	能源类规划 SEA 方法框架
	李川 (2007)	矿产资源规划 SEA	内容、评价重点和主要的评价方法
	刘毅等 (2008)	城市总体规划 SEA	建立了基于结构与空间不确定性分析的城市规划环评方法和系统评估模型
基于项目 EIA 的 SEA 方法	Díaz 等 (2001)	生物多样性评估 SEA	生物多样性评估方法应用于区域规划 SEA
	Bras-Klapwijk 和 Knot (2001)	基于生命周期评估方法 (LCA) 的 SEA 方法	家庭可持续发展环境评估方法和方法需求
	Poulsen 和 Hansen (2003)	情景设计 SEA 方法	应用于污泥管理方案 SEA
	Marull 等 (2007)	景观生态学方法在城市规划 SEA 中的应用	土地可持续性指数 (land suitability index, LSI)
3. 具体评估技术方法应用 SEA 方法	Mörtberga 等 (2007)	景观生态学方法在城市规划 SEA 中的应用	不同的规划方案情景对生物多样性的影响的评估方法
	Slootweg 等 (2007)	景观生态学方法在排水规划 SEA 中的应用	基于综合自然资源管理的观点开发的排水规划 SEA 评估框架
	Donnelly 等 (2007)	SEA 指标选择	指标选择和评估矩阵方法
	Geneletti 等 (2007)	综合土地利用多技术组合 SEA 方法	压力状态响应方法、GIS 及 SWOT 组合的综合分析方法
	Kørnøv (2009)	SEA 健康评估方法	SEA 健康评估指标扩展和跨部门、跨学科合作建议
	Chen 等 (2009)	基于相关评估技术组合的 SEA 方法框架	层次分析法、德尔菲法和 GIS 及系统分析技术组合 SEA 方法框架

方法类型		主要文献	研究内容	方法特点
基于项目 EIA 的 SEA 方法	3. 具体评估技术方法应用 SEA 方法	马小明等 (2003)	投入产出模型 SEA 方法	投入产出模型应用于产业结构调整规划 SEA
		王吉华等 (2004)	不确定性多目标的规划模型 SEA 方法	基于不确定性多目标的规划环境影响评价模型
		周世星等 (2005)	系统动力学模型（SD）SEA 方法	SD 模型应用于规划环评
基于政策评估的 SEA 方法		Tzilivakis 等 (1999)	农业政策评估 SEA 方法	利用效果–损害函数和评估标准来确定相关可持续性的潜在影响
		Rajvanshi (2001)	生态发展规划 SEA	评价指标体系及评价标准的建立方法，经济分析
		Xu 等（2003）	废水再利用政策 SEA 方法	废水再利用政策评估
		Keith 和 Ouattar (2004)	流域战略规划 SEA	流域综合水资源管理工程模型
		Dalkmanna 等 (2004)	分析型 SEA 方法（Analytical SEA，ANSEA）	基于决策科学不确定性、信息缺口和认识局限性的特点以及理性决策的非现实性 SEA 方法，从决策环境后果的分析转变到决策过程的分析
		Noble 和 Christmas(2008)	农业温室气体排放减缓政策 SEA 方法	政策 SEA 方法
基于可持续发展原则的综合 SEA 方法		Seht（1999）	综合 SEA 系统需求	用于对现有 SEA 系统的评估基础和新的 SEA 系统设计
		Devuyst（1999）	可持续性评估的一般方法框架和程序	两种类型：①可持续性评估核查框架和程序；②可持续性评估研究框架和程序
		Deakin 等 (2002)	城市发展的可持续性 SEA	城市可持续发展分析框架
		Carter 和 Howe (2006)	水资源的可持续利用 SEA	欧洲水资源管理指南（WFD）和 SEA 指南结合的整体 SEA 方法

续表

方法类型	主要文献	研究内容	方法特点
	Jackson 和 Illsley（2007）	环境法 SEA	基于可持续发展环境公平原则的 SEA 方法
基于可持续发展原则的综合 SEA 方法	Ridder 等（2007）	可持续性综合评估	提出了 4 个阶段和 7 类评估工具，并探讨了每个评估阶段适配的评估工具类型
	Hassan（2008）	区域可持续性 SEA 方法	基于多属性功效理论的区域可持续性综合指数

2.2.5　小结

尽管目前 SEA 理论和方法学研究有了一定的进展，但总体上仍然处于起步和探索阶段。基于项目 EIA 的 SEA 方法研究和应用较多，但其方法基础基于理性技术决策模型的假设，实践中难以应对决策和政治背景的变化。基于政策评估的 SEA 方法和基于可持续性原则的综合 SEA 方法方兴未艾，是 SEA 理论和方法学研究的发展方向。基于项目 EIA 的 SEA 方法学研究中，SEA 总体框架、工作程序和具体评估技术方法应用研究较多，对国内外 SEA 开展最多的不同类型的行业（专项）规划的普适性综合 PEA 方法研究较少，亟待加强和完善。总之，3种方法各有优缺点，基于项目 EIA 的 SEA 方法能更好地处理环境影响问题，基于政策评估的 SEA 方法能更好地应对决策和政治背景的变化，基于可持续性原则的综合 SEA 方法更能体现战略的可持续性。当评价对象和内容比较确定时，基于项目 EIA 的 SEA 方法比较适合，当评价对象和内容具有较大的不确定性时，应当选择基于政策评估的 SEA 方法和基于可持续性原则的综合 SEA 方法。

2.3　研究进展（Ⅱ）—— 累积环境影响评价

累积影响是战略层次（PPPs）环境影响的主要特征。因此，累积环境影响评价（cumulative effects assessment，CEA）是战略环评的重要组成部分。由于其分析对象情况复杂且地位重要，目前对累积影响评价的研究已成为战略环评研究的热点和难点之一。

2.3.1 累积影响评价的概念

累积影响（cumulative effects，CEs）的概念最早见于 1973 年颁布的美国《实施"国家环境政策法"（NEPA）指南》。1978 年，美国环境质量委员会（USCEQ）关于必须在国家环境政策法（NEPA）下考虑累积影响的一个声明中，把累积环境影响定义为"当一项行动与其他过去、现在和可以预见的将来的行动结合在一起时所产生的对环境增加的影响。累积影响源于发生在一段时间内、单独的影响很小、但集合起来影响却非常大的行动"（Wickham et al.，1999；MacDonald，2000；杨凯和林健枝，2001；吴小寅和陈莉，2007）。Macdonald（2000）认为累积影响是跨越空间和时间的多项行动的联合影响；Tricker（2007）认为累积影响源于许多影响源的环境影响，这些影响源包括从个人行为到国际层面政府政策的集体影响；Hegmann 等（1999）将累积影响定义为：当一项行动与其他过去、现在和可以预见的将来的行动结合在一起时所产生的对环境增加的、累积的和相互作用的影响；Dube（2003）认为这个定义也包含了由这些生物物理环境影响所造成的社会经济和文化后果。1985 年，美加累积影响双边研讨会议将累积影响分为 8 类，即时间拥挤效应、空间拥挤效应、复合效应、时间滞后效应、空间滞后（边界扩展）效应、阈值效应、间接效应和蚕食（破碎）效应（吴小寅和陈莉，2007）。

当代环境评估最重要的问题之一就是累积环境影响，累积影响的概念基于各种环境影响不一定相互独立而可能累积产生重大环境变化这一前提（Bonnell and Storey，2000）。累积影响评价（CEA）是对累积环境变化系统的分析和评估过程（Smit and Spaling，1995；Dube，2003），是环境影响评价的一个新兴的分支，是战略环评的重要组成部分，是环境科学研究的前沿领域之一，逐渐受到各国学者和政府的重视。它能为环境规划与管理部门提供科学的依据，已成为实施可持续发展战略的重要基础（吴小寅和陈莉，2007）。在国际上诸多对累积影响的定义中，美国环境质量委员会对累积影响的定义被最为广泛的接受。累积影响概念的定义是确定边界尺度和分析方法的基础，国际上对其定义及相关内容的讨论也一直持续至今（杨凯和林健枝，2001）。

我国对累积影响的研究起步较晚，据可检索的文献来看，毛文锋和吴仁海（毛文锋和吴仁海，1998）最早建议在我国开展累积影响评价，并对累积影响评价提出了比较详细的定义：系统分析和评估累积环境变化的过程，即分析和调查（包括识别和描述）累积影响源、累积过程及累积影响，对时间和空间上的累积作出解释，估计和预测过去的、现有的或计划的人类活动的累积影响及其对社会经济发展的反馈效应，选择与可持续发展目标相一致的潜在发展行为的方向、内容、规模、速度和方式。

2.3.2 累积环境影响评价方法研究进展

1. 国外进展

国际上具有代表性的累积影响评价研究主要集中于美国、加拿大、澳大利亚和荷兰，尤其是美、加两国对累积影响评价从概念到实践进行了 20 多年的探讨。1997 年 1 月，美国环境质量委员公布了《根据国家环境政策法考虑累积环境效应》（*Considering Cumulative Effects Under The National Environmental Policy Act*）的报告，进一步明确提出了在 EIA 的每个组成部分中进行累积环境影响分析的原则和程序步骤（表2-6）。1992 年加拿大环境评价法开始要求考虑累积环境影响，1995 年进一步明确要求 EIA 在项目筛选、综合研究、仲裁审查等环节全面考虑可能的累积影响，1997 年 12 月，加拿大环境评价署发布了"累积影响评价从业人员导则"（*Cumulative Effects Assessment Practitioners Guide*, *Draft For Discussion*），系统分析了累积影响评价的程序步骤及有关评价方法（表2-6）（杨凯和林健枝，2001）。

表 2-6 美国和加拿大累积影响评价的程序步骤

Table 2-6 Steps in cumulative effects analysis to be addressed in each component of EIA in U. S. A. and Canada

美国累积影响评价程序		加拿大累积影响评价程序	
EIA 步骤	累积影响评价程序步骤	EIA 步骤	累积影响评价程序步骤
确定评价范围 ↓	1. 识别与建议行动相关的重要累积影响事宜，确定评价指标 2. 确立分析评价的空间范围 3. 确立分析评价的时间框架 4. 识别相关的影响自然资源、生态系统和社会环境的其他活动	确定评价范围 ↓	1. 识别重要的区域环境事宜 2. 选择适当有价值的区域生态系统组分（VESs） 3. 识别时间和空间的边界范围 4. 识别可能影响同一 VESs 的其他活动

美国累积影响评价程序		加拿大累积影响评价程序	
EIA 步骤	累积影响评价程序步骤	EIA 步骤	累积影响评价程序步骤
描述受影响的环境	5. 描述评价范围内自然资源、生态系统、人类社会的特征及对承载负荷变化的响应 6. 描述对自然资源、生态系统及人类社会施加的影响及其与调整阈值的关系 7. 确定自然资源、生态系统及人类社会的基线背景情况	影响分析 ↓ 确定减缓措施	5. 收集区域环境基线数据 6. 评价所有识别活动对 VESs 的影响 7. 推荐减缓措施
确定环境后果	8. 识别人类活动与自然资源、生态系统及人类社会之间的重要因果关系 9. 确定累积影响的大小和重要程度 10. 修改或增加替代方案,以避免、减小或缓和重要的累积影响 11. 监测累积影响和进行适应性管理	评估影响的重大程度 ↓ 后续跟进监控	8. 评价剩余影响的大小 9. 将评价结果与环境承载力或土地利用目标和趋势进行比较 10. 推荐区域范围的环境监测

自 20 世纪 80 年代以来,已有不少研究关注累积环境影响评价的概念和实践,其中,国际上具有代表性的研究案例主要集中于美国、加拿大、澳大利亚和荷兰等国,尤其以美国和加拿大为主(杨凯和林健枝,2001)。据可查阅的文献,CEA 研究大体可分为两个阶段:①2000 年以前以 CEA 概念的探讨和将 EIA 技术方法应用于 CEA 的初步尝试阶段;②2000 年以后对 CEA 概念和多项目组合累积影响、重大工程以及规划层次 CEA 方法的较为深入的探索。

CEA 代表性研究进展可分为 9 个方面:①CEA 方法分类研究(Smit and Spaling,1995;Dube,2003);②河流湿地及河流生态系统 CEA 方法(Nestler and Long,1997;Abbruzzese and Leibowitz,1997;Dube,2003;Dube et al.,2006);③空间分析技术(回归、聚类、判别分析)应用 CEA 方法(Wickham et al.,1999);④CEA 概念框架(MacDonald,2000);⑤水电发展战略(政策、规划、计划和项目)多层次 CEA 方法(Bonnell and Storey,2000);⑥区域多项目 CEA 方法(Spaling et al.,2000;Lindsay et al.,2002);⑦CEA 的主要障碍和解

决办法（Piper，2001）；⑧公共交通工程的 CEA 方法（Tricker，2007）；⑨CEA 尺度研究（Therivel and Ross，2007）。

综上所述，在 CEA 研究框架上，除关注尺度问题（Therivel and Ross，2007）外，目前已有研究基于累积影响的关键问题提出了问题识别、分析和管理 3 个阶段的 CEA 概念框架（MacDonald，2000）；在研究对象与尺度上，目前的研究涵盖了河流生态系统、湿地、交通及区域影响等方面（Abbruzzese and Leibowitz，1997；Wickham et al.，1999；Dube，2003；Dube et al.，2006；Tricker，2007）。在不同对象的累积影响评价框架方面，已有研究基于景观生态学方法提出了湿地累积影响评价的 5 步骤概念框架（Abbruzzese and Leibowitz，1997），包括定义目标、定义标准、定义评估概要指数、选择景观指标进行评估和评估报告。此外，还有研究基于 SEA 提出重点公共交通工程的 CEA 方法框架（Tricker，2007）。在 CEA 研究方法上，不同的研究有不同的分类，如基于压力的方法和基于效果的方法，分析方法和规划方法等（Dube，2003；Smit and Spaling，1995）。但总体上看，由于累积影响的复杂性，研究文献目前并不多，研究尚不够深入，关于 CEA 方法的研究概念性框架讨论较多，可操作性的较少，实例研究就更少，CEA 方法研究仍然处于初步探索阶段。

2. 国内进展

我国的累积环境影响研究起步较晚，目前的研究多集中在对概念、指标体系、评价思路、内地和香港的环评实践比较、国内外综述及部分技术方法在累积影响评价中的应用等方面。具体的研究案例涵盖了流域梯级开发、半封闭海湾内海岸工程建设项目、区域开发、湿地资源开发等；在研究方法上，目前已有研究采用了情景分析方法和系统动力学模型等模型方法（杨凯和林健枝，2001；吴小寅和陈莉，2007；耿福明等，2006；杨喜爱和薛雄志，2004；陈剑霄，2007；吴静，2007；吴贻名等，2000）。CEA 方法研究主要文献见表2-7。

表 2-7　CEA 方法研究进展一览表

Table 2-7　The research progress of CEA methodology

主要文献	研究内容	方法特点
Smit 和 Spaling（1995）	CEA 方法分类及评估	将 CEA 方法分为两大类：分析方法和规划方法。采用 6 项评估指标即时间效应、空间效应、干扰类型、累积过程、功能效果、结构效果，评估 CEA 的各种方法在以上 6 项指标方面的考虑和优劣

续表

主要文献	研究内容	方法特点
Abbruzzese 和 Leibowitz（1997）	湿地 CEA 概念框架	采用景观生态学方法提出了 CEA 框架：包括定义目标和标准、定义评估概要指数、选择景观指标进行评估和评估报告 5 个步骤
Nestler 和 Long（1997）	河流湿地的 CEA 方法	水文指数分析方法包括谐波分析、时间尺度分析和多年测量数据水文分析的传统方法
Wickham 等（1999）	区域尺度上 CEA 方法	将遥感影像、GIS 和景观生态学方法结合起来，采用空间分析技术（回归、聚类、判别分析），融合土地覆盖、人口、道路、河流、空气污染和地形学的数据于一体
Bonnell 和 Storey（2000）	水电发展规划 CEA 方法	从水电发展政策、规划、计划和项目 4 个既相互关联的决策层次进行 CEA 评估
Spaling 等（2000）	多个油砂开发项目 CEA 方法	对现有、已批和规划中的 17 个油砂开发项目进行了累积影响评价，建立了利益相关者区域 CEA 管理系统
Macdonald（2000）	CEA 概念框架	为比较通用的 CEA 概念框架包括问题识别阶段、分析阶段和管理阶段
Piper（2001）	CEA 案例审查和评估	提出 CEA 的主要障碍和解决办法
Lindsay 等（2002）	森林采伐永久原木运输道路和其所需的相关桥梁项目 CEA	分析框架包括全面性、公正性、效率和效果等，为区域资源规划过程背景下项目层次多项目 CEA 评估的案例
Dube（2003）	基于项目和区域的 CEA 概念框架	CEA 方法两个分支：基于压力的方法［Stressor-Based，（S-B）method］和基于效果的方法［Effects-Based，（E-B）method］。两种方法综合成一个整体 CEA 框架，才能更好地监测和评估环境的可持续性
Dube 等（2006）	河流生态系统 CEA	基于加拿大现有的监测实践和水生态系统健康评估现有标准的累积影响现状评估
Therivel 和 Ross（2007）	CEA 尺度研究	空间、时间尺度和详细程度
Tricker（2007）	重点公共交通工程的 CEA 方法框架	强调工程的间接影响、诱导影响和各种影响的交互作用

续表

主要文献	研究内容	方法特点
毛文锋和吴仁海 （1998）	CEA 的理论	CEA 的理论和概念框架
吴贻名等 （2000）	CEA 方法	系统动力学应用于 CEA
杨凯和林健枝 （2001）	内地和香港 CEA 对比分析	建议制订累积影响评价的技术方法导则，以法规的形式明确 在项目、区域及策略环评中增加 CEA 内容
杨喜爱和薛雄志 （2004）	海域 CEA 方法	半封闭海湾内多个海岸工程建设项目在长时间尺度下的 CEA 和技术路线
吴小寅和陈莉 （2007）	CEA 综述	国内外 CEA 研究的现状和进展以及存在的问题和展望
陈剑霄（2007）	区域开发 CEA 方法	区域开发 CEA 全情景分析法的应用
吴静（2007）	湿地资源开发 CEA 方法	湿地资源开发的 CEA 方法

2.3.3　小结

　　尽管国际学术界及各国政府意识到了进行 CEA 的重要性，认识到环境评价如不能恰当地考虑累积影响，则其有效性和可靠性将令人质疑，并进行了一些初步的累积影响评价的方法探索和实例研究。但由于累积影响评价的复杂性及其涉及诸多学科领域，目前实践应用仍滞后于理论研究，在实际的环境影响评价过程中开展 CEA 的案例也很少（吴小寅和陈莉，2007）。

　　解决累积影响问题经常需要更为前瞻性和更为综合的方法，而不是由传统的环境影响评估过程所获得的方法（Bonnell and Storey，2000）。综合分析现有的 CEA 方法研究进展，目前国际和国内对累积影响评价的研究多集中于概念和理论框架和少量的具体评价技术应用，实践应用仍滞后于理论研究，在实际的环境影响评价过程中开展 CEA 的案例也很少。尽管现有的研究对 CEA 的重要性以及不纳入 CEA 的弊端有了非常深入的理解，并开展了一些初步的方法探索和实证研究，但由于 CEA 所分析对象系统的复杂性及累积影响的不确定性，目前 CEA 的方法研究仍处于起步阶段，缺乏成熟的、系统的累积影响评价方法框架和高效、实用、可操作的技术方法，CEA 的方法体系亟待进行系统化和完善。

2.4 研究进展（Ⅲ）——战略环评的景观生态学方法

2.4.1 景观生态学主要理论和方法

1. 景观生态学概念与主要理论

景观生态学是 20 世纪 30 年代以后发展起来的一门介于生态学与地理学之间的交叉学科。它以生态学的理论框架为依托，吸收现代地理学和系统科学之所长，研究景观的结构（空间格局）、功能（生态过程）和演化（空间动态），研究景观和区域尺度的资源、环境经营管理问题，具有综合整体性和宏观区域性的特色，并以中尺度的景观结构和生态过程关系研究见长。景观是一个由不同土地单元镶嵌组成，具有明显视觉特征的地理实体，它处于生态系统之上，大地理区域之下的中间尺度，兼具经济、生态和美学价值。关于景观生态学原理，其理论框架可以归纳为以下 9 条：①土地镶嵌与景观异质性原理；②尺度制约与景观层序性原理；③景观结构与功能的联系和反馈原理；④能量和养分空间流动原理；⑤物种迁移与生态演替原理；⑥景观稳定性与景观变化原理；⑦人类主导性与生物控制共生原理；⑧景观规划的空间配置原理；⑨景观的视觉多样性与生态美学原理。我国的景观生态研究必须立足国情，突出重点，以人工自然景观为主要研究对象，以景观和区域尺度上的生态建设为研究重点（肖笃宁和李秀珍，1997）。

邬建国（2000）对景观生态学的概念与理论也进行了系统的论述。景观生态学是研究景观单元的类型组成、空间格局及其与生态学过程相互作用的综合性学科。美国景观生态学家 Forman 和法国地理学家 Godron 认为，景观是指由一组以类似方式重复出现的、相互作用的生态系统所组成的异质性陆地区域；强调空间格局、生态学过程与尺度之间的相互作用是景观生态学研究的核心所在；其主要概念和理论包括尺度及其有关概念、格局与过程、空间异质性和缀块性、等级理论、边缘效应、缀块动态理论、缀块–廊道–基底模式、种–面积关系和岛屿生物地理学理论、复合种群理论以及景观连接度、中性模型和渗透理论。二人对景观生态学理论的概括尽管形式不同，但在内容上是一致的，包含了景观生态学的主要理论和研究内容。

2. 景观生态学主要研究方法

景观生态学的研究方法具有多学科的特点，早期的景观生态学方法主要是利用航片、各种照片和地图资料来研究景观的结构和动态、以区域地理和植被调查方法为特点。随着科学技术,尤其是遥感技术(remote sensing, RS)和地理信息系统(geographic information system, GIS)的发展,现代景观生态学在研究宏观尺度上景观结构、功能和动态诸方面与早期的景观生态学方法相比,发生了显著变化。现代景观生态学的研究方法以 3S 技术和模型技术为特征。研究方法主要包括两大方面:

(1)3S 技术:包括遥感、地理信息系统和全球定位系统(global positioning system, GPS)。

(2)数量化方法(模型技术):包括景观格局分析数量化方法和景观动态模拟模型。景观格局分析数量化方法包括景观要素特征分析、景观要素空间相互关系分析、景观异质性分析、景观总体空间分布格局分析等;景观动态模拟模型包括零假设模型、静态描述模型、个体行为模型和景观过程模型等。

以上研究方法相结合已经应用于森林景观、湿地景观、城市景观、农业景观等多种景观和多种尺度的研究。

2.4.2 战略环评的景观生态学方法研究进展

景观格局的生态优化是实现其持续利用与管理的必要保证之一(张惠远和王仰麟,2000)。区域规划环评的主要任务之一是对区域经济社会发展规划对区域景观生态系统的影响进行评价,并提出消除或减缓不利影响的对策和措施。其中,尤为关键的是对规划实施所引致的区域景观格局变化进行评价与优化调整,以保障区域景观格局的安全性。因此,区域景观格局的安全性判别和景观安全格局构建是区域规划环评方法学的主要组成部分,对于解决区域生态环境问题具有不可替代的作用。

目前,国内外关于景观生态学方法在战略环评中的应用方法研究尚处于刚刚起步阶段。在对于区域规划环评,如区域土地利用规划环评、高速公路网规划环评、区域开发规划环评等的研究中,通常以美国生态学家 Forman(1995)的"集中与分散相结合"及"必要的格局"、德国生态学家 Haber(1990)的"10%~15%土地利用分异(DLU)战略"、俞孔坚和李迪华提出的"景观生态安全格局"(Yu,1996)和"城乡与区域规划的景观生态模式"(俞孔坚和李迪华,1997)等作为理论基础和指导开展研究,国内学者多将景观格局指数分析方法应用于区域规划环评,国外学者多集中于生物多样性和区域发展的可持续性评估。主要方法和应用如下:

李巍等（2009）在综合考虑各种社会经济影响因素的基础上，从景观格局、景观功能、景观受胁迫性等 3 方面构建评价指标体系，据此开展规划实施的景观生态影响综合评价。利用计算机模型模拟各种规划替代方案的景观格局动态，并通过分析景观格局指数的变化，实现对规划替代方案的比选，建立规划环评中景观生态学方法应用的技术框架，是景观生态学方法应用于 SEA 较为全面的尝试。唐占辉等（2004）对景观生态学理论方法应用到流域开发规划的环境影响评价中做了初步的探讨。汤振兴和杜丽（2005）基于景观生态学概念及高速公路景观特点，从景观美学价值、景观阈值、景观敏感度和景观特殊价值 4 个方面探讨了高速公路景观环境评价的方法。吴飚等（2000）、贾生元（2004）、马祥华（2007）分别探讨了景观生态学中的优势度原理在科技园区、线形开发建设项目（公路建设项目）及一级水电站等生态环境影响评价中的应用。余艳红（2010）将景观格局指数分析应用于铁路项目的生态影响评价。此外，还有在 2.2.4 节中（战略环评的方法学研究及应用进展）论述的 Marull 等（2007）、Mörtberga 等（2007）、Slootweg 等（2007）、廖德兵（2004）、张晓峰和周伟（2007）等提出的规划环评的景观生态学方法。

2.4.3　小结

就目前的研究而言，战略环评的景观生态学方法研究尚处于起步阶段，局限在土地利用、公路交通、工业园区、旅游、城市发展等规划环评领域单一技术方法的初步尝试和探索，方法尚不成熟，应用案例也很少，针对规划环评所提出的减缓措施多为对规划方案实施的补救措施，对规划方案本身在景观格局安全性方面存在的缺陷解决不够，特别是对区域景观安全格局判别准则的建立和对规划方案基于景观格局安全的系统优化不足，对区域景观格局的安全性（景观安全格局判别准则）也未明确回答。这些无疑会影响区域规划环评的有效性和可靠性。但国内外学者在该领域的初步探索已显示出其强大的生命力，鉴于景观生态在战略环评中的基础地位，战略环评的景观生态学方法研究亟待加强。

2.5　重要的科学问题与发展趋势

2.5.1　重要的科学问题

综上所述，SEA 的理论、方法研究存在以下 5 个方面的科学问题。

（1）理论上尚未形成 SEA 本身特有的理论体系。尽管 SEA 方法学理论提出了对决策非线性、非逻辑结构方式和不确定性的考虑，也提出将可持续发展原则、循环经济理论、生态系统理论融入其中，但还处于相对分立的各理论对 SEA 方法学的指导作用阶段，集决策理论、可持续发展理论、区域规划理论和生态系统相关理论等为一体的 SEA 本身特有的理论体系尚未形成；怎样切实将环境因素纳入战略制定和战略决策过程中，并保障其有效性和提高其效率，仍是关键的科学问题。

（2）方法学的研究仍处于起步和探索阶段。研究偏重于项目 EIA 方法在战略层次的扩展，没有形成基于项目 EIA 方法、决策理论以及可持续发展原则的综合的、完善的工作框架和方法体系。当前，战略环评方法学研究存在的主要科学问题有 3 个方面：①战略与战略环评不同步，战略方案本身潜在的不利环境影响未消除。战略环评与战略没有真正地融合，战略编制过程尚未提前考虑资源环境约束，而仅是面向战略结果的环境影响评价（舒廷飞等，2006b），属于调整型战略环评。因此，无法消除战略方案本身的缺陷。②方法框架上，战略环评依旧缺少方案系统优化思路和因不确定性而存在的风险评估。③方法中生态和政治层面的分离以及对 SEA 的累积影响评价方法和景观生态学方法的研究不够，制约了评估的有效性和可靠性。怎样在方法上有效解决上述 3 个问题，开发出科学、先进、实用、操作性强的方法，已成为方法学研究的热点和难点。

（3）SEA 的技术方法应用研究仍处于尝试阶段。研究集中于项目 EIA 的相关技术如识别、预测、评估等在战略层次的应用，以决策理论为核心的 SEA 评估技术和适应于各种战略层次和行业的组合 SEA 评估技术体系研究不足，正处于探索和实证研究阶段。

（4）SEA 实证（案例）研究的质量存在诸多问题。SEA 实证（案例）研究的质量评估表明，基于 SEA 执行标准，SEA 和战略制定过程的融合、同步，对 SEA 的认识、早期介入，环境问题的定义、重大环境影响的识别，替代方案的建立和比较，不确定性处理，公众参与，累积影响评价，纳入决策，技术力量，部门协调和管理，法律程序机制，跟踪监控和适应性管理等方面存在较多缺陷，影响了 SEA 的有效性。

（5）SEA 管理和实施中的主要障碍仍然突出。SEA 管理和实施中的主要障碍有 3 个方面：①战略环评和战略制定过程的部门分割和部门利益冲突，即管理体制和制度障碍；②战略决策过程中公众参与的科学性、有效性及公众意见和建议的有效采纳障碍；③战略环评实施中的监督机制障碍。以上问题如不能有效解决，战略环评的有效性将受到质疑。

2.5.2 发展趋势

综合 SEA 理论、方法、技术等方面的研究现状和存在的问题，对 SEA 研究未来的发展趋势预测和归纳如下所述。

1. SEA 理论

将以区域规划相关理论、环境承载力理论、生态系统理论、可持续发展理论、决策理论等为基础，从环境、经济、社会、决策、管理等学科综合的高度创新发展 SEA 自身理论，使其在现有自身理论的基础上得到有机整合和提高，为 SEA 的方法学创新、发展和完善提供指导。

2. SEA 方法

趋向于将项目 EIA 方法、基于决策理论的 SEA 方法和基于可持续发展原则的 SEA 方法三者相互融合的综合性方法和程序，增加对理性局限、不确定性、决策的非线性和政治、制度、文化背景、社会环境价值等因素的考虑，使其更加灵活、适应、动态和富有弹性，以克服 SEA 方法学研究存在的主要缺陷。作为 SEA 方法体系的重要组成部分，SEA 的累积影响评价方法和景观生态学方法研究将得到加强。

3. SEA 技术

更加注重多种评估技术的有机组合，适用于不同决策层次、不同评估对象的评估技术体系。

4. SEA 管理

将进行 SEA 管理体制的改革，解决 SEA 和战略制定的不同步及上下级间、部门间的管理体制障碍，向着战略制定和 SEA 的程序及过程融为一体的方向发展。加强战略和 SEA 实施的跟踪监测和适应性管理，以克服 SEA 实施所面临的主要障碍。

5. SEA 法律

将更加完善 SEA 的法律和制度体系，在公众参与、决策的公平性、透明性、对 SEA 评估结果和建议的采纳方面得到加强。

6. SEA 实证

将更多地对不同战略层次、不同评估对象以及不同的 SEA 研究内容开展实证研究，验证新的 SEA 理论、方法和技术。同时，为其理论、方法和技术的创新、发展和完善奠定基础。

3

区域规划环境影响评价方法研究

本章将以第 2 章战略环评（SEA）国内外研究进展为基础，选择国内外开展最多的 SEA 的一种主要形式——区域规划环评方法学为研究对象，针对 SEA 在方法学研究方面存在的 3 个主要科学问题，依据第 1 章提出的区域规划环评（RPEA）方法与应用研究技术路线，建立新方法理论基础和总体思路，构建普适性不确定性下区域规划环评方法学架构，并开发新的普适性方法及模型。其中包括：区域规划环评"3 层 2 级"系统优化方法、累积环境影响评价方法、景观格局安全性评价及优化方法和区域污染物排放总量控制管理方法。

3.1 概念界定、理论基础及方法思路

3.1.1 概念界定

区域规划环评的主要目的和任务是对区域经济社会发展总体规划进行环境影响评价，在区域环境和资源的约束下，优化区域经济社会发展规划方案，提出避免、减缓不利环境影响的对策和措施，并纳入规划制订和决策过程，实现区域经济社会的可持续发展。区域规划的制订包括规划方案的制订和实施，因此，区域规划环评的方法学研究包括规划方案制订过程和方案实施过程的环境保护补救措施二级优化，规划方案优化为源头预防，评价过程为过程控制，补救措施为末端治理，三者紧密结合，相辅相成。

3.1.2 理论基础

战略的环境影响分为战略和非战略两个层面，战略层面的环境影响即战略方

案潜在的环境影响，非战略层面的环境影响即战略方案实施可能产生的环境影响，战略环评的关键是战略层面（Noble，2000）。就规划战略而言，本质上，规划环评和规划具有相同的任务，且前者必须辅助产生一个环境影响最小的规划方案（Herrera，2007），评价的目的不是提出措施将规划实施后所产生的环境影响最小化，而应该是使规划所可能产生的负面环境影响最小化（沈清基，2004）。因此，区域规划环评方法学的研究方向应致力于规划方案本身潜在的环境影响和方案实施后可能产生的环境影响两个层面。

区域规划是指在一定时空范围内，对国民经济建设、社会发展、科技进步等所做的总体部署，主要的任务是根据规划区域的发展条件，在明确区域社会经济发展的方向和目标的情况下，对区域社会经济发展和总体建设，包括土地利用、城镇建设、基础设施布局、环境保护等做出总体部署，对生产性和非生产性的项目进行统筹安排，并提出实施政策。区域规划可分为区域开发规划、区域发展规划和区域建设规划 3 种类型。区域开发规划侧重于资源和新区开发，区域建设规划侧重于物质实体具体设计（如选址）的规划，区域发展规划不仅包含开发规划与建设规划的许多内容，而且还包含各种非物质实体的规划，是开发与建设规划的最终结果，也是区域规划的核心。区域规划具有明确的目的性、前瞻性、高度的综合性、区域性、突出的战略性和政策性。

区域规划方案的环境优化是方法学的核心。无论哪种区域规划，其内容均包括经济、社会和环境 3 个方面，内容广泛，关系复杂。具体表现为区域总体规划下包含多个专项规划，但总体上可以归纳为区域土地利用规划、区域经济社会（以人口和产业规划为主体，含道路交通、市政设施、城市建设等多个城市发展专项规划）发展规划及环境保护规划。区域经济、社会和环境 3 个方面综合在一起又可分为 3 个层次，即区域规划的 3 层结构：①空间管制层——表征为区域土地利用规划；②产业方案层——表征为空间管制下的经济社会发展方案，即各项经济社会发展内容如产业、人口居住、交通、市政等基础设施在一定时空范围内的发展目标值；③景观生态层——经济社会发展方案的空间布局（文化景观）和其相应的自然景观耦合在一起形成的新的经济社会和环境的复合景观，表征为景观生态规划。以上 3 个层次相互联系、相互作用，时空上相互耦合，其间的匹配和协调构成区域可持续发展的关键问题——资源环境约束下的区域发展总量（经济社会发展的方向、规模和速度）、结构（土地利用结构、经济结构和景观结构）和布局优化（经济发展布局、景观生态格局）。空间管制层是区域发展的控制层，关系区域发展的时空规模和方向，产业方案层是区域发展的驱动层，关系区域发展对环境影响的性质和范围，景观生态层为区域发展的基础层，关系区域发展的可持续性。3 个层次的耦合优化就成为区域规划环评方法学研究的关键。

3.1.3 方法思路

目前，区域规划中空间管制层、产业方案层和景观生态层 3 个层次在很大程度上相互分离，没有实现区域资源环境约束下对 3 个层次系统地有机整合，导致区域规划方案缺乏科学性、整体性和可持续性以及规划实施后环境治理的被动性。区域规划环评方法学研究主要解决的问题即为 3 个层次的总体优化和协调。因此，区域规划环评方法学研究的总体思路为：以可持续发展理论、复合生态系统理论、景观生态学理论及决策理论等基础理论和战略环评相关理论为指导，以总量控制和战略环评相关技术方法为手段，开发科学、先进、合理、实用的方法学，在区域资源和环境的约束条件下，系统有机地整合区域土地利用规划、产业结构及布局规划和景观生态规划，优化区域经济社会发展规划方案和补救措施，为实现区域可持续发展提供方法学支持。具体来说，规划方案优化分 3 步：第 1 步，优化空间管制层，实现区域发展方向和规模的空间管制；第 2 步，根据空间优化结果优化产业方案层，实现区域发展对环境影响的质与量的控制；第 3 步，以景观生态优化区域发展方案的空间布局，实现区域发展的景观生态安全性保障。3 个步骤并非简单的单向线性关系，而是相互耦合、重复迭代和反馈的非线性关系，即以区域景观生态、环境承载力和环境容量为基础，以空间管制层优化为统领，以产业方案层和景观生态层优化为核心，达到区域发展方向、规模和结构与区域资源环境承载能力和环境容量相匹配，区域产业布局与区域景观生态格局相协调，从而构建区域可持续规划方案，解决区域规划方案本身的缺陷，使其潜在的不利环境影响最小化。在此基础上，评估区域规划方案实施对环境可能产生的累积影响，提出并优化避免、减缓不利环境影响的补救措施，使方案实施后可能产生的不利环境影响最小化。其中，总量控制贯穿于规划方案和补救措施优化及累积环境影响评价的全过程。以上区域规划环评方法学研究思路可归纳为"3 层（空间管制层、产业方案层、景观生态层）2 级（规划方案级和补救措施级）"系统优化模式，如图 3-1 所示。

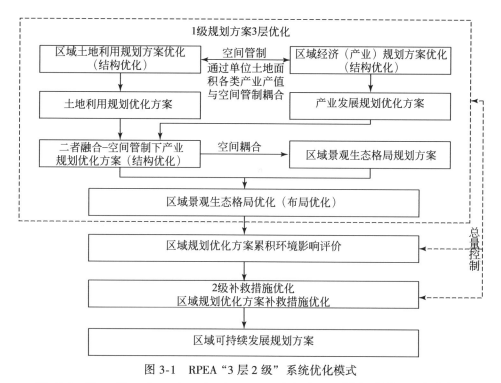

图 3-1　RPEA "3 层 2 级" 系统优化模式

Fig. 3-1　Three-hierarchy and two-level system optimization model for RPEA methodology

3.2　研究方法构架

3.2.1　区域规划环评方法构架

区域规划环评方法学研究的目的是为区域规划环评提供方法学指导，以环境优化经济社会发展，为决策者提供更为全面和综合的区域规划方案，为实现区域可持续发展奠定方法学基础。根据第 2 章的研究和本章 3.1 节内容，为了弥补区域规划环评方法研究在规划方案系统优化及风险评估、累积环境影响评价、景观格局安全性评价及优化等方面存在的缺陷，本章提出区域规划环评的研究方法构架（图3-2）：①方法基础，包括研究范围确定和问题诊断，是方法研究目标确定和方法框架及模型建立的基础；②研究目标设定，是指导方法框架及模型开发的依据，将在本章论述；③方法框架，包括理论基础和模型框架，是方法研究的核心内容，本章将逐步构建并在第 4 章中结合案例研究进行阐释；④方法应用–方法验证，将所开发的 RPEA 方法应用到案例研究中，检验方法的科学性、先进性和实用性。

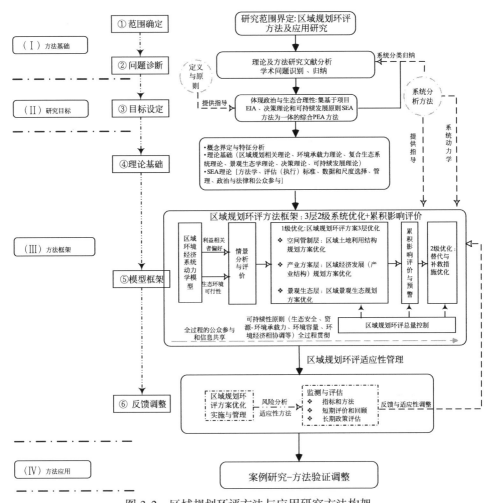

图 3-2 区域规划环评方法与应用研究方法构架

Fig. 3-2 The framework for RPEA methodology and application research

3.2.2 方法学研究目标及构成

1. 方法学研究目标设定

根据战略环评理论、方法研究进展和趋势分析，为解决方法学存在的 3 个主要科学问题，本书设定区域规划环评方法学研究的目标为：体现政治与生态合理性——集基于项目 EIA、决策理论和可持续发展原则 SEA 方法为一体的综合

RPEA 方法。即以可持续发展原则为统领，吸纳项目 EIA 的评估技术优势，采纳决策理论的政治磋商、折中和平衡手段，开发区域规划环评的方法框架及模型，体现环境优先、政治与生态合理性兼顾、不确定性处理、方案系统优化及风险评估、决策非线性特征等方法研究的先进理念，克服项目 EIA 在战略层次应用的局限性和 SEA 面临不确定性和价值冲突的挑战，使得 SEA 方法更加灵活、适应和动态，实现方法创新的科学性、先进性和实用性目标。

2. 方法学构成及理论和工具需求

本章开发的区域规划环评方法由基于项目 EIA、决策理论和可持续发展原则的 SEA 方法有机整合集成，依据方法学研究目标和方法学研究构架，其构成、解决的问题及相互关系如表 3-1 所示。

表 3-1　方法构成、解决的问题、相互关系及理论和工具需求

Table 3-1　The framework, problems to solve, correlation and requirements of theories and instruments for RPEA methodology and application research

方法构成	解决的问题	理论、模型及方法需求	相互关系
①"3 层 2 级"系统优化方法。包括 1 级 3 层优化方法和 2 级补救措施优化方法	区域规划方案和补救措施整体优化，不利于环境影响最小化，环境与经济的协调。包括产业发展定位、结构、规模和土地利用配置	SEA 相关基础理论、SEA 自身理论、强化区间优化模型（EILP）、系统动力学（SD）模型、情景分析、不确定性分析、数理统计等	①中包含②，②为①的组成部分；①服务于③，③验证①，并将结果反馈于①；④贯穿于①和③，为二者的指导方针和实现区域环境质量目标的主要手段
②景观格局安全性评价及优化方法	区域景观格局的安全性和产业布局	景观生态学理论、景观格局分析方法、层次分析法（AHP）、GIS	
③累积环境影响评价方法	区域规划的累积影响预测、评价和预警	系统动力学（SD）模型、情景分析、GIS、环境空气质量模型（ADMS）和地表水环境质量模型等	
④区域总量控制管理方法	控制和改善区域环境质量	目标总量控制方法、容量总量控制方法	
⑤应用研究–方法验证：郑州航空港地区总体规划环境影响评价	将①~④方法应用于郑州航空港地区总体规划环境影响评价，对其总体规划方案进行"3 层 2 级"系统优化，获得研究区域资源–环境约束条件下的最优规划方案	系统动力学（SD）模型、情景分析、GIS、环境空气质量模型（ADMS）和地表水环境质量模型、景观格局分析、强化区间优化模型（EILP）	

方法学研究目标中：环境优先重点在空间管制层、产业方案层耦合优化及景观生态层优化方法中体现；不确定性处理以情景设计及预测、方案筛选和模型参数求算来解决；方案系统优化及风险评估在"3层2级"系统优化模型中体现。其中，情景设计与选择过程、决策者和评估者互动式方案系统优化过程、累积环境影响评价过程及方案风险评估过程，体现了决策的非线性特征、政治与生态的合理性兼顾。

3.3 区域规划环评方案优化方法

本节区域规划环评方案优化方法即3.1.3节方法思路中提到的区域规划环评"3层2级"系统优化模式。1级优化为规划方案系统优化，分3层优化，即空间管制层优化、产业方案层优化和景观生态层优化；2级优化为补救措施优化。本节将开发"3层2级"优化模式的方法框架和耦合模型。

3.3.1 不确定性下"3层2级"系统优化方法框架及耦合模型

1. 方法框架

当前的规划环评分为两种类型：一为融合型规划环评，在规划编制过程中，环评得以介入，从规划各阶段的替代方案中评价出科学合理、可行有效的最佳方案（李明光，2003；蒋宏国和林朝阳，2004；Herrera，2007），使编制中的规划本身所可能产生的环境影响最小化，属于战略层面；二为调整型规划环评，在规划编制过程中并未介入，而是规划草案制订后在审批前对规划开展环评，提出相应的环境保护对策和措施，使编制好的规划在实施后所产生的环境影响最小化，属于非战略层面，也是当前我国通用的规划环评模式。

本节在现有的规划环评方法框架基础上，以区域规划和规划环评相互融合的理念为指导，提出了"3层2级"融合型和调整型两类规划环评的新方法框架（图3-3），旨在消除规划方案本身的缺陷，体现规划方案和环境保护补救措施的系统优化与不确定性风险决策。以解决2.5.1节重要的科学问题（2）中关于规划和规划环评的不同步、方案系统优化和风险评估等方法学问题。

1）融合型规划环评方案优化方法

融合型规划环评与传统规划环评的区别在于两点：①规划与规划环评在编制时间尺度上同步，规划本身将资源环境目标直接纳入规划目标体系，生成的规划方案直接体现了资源环境的约束性，消除了规划方案本身潜在的不利环境影响；②在规

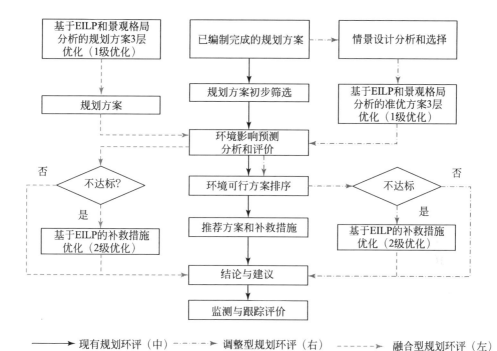

图 3-3 融合型和调整型规划环评 "3 层 2 级" 系统优化方法框架

Fig. 3-3 Three-hierarchy and two-level system optimization methodology
framework of merged-/modified-based RPEA

划方案和环境保护补救措施的制定方面体现了系统优化与不确定性风险决策过程。

具体方法框架（图 3-3）为：①在规划方案编制之时，以 EILP 模型为计算平台，以拟制定的规划方案的环境影响最小化（或生态服务功能价值最大化）为目标，以社会经济发展目标和资源环境为约束，形成实现预期的经济社会利益且环境影响最小化的规划方案，提前消除规划方案本身潜在的不利环境影响；②对规划方案进行方案实施后的累积环境影响预测、分析和评价，量化各环境要素潜在的环境影响程度；③在潜在环境影响不达标的前提下，再次以 EILP 模型为计算平台，以环境保护补救措施费用最小化或经济效益最大化为目标，资源、环境指标达标为约束，形成规划方案的环境保护补救措施及其风险决策方案；④结论与建议：通过综合评价规划方案、环境保护补救措施及其风险决策方案，确定最终的规划环评方案；⑤监测与跟踪评价。

2）调整型规划环评方案优化方法

调整型规划环评与传统的规划环评的区别在于，增加了情景设计、预测和选择，并对所选情景（方案）及其环境保护补救措施进行系统优化与不确定性风险决策过程，从而消除规划方案本身潜在的不利环境影响。调整型与融合型规划环评的不同之处就是，前者的研究对象为已编制完成的现有规划。

具体方法框架（图3-3）为以下几点。①情景设计、预测和选择。构建评价区域经济–社会–环境系统动力学模型，以现有的规划为评价对象，通过规划分析，依据对规划方案存在问题的识别，设计满足区域经济社会发展目标的各种可能情景（亦即替代方案），然后，对规划方案及其替代方案进行预测、分析和评价，并在替代方案中初步筛选出1~2个环境可行且较优的替代方案作为准优方案。为体现决策的非线性特征，兼顾政治与生态合理性，在此阶段，可以召开规划环评方案选择磋商会议，会议可由规划区域管委会主持，规划、环保、国土、农业、林业、水利等相关部门的领导、业务主管、相关专家以及规划环评技术人员参加，就规划方案及其替代方案进行充分讨论，听取各方意见和建议，初步选择规划环评的主要方案和相关指标。具体应用将在应用研究中予以说明。②以EILP模型为计算平台，以规划方案和准优方案的环境影响最小化（或生态服务功能价值最大化）为目标，社会经济发展目标和资源环境为约束，形成规划方案和准优方案的优化方案，并进行对比分析，初步确定规划环评的推荐方案。③对规划方案、准优方案及二者的优化方案进行累积环境影响预测、评价和对比分析，检验方案优化在消除方案本身潜在不利环境影响的有效性和方案优劣。④再次以EILP模型为计算平台，以环境保护补救措施费用最小化或经济效益最大化为目标，以资源、环境指标达标为约束，形成规划方案、准优方案及其优化方案的环境保护补救措施及其风险决策方案。⑤结论与建议：采用环境承载力评价方法，综合分析、评价以上各方案，确定最终的规划环评推荐方案。⑥监测与跟踪评价。

3）方法框架中对不确定性的考虑与处理

规划和规划环评的不确定性主要表现在以下几个方面：①规划本身的不确定性，如实现规划目标的多方案性；②各方案的宏观性；③受多种因素影响方案实施过程的不确定性；④以上因素导致的规划环评中环境预测的不确定性等。

解决不确定性问题的主要思路是采用科学合理的方法将不确定性问题相对确定。方法框架中首先采用情景分析方法，将实现区域规划目标的不确定性相对确定于所构建的情景中，然后在预测分析的基础上初步筛选出环境较优的准优方案，以解决方案不确定性问题。在融合型规划环评方案优化方法框架中，通过步骤①将规划目标和资源环境约束或目标相互融合、同步规划并进行系统优化，获得资源环境约束条件下的最优规划方案予以解决；在调整型规划环评方案优化方法框架中，通过步骤①中情景分析和方案初选削减方案数量及步骤②（与融合型规划环评方案优化方法框架中步骤①相同）来解决，毋需对每一个方案进行累积环境影响分析和评价，减少工作量和缩短评价时间；对于方案的宏观性和由此导致的环境影响预测的不确定性，在模型中采用强化区间法解决；对于受多种因素影响所导致的方案实施过程中的不确定性，在方法框架中采取适应性管理即跟踪监测和评价，适时调整规划方案的方法解决。

从图3-3可知，本节提出的融合型规划环评方案优化方法框架解决了规划和规划环评的不同步问题，实现了不确定性下的方案系统优化和风险评估，即不确定性下规划方案的环境可行性和方案费用最优性，是规划环评的理想方法框架。但由于我国立法、部门协调、管理体制等方面的原因，在一定时期内，大多数规划环评仍然也只能在规划草案制订后、审批前进行。因此，调整型规划环评方案优化方法框架是针对当前乃至今后一个时期内更为实际的程序，也是实现融合型规划环评的过渡方法框架。它通过第②步实现融合型规划环评方案优化方法框架中的第①步，取得相对同步，消除方案本身潜在的不利环境影响。另外，规划的环境影响最小化是通过不确定性下"3层2级"系统优化得以实现，在规划方案制订层面，通过规划和规划环评的有机融合和3层优化，消除规划方案本身潜在的不利环境影响；在环境保护补救措施制定层面，利用EILP模型，实现了补救措施的费用或经济效益最优化。这两点也正是本节提出不确定性下规划环评方案优化方法框架区别于传统规划环评方法的所在。

除以上方法框架中解决规划和规划环评的不同步外，根本性的措施在于通过立法、建立相应的制度、在规划和规划环评管理程序中规定把两者同步开展作为审批的必要条件，并进行必要的管理体制改革等措施，以推进规划和规划环评的融合。

2. 耦合模型

不确定性下"3层2级"系统优化耦合模型如图3-4所示。

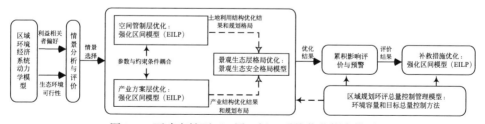

图3-4　不确定性下"3层2级"系统优化耦合模型

Fig. 3-4　Uncertainty-based coupling model of three-hierarchy and
two-level system optimization for RPEA

3.3.2 空间管制–产业方案–景观生态 3 层优化方法及耦合模型

1. 强化区间模型（EILP）

不确定性是环境、经济等复杂系统的主要特征之一，而如何处理不确定性信息（随机、模糊、区间）成为环境规划领域面临的一大难点。目前，逐步形成了 3 大类不确定性线性规划模型——随机线性规划（SLP）、模糊线性规划（FLP）和区间线性规划（ILP），并在环境和水资源等领域得到广泛应用。其中，区间线性规划（ILP）以具有变量或参数，实际当中易获取、优化模型中直接反映不确定性信息、算法程序相对简单、最优解以区间表达及为实际决策过程提供选择空间等优势而得到推广。尽管如此，ILP 模型依旧无法确保其决策变量所构成的解空间绝对可行，最终确定的决策变量值可能难以保证优化模型中的约束条件绝对成立，从而影响实际决策结果。为此，周丰等（2008）和 Zhou 等（2009）从解空间的可行性角度对 ILP 模型进行改进，提出改进区间线性规划（MILP）模型，严格证明了不确定性下解空间绝对可行性的充分条件。在此基础上，又开发了强化区间模型（EILP），提出了不确定性下的极端和非极端风险决策分析方法。EILP 模型除具有 ILP 模型的上述 4 个优点外，从理论上证明了 EILP 的解空间绝对可行，且提出了风险决策分析方法，在处理环境经济等复杂系统的不确定性问题时具有较大优势。强化区间模型（Zhou et al.，2009）表达如下：

$$\text{Max/Min AI}^{\pm} = \frac{Z^{\rightleftharpoons} + Z^{\pm}}{2} \tag{3-1a}$$

$$\text{s. t. } \boldsymbol{A}^{\pm} \boldsymbol{X}^{\pm} \leqslant \boldsymbol{B}^{\pm} \tag{3-1b}$$

$$\boldsymbol{X}^{\pm} \geqslant 0 \tag{3-1c}$$

式中，$Z^{\pm}$ 为原目标函数，区间参数矩阵 $\boldsymbol{A}^{\pm} = \{a^{\pm} = [a_{ij}^{-}, a_{ij}^{+}] \mid \forall i,j\} \in \{\mathbf{R}^{\pm}\}^{m \times n}$，$\boldsymbol{B}^{\pm} = \{b^{\pm} = [b_{ij}^{-}, b_{ij}^{+}] \mid \forall i,j\} \in \{\mathbf{R}^{\pm}\}^{m \times 1}$，$\boldsymbol{C}^{\pm} = \{c^{\pm} = [c_{ij}^{-}, c_{ij}^{+}] \mid \forall i, j\} \in \{\mathbf{R}^{\pm}\}^{1 \times n}$，$\{\mathbf{R}^{\pm}\}$ 为区间数的实数集合。$Z^{\rightarrow} = \sum_{j=1}^{k} c_{j}^{-} x_{j}^{+} + \sum_{j=k+1}^{n} c_{j}^{-} x_{j}^{-}$，$Z^{\rightleftharpoons} = \sum_{j=1}^{k} c_{j}^{+} x_{j}^{-} + \sum_{j=k+1}^{n} c_{j}^{+} x_{j}^{+}$，$Z^{+} = \sum_{j=1}^{k} c_{j}^{+} x_{j}^{+} + \sum_{j=k+1}^{n} c_{j}^{+} x_{j}^{-}$，$Z^{-} = \sum_{j=1}^{k} c_{j}^{-} x_{j}^{-} + \sum_{j=k+1}^{n} c_{j}^{-} x_{j}^{+}$。$\boldsymbol{X}^{\pm}$ 为上下限已知但概率密度函数（PDF）未知的强化区间矩阵，且其期望值 $E[\cdot]$ 位于区间内。按照 Zhou 等（2009）的引理 1 和 2、定理 2，可以将式（3-1）分解成两个子模型得以求

解。为了保障 EILP 的最优解 $\boldsymbol{X}_{\mathrm{opt}}^{\pm}$ 解空间绝对处于可行域，在求解第二个子模型的过程中增加了如下 δ 个额外约束。即

$$\sum_{j=k-p+1}^{k} - (\mid a_{\delta j}^{\pm} \mid^{+} x_{j}^{-} - \mid a_{\delta j}^{\pm} \mid^{-} x_{\mathrm{jopt}}^{+}) + \sum_{j=n-q+1}^{n} (\mid a_{\delta j}^{\pm} \mid^{-} x_{j}^{+} - \mid a_{\delta j}^{\pm} \mid^{+} x_{\mathrm{jopt}}^{-}) \leqslant 0, \quad \forall \delta$$

$$(3-2)$$

式中，δ 为满足 $\sum_{j=1}^{k} \mid a_{\delta j}^{\pm} \mid^{-} \mathrm{Sign}(a_{\delta j}^{\pm}) x_{\mathrm{jopt}}^{+} + \sum_{j=k+1}^{n} \mid a_{\delta j}^{\pm} \mid^{+} \mathrm{Sign}(a_{\delta j}^{\pm}) x_{\mathrm{jopt}}^{-} = b_{\delta}^{+}$、$a_{\delta j}^{\pm} \leqslant 0$（$j = k - p + 1, \cdots, k$）和 $a_{\delta j}^{\pm} \geqslant 0$（$j = k - q + 1, \cdots, n$）的约束条件。相应地，式（3-1）的强化区间最优解定义为

$$\mathrm{AI}_{\mathrm{opt}}^{\pm} = \left[\left(\frac{Z^{\leftarrow} + Z^{-}}{2} \right)_{\mathrm{opt}}, \left(\frac{Z^{\rightarrow} + Z^{+}}{2} \right)_{\mathrm{opt}} \right] \qquad (3\text{-}3\mathrm{a})$$

$$\boldsymbol{X}_{\mathrm{opt}}^{\pm} = \{ x_{\mathrm{opt}}^{\pm} = [x_{\mathrm{jopt}}^{-}, \ x_{\mathrm{jopt}}^{+}] \mid \forall j = 1, 2, \cdots, n \} \qquad (3\text{-}3\mathrm{b})$$

$$E[Z^{\pm}]_{\mathrm{opt}} = 0.5 \left[\left(\frac{Z^{\leftarrow} + Z^{-}}{2} \right)_{\mathrm{opt}} + \left(\frac{Z^{\rightarrow} + Z^{+}}{2} \right)_{\mathrm{opt}} \right] \qquad (3\text{-}3\mathrm{c})$$

式中，$\mathrm{AI}_{\mathrm{opt}}^{\pm}$ 和 $E[Z^{\pm}]_{\mathrm{opt}}$ 分别为强化区间目标函数定义的适宜区间和期望值，$\boldsymbol{X}_{\mathrm{opt}}^{\pm}$ 为 EILP 模型的最优决策空间。

针对不确定性下规划环评方案优化问题，按照式（3-1）编写了 EILP 模型，并分解成两个子模型。之后，利用 Lingo 程序分别计算得到式（3-3）。考虑到 EILP 模型中参数 $\boldsymbol{A}^{\pm}$、$\boldsymbol{B}^{\pm}$ 和 $\boldsymbol{C}^{\pm}$ 的不确定性，需要进一步开展不确定性下规划环评方案优化的风险决策，形成了 7 个风险决策方案。以目标函数最大化为例，7 个风险决策方案如下：①所有参数不确定性处于高风险水平下的极端决策 $\boldsymbol{X}_1 = \{ x_j \mid x_{\mathrm{jopt}}^{\mathrm{MILP+}}$ for $j = 1, 2, \cdots, k$；$x_{\mathrm{jopt}}^{\mathrm{MILP-}}$ for $j = k+1, \cdots, n \}$，对应的目标函数值为 Z_{opt}^{+}，其中，$x_{\mathrm{jopt}}^{\mathrm{MILP+}}$ 和 $x_{\mathrm{jopt}}^{\mathrm{MILP-}}$ 分别为当 EILP 模型不考虑适宜区间时的计算结果的决策空间上下限；②所有参数不确定性处于低风险水平下的极端决策 $\boldsymbol{X}_2 = \{ x_j \mid x_{\mathrm{jopt}}^{\mathrm{MILP-}}$ for $j = 1, 2, \cdots, k$；$x_{\mathrm{jopt}}^{\mathrm{MILP+}}$ for $j = k+1, \cdots, n \}$，对应的目标函数值为 Z_{opt}^{-}；③$\boldsymbol{A}^{\pm}$、$\boldsymbol{B}^{\pm}$ 为高风险水平，$\boldsymbol{C}^{\pm}$ 为中等风险水平下的极端决策 $\boldsymbol{X}_3 = \{ x_j \mid x_{\mathrm{jopt}}^{+}$ for $j = 1, 2, \cdots, k$；x_{jopt}^{-} for $j = k+1, \cdots, n \}$，对应的目标函数值为 AI^{+}；④$\boldsymbol{A}^{\pm}$、$\boldsymbol{B}^{\pm}$ 为低风险水平，$\boldsymbol{C}^{\pm}$ 为中等风险水平下的极端决策 $\boldsymbol{X}_4 = \{ x_j \mid x_{\mathrm{jopt}}^{-}$ for $j = 1, 2, \cdots, k$；x_{jopt}^{+} for $j = k+1, \cdots, n \}$，对应的目标函数值为 AI^{-}；⑤中等风险水平下的非极端决策 $\boldsymbol{X}_5 = \{ x_j^{\pm} \mid \boldsymbol{C}^{+} \boldsymbol{X} = E[Z^{\pm}]_{\mathrm{opt}}, \ \boldsymbol{C}^{-} \boldsymbol{X} = E[Z^{\pm}]_{\mathrm{opt}} \}$，对应的目标函数值为 $E[Z^{\pm}]_{\mathrm{opt}}$；⑥$\boldsymbol{A}^{\pm}$、$\boldsymbol{B}^{\pm}$ 为中高风险水平，$\boldsymbol{C}^{\pm}$ 为中等风险水平下的非极端决策 $\boldsymbol{X}_6 = \{ x_{\mathrm{opt}}^{\pm} = [x_{\mathrm{jopt}}^{-}, \ x_{\mathrm{jopt}}^{+}], \ \boldsymbol{C}^{-} \boldsymbol{X}^{\pm} > E[Z^{\pm}]_{\mathrm{opt}} \mid \forall j = 1, 2,$

$\cdots$，n｝，对应的目标函数值介于 $E[Z^{\pm}]_{\text{opt}}$ 和 AI^{+} 之间；⑦$A^{\pm}$、$B^{\pm}$ 为中低风险水平，$C^{\pm}$ 为中等风险水平下的非极端决策 $X_7 = \{x_{\text{opt}}^{\pm} = [x_{\text{jopt}}^{-},\ x_{\text{jopt}}^{+}]$，$C^{+}X^{\pm} < E[Z^{\pm}]_{\text{opt}} \mid \forall j = 1,\ 2,\ \cdots,\ n\}$，对应的目标函数值介于 $E[Z^{\pm}]_{\text{opt}}$ 和 AI^{-} 之间。

2.3 层优化方法及耦合模型

为了实现区域规划方案的系统优化与不确定性风险决策，本节将基于 EILP（Zhou et al.，2009），构建不确定性下区域规划环评的普适性决策者–评估者互动 3 层优化模型。其中，先进行空间管制层–产业方案层的双层耦合优化，在此基础上，再进行景观生态层的空间优化，二者以前者的数量化优化结果耦合。

1）方法 1——基于产业地均 GDP 概念的空间管制层–产业方案层双层耦合优化方法及模型

A. 方法

空间管制层（即土地利用规划）和产业方案层（即产业发展规划）具有紧密的联系，为此，本节通过建立单位污染物排放量所需土地承载面积和产业地均 GDP 两个概念和参数，将这两层的优化耦合起来，在一个模型中解决。模型目标函数为生态系统服务功能价值最大化；决策变量为各类土地利用面积（包括各类生态用地、工业用地和城市建设用地等）；约束条件包括区域规划 GDP、区域水资源总量、区域污染物排放总量（以总量控制主要污染物 COD 为例）、区域林地、水域、耕地等生态用地最小面积及城市建设用地最大面积约束等。通过决策者和评估者互动式耦合优化模型求算，优化出区域资源环境约束下的最优土地利用模式（各类土地利用面积配置）和产业结构。在此基础上，进行区域景观生态层的优化，即区域景观格局优化。

方法中，生态系统服务功能价值最大化体现了环境优先；单位污染物排放量所需土地承载面积用以表示污染物排放总量对建设用地的约束，产业地均 GDP、各类生态用地及城市建设用地面积约束用以空间管制优化产业结构，各产业污染物排放总量约束用以对产业产值规模的约束，以上体现了土地资源集约化利用和生态合理性；对土地利用、产业结构和产值的方案优化结果以最优决策区间表达，决策者可在最优决策区间内，根据决策背景的变化和决策者的偏好意愿，选择适宜的决策方案。同时，资源环境和经济等约束条件可根据决策者–评估者的讨论、磋商而改变，从而获得新的最优决策区间。以上均体现了政治合理性。因此，互动式优化方法同时体现了政治与生态的合理性，更加适应决策的非线性、非逻辑特征而富有弹性，增强了对决策的支持能力。

B. 单位污染物排放量所需土地承载面积和产业地均 GDP 的定义及其环境释义

（1）单位污染物排放量所需土地承载面积。

单位污染物排放量所需土地承载面积定义：产生污染物的各类建设用地面积之和除以污染物排放总量控制目标值。提出此参数的目的在于以污染物排放总量控制目标约束产生污染物的建设用地面积。如下式所示：

$$LQ = X_L/Q_2 \tag{3-4}$$

式中，LQ 为单位污染物排放量所需土地承载面积（hm^2/t COD）；X_L 为各类建设用地最大面积约束，为定值（hm^2）；Q_2 为污染物排放总量控制目标值（t COD/a）。

在模型中应用时，构建约束条件 $X_T \cdot Q_1^{-1} \leq LQ$ 以实现对建设用地面积的约束。其中，X_T 为决策变量，是模型优化的各类建设用地面积之和，Q_1 为污染物排放总量预测值。$X_T \cdot Q_1^{-1}$ 为模型优化值，LQ 为定值。在给定的污染减排措施下，二者相比，当 $X_T \cdot Q_1^{-1}$ 中的 Q_1 越小于 LQ 中的 Q_2 时，其中的 X_T 决策变量必须越小于 LQ 中 X_L 定值约束，即在 LQ 的约束下，承载污染物排放总量所需的土地面积即建设用地面积应越小，这样就以建设用地的面积和污染物排放总量的比值控制了建设用地的无节制扩张。另一层面的意思为，随着污染减排工作力度的加大和深入，经济的发展更趋于集约化和低污染型，单位 GDP 排放的污染物在降低。因此，达到同样的 GDP 所需建设用地面积也将减少，反映了内涵式发展逐渐占主导地位，而非扩张式发展。当 $X_T \cdot Q_1^{-1}$ 中的 Q_1 越大于 LQ 中的 Q_2 时，在 LQ 的约束下，其中的 X_T 决策变量小于 LQ 中 X_L 定值约束时，满足 $X_T \cdot Q_1^{-1}$ 小于 LQ 的约束条件。但也存在 X_T 决策变量大于 LQ 中 X_L 定值约束时，同样满足 $X_T \cdot Q_1^{-1}$ 小于等于 LQ 的约束条件的情况。此种情况理论上存在，实际工作中由于政府对污染减排工作的高度重视和过程控制以及上级政府的严格考核和严厉的措施，如半年一考核、区域限批、奖惩制度等，使其发生的概率很小。即使发生，$X_T \cdot Q_1^{-1}$ 中的 Q_1 和 LQ 中的 Q_2 也不会相差很大，因此，$X_T \cdot Q_1^{-1}$ 中的 X_T 和 LQ 中的 X_L 定值也不会相差很大，仍可满足规划环评的模型优化和决策需求。

（2）地均 GDP 和产业地均 GDP。

产业规划中经常用到地均 GDP，即单位土地面积创造的 GDP，常以每平方千米土地创造的 GDP 表示［亿元/（$km^2 \cdot a$）］，反映土地的使用效率和产值密度及经济发达水平。但该指标反映的是各类产业的综合产值，无法显示各类产业的单项土地使用效率和产值密度，因此，无法用于产业结构空间优化。为了将产业结构和空间用地耦合起来用于产业结构的空间优化，本节建立产业地均 GDP 概念及参数，将其定义为单位土地面积创造的某类产业 GDP 或产值，如化工产业地均 GDP、医药产业地均 GDP 等，以每平方公里或每公顷土地创造的 GDP 或产值表示［亿元/（km²·a）或万元/(hm²·a)］，反映各类产业的土地利用集约化程度和产值密度及各类产业的经济发达水平。模型中将区域规划 GDP 目标值作为产业地均 GDP 和决策变量即各类土地利用面积的乘积之和约束，可用于产业结构的空间优化，从而实现空间管制层和产业方案层的耦合优化。

C. 耦合模型

基于 EILP 建立区域规划环评不确定性下空间管制层–产业方案层耦合优化模型如下：

$$\text{Max } ESV^{\pm} = \sum_{i=1}^{n} S_i^{\pm} X_i^{\pm} \tag{3-5a}$$

s. t. $S_i^{\pm} \geq 0$, $X_i^{\pm} \geq 0$; $i = 1, 2, \cdots, k, k+1, \cdots, j, j+1, j+2, \cdots, n$
$$\tag{3-5b}$$

（区域土地总面积约束）

$$\sum_{i=1}^{n} X_i^{\pm} \leq TL; \ i = 1, 2, \cdots, k, k+1, \cdots, j, j+1, j+2, \cdots, n$$
$$\tag{3-5c}$$

（区域林地、城市绿地、水域、耕地等生态用地最小面积约束）
$$X_i^{\pm} \geq NL_i; \quad i = 1, 2, \cdots, k$$

$$\sum_{i=1}^{r} X_i^{\pm} \geq TL^* \lambda; \quad r \leq k \tag{3-5d}$$

（区域最大建设用地面积约束）

$$\sum_{i=k+1}^{n} X_i^{\pm} \leq TL_c; \ i = k+1, \cdots, j, j+1, j+2, \cdots, n \tag{3-5e}$$

（非工业建设用地最大面积约束）
$$X_{ni}^{\pm} \leq CL_{ni}; \ ni = j+1 \tag{3-5f}$$

（区域特种建设用地最大面积约束）
$$X_s^{\pm} \leq SL_s; \ s = j+2, \cdots, n \tag{3-5g}$$

（区域规划工业总产值约束）
$$\sum_{i=k+1}^{j} B_i^{\pm} X_i^{\pm} \geq GDP_1; \ i = k+1, \cdots, j \tag{3-5h}$$

（区域水资源总量约束）
$$\sum_{i=k+1}^{j} (g_i B_i^{\pm} X_i^{\pm}) + 365pP + G_a + 365hX_2^{\pm} \leq G_w; \ i = k+1, \cdots, j \tag{3-5i}$$

（区域 COD 排放总量约束）

$$\left[\sum_{i=k+1}^{j} (q_i^{\pm} B_i^{\pm} X_i^{\pm}) + 365 P q_1 + Q_a \right] \cdot (1 - \alpha) \leq Q_2; \quad i = k+1, \cdots, j \quad (3\text{-}5\text{j})$$

$$d_i \mathrm{GDP_I} \leq B_i^{\pm} X_i^{\pm} \leq c_i \mathrm{GDP_I} \quad \forall i \in (k+1, j) \qquad (3\text{-}5\text{k})$$

（区域单位污染物排放量所需土地承载面积约束）

$$\left(\sum_{i=k+1}^{n} X_i^{\pm} \right) \cdot Q_1^{-1} \leq \mathrm{LQ} \quad i = k+1, \cdots, j, \; j+1 \cdots, n \qquad (3\text{-}5\text{l})$$

式中，$ESV^{\pm}$ 为规划区域生态系统服务功能总价值（万元/a）；$B_i^{\pm}$ 为第 i 种规划产业年单位面积创造的 GDP 或产值，即产业地均 GDP［万元/(hm²·a)］；$S_i^{\pm}$ 为第 i 种土地利用方式生态系统服务功能价值系数［万元/(hm²·a)］，为确定数；i 为决策变量个数，i=1，2，$\cdots$，k，k+1，k+2，$\cdots$，j，j+1，j+2，$\cdots$，n；c_i 为产值比例下限；d_i 为产值比例上限；$X_1^{\pm} \sim X_k^{\pm}$ 为决策变量，分别为 1～k 种生态用地（如林地、城市绿地、水域、耕地等）面积（hm²），其中，本模型中设定 X_2 为城市绿地；$X_{k+1}^{\pm} \sim X_j^{\pm}$ 为 k+1～j 种规划产业用地面积（hm²）；$X_{j+1}^{\pm}$ 即 $X_{ni}^{\pm}$ 为非工业建设用地（如中央商务、医疗、教育、居住、仓储物流等）面积（hm²）；$X_{j+2}^{\pm} \sim X_n^{\pm}$ 即 $X_s^{\pm}$ 为 j+2～n 种特种建设用地（如机场、军事、文物保护等）面积（hm²）；TL 为区域土地总面积约束（hm²）；TL_c 为最大建设用地面积约束（hm²）；NL_i 为某类生态用地（如林地、城市绿地、水域、耕地等）最小面积约束（hm²）；CL_{ni} 非工业建设用地最大面积约束（hm²）；SL_s 为特种用地最大面积约束（hm²）；GDP_I 为产业总产值规划目标（万元/a）；Q_1 为污染物 COD 排放总量 SD 模型预测值（t/a）；Q_2 为污染物 COD 排放总量控制目标值（t/a），由环保行政主管部门确定或 $Q_2 =$ $(1-\alpha)Q_1$；LQ 为年单位 COD 排放总量所需土地承载面积（hm²/t COD），LQ=TL_c/Q_2；r 为规划区域建成区绿化覆盖率所包含的生态用地种类；λ 为规划区域建成区绿化覆盖率所包含的生态用地面积之和占区域总面积的比例（%）；α 为污水处理厂 COD 去除率（%）；g_i 为各产业万元产值需水量（m³/万元）；p 为每人每天大生活需水量（m³/人）；P 为规划总人口数（万人）；h 为建成区环境需水指数（包括绿化、控制扬尘等用水）［m³/(hm²·d)］；q_i 为各产业万元产值 COD 排放量（t/万元）；q_1 为人均 COD 产生量［t/(人·d)］；Q_a 为特种用地污染物 COD 排放量（t/a）；G_a 为特种用地需水量（m³/a）；G_w 为区域水资源总量约束（m³/a）。

2）方法 2——基于地均 GDP 概念的空间管制层–产业方案层双层耦合优化方法及模型

鉴于方法 1 中产业地均 GDP 概念目前尚未有人提出，实践中也未有应用，且产业地均 GDP 的历年数据难以获得，其时空变化规律及相关预测模型研究尚处于空白，缺乏相关数据支持，只能依据现有的 GDP 和地均 GDP 的变化规律，在定性判断的基础上对其变化规律凭经验做情景假设处理，故本节又开发了方法2，即基于地均 GDP 概念的空间管制层–产业方案层双层耦合优化方法及模型，以克服产业地均 GDP 数据难以获得的不足。方法2中的地均 GDP 有相对较好的数据支持，在产业规划中已有较多应用，但由于地均 GDP 为单位面积各产业总产值的综合产出，故方法2无法将空间管制层–产业方案层2层优化耦合于一个模型中，需要两个模型，且只能优化出产业用地总面积，不能优化出产业用地分类面积，各产业产值无法在空间对应分配。方法1的优势在于将空间管制层–产业方案层2层优化耦合于一个模型中，且能以空间管制下优化出实现各工业产业产值所需的用地面积，便于规划的实施和管理，从长远来看，更具创新意义，具有广阔的应用前景。但在现阶段的应用由于数据难以获得而受到限制。方法2虽然在现阶段较为实用，但应用前景劣于方法1。

A. 方法

方法2由两个模型耦合组成，模型1用于优化土地利用结构，其目标函数及约束条件与方法1类似，主要将方法1模型中的各产业用地面积变量即 $X_{k+1}^{\pm} \sim X_j^{\pm}$ 合并为一个变量 $X_j^{\pm}$，即工业产业用地总面积，其他约束作相应变动；模型2用于优化产业结构，依据模型1中优化出的工业用地总面积进行优化。目标函数为工业产业污染物排放总量最小化；约束条件为工业产业总产值、工业产业污染物排放总量、工业产业需水总量、主导工业产业 GDP 或产值占工业 GDP 或总产值的最小比例及限制性产业 GDP 或产值占工业 GDP 或总产值的最大比例等。模型1和模型2通过工业产业用地总面积、工业产业总产值、工业产业污染物排放总量、工业产业需水总量耦合。

B. 耦合模型

（1）模型1——空间管制层优化模型。

$$\text{Max ESV}^{\pm} = \sum_{i=1}^{n} S_i^{\pm} X_i^{\pm} \tag{3-6a}$$

s. t. $S_i^{\pm} \geqslant 0$, $X_i^{\pm} \geqslant 0$; $i = 1, 2, \cdots, k, j, j+1, j+2, \cdots, n$ (3-6b)

（区域土地总面积约束）

$$\sum_{i=1}^{n} X_i^{\pm} \leqslant \text{TL}; \quad i = 1, 2, \cdots, k, j, j+1, j+2, \cdots, n \tag{3-6c}$$

（区域林地、城市绿地、水域、耕地等生态用地最小面积约束）

$$X_i^{\pm} \geqslant \text{NL}_i; \quad i = 1, 2, \cdots, k$$

$$\sum_{i=1}^{r} X_i^{\pm} \geqslant \text{TL}^{*}\lambda; \ r \leqslant k \tag{3-6d}$$

（区域最大建设用地面积约束）

$$\sum_{i=j}^{n} X_i^{\pm} \leqslant \text{TL}_c; \ i = j, \ j+1, \ j+2, \ \cdots, \ n \tag{3-6e}$$

（非工业建设用地最大面积约束）

$$X_{ni}^{\pm} \leqslant \text{CL}_{ni}; \ ni = j+1 \tag{3-6f}$$

（区域特种建设用地最大面积约束）

$$X_s^{\pm} \leqslant \text{SL}_s; \ s = j+2, \ \cdots, \ n \tag{3-6g}$$

（区域规划工业总产值约束）

$$B_j^{\pm} X_j^{\pm} \geqslant \text{GDP}_I \tag{3-6h}$$

（区域水资源总量约束）

$$g_E B_j^{\pm} X_j^{\pm} + 365pP + G_a + 365hX_2^{\pm} \leqslant G_w \tag{3-6i}$$

（区域 COD 排放总量约束）

$$(q_E B_j^{\pm} X_j^{\pm} + 365Pq_1 + Q_a) \cdot (1 - \alpha) \leqslant Q_2 \tag{3-6j}$$

（区域单位污染物排放量所需土地承载面积约束）

$$\left(\sum_{i=j}^{n} X_i^{\pm}\right) \cdot Q_1^{-1} \leqslant \text{LQ}; \ i = j, \ j+1, \ \cdots, \ n \tag{3-6k}$$

式中，$B_j^{\pm}$ 为规划工业产业用地年单位面积创造的 GDP 或总产值，即工业地均 GDP $[万元/(\text{hm}^2 \cdot a)]$；$S_i^{\pm}$ 为第 i 种土地利用方式生态系统服务功能价值系数 $[万元/(\text{hm}^2 \cdot a)]$，为确定数；$i$ 为决策变量个数，$i = 1, 2, \cdots, k, j, j+1, j+2, \cdots, n$；$X_1^{\pm} \sim X_k^{\pm}$ 为决策变量，分别为 $1 \sim k$ 种生态用地（如林地、城市绿地、水域、耕地等）面积（hm^2）；$X_j^{\pm}$ 为工业产业用地总面积（hm^2）；$X_{j+1}^{\pm}$ 即 $X_{ni}^{\pm}$ 为非工业建设用地（如中央商务、医疗、教育、居住、仓储物流等）面积（hm^2）；$X_{j+2}^{\pm} \sim X_n^{\pm}$ 即 $X_s^{\pm}$ 为 $j+2 \sim n$ 种特种建设用地（如机场、军事、文物保护等）面积（hm^2）；GDP_I 为工业产业总产值规划目标（万元/a）；g_E 为工业各行业万元产值平均需水量（m^3/万元）；q_E 为各工业各行业万元产值平均 COD 排污量（t/万元）；式中其他变量和参数符号意义同方法 1 中耦合模型。

（2）模型 2——产业方案层优化模型。

$$\text{Min} F^{\pm} = \sum_{j=1}^{m} q_j^{\pm} I_j^{\pm} \tag{3-7a}$$

$$\text{s. t.} \ q_j^{\pm} \geqslant 0, \ I_j^{\pm} \geqslant 0; \ j = 1, \ 2, \ \cdots, \ m \tag{3-7b}$$

$$\sum_{j=1}^{m} q_j^{\pm} I_j^{\pm} \leqslant q_E^{\pm} B_j^{\pm} X_j^{\pm} \tag{3-7c}$$

$$\sum_{j=1}^{m} I_j^{\pm} = \mathrm{GDP}_j \tag{3-7d}$$

$$\mathrm{GDP}_j = B_j^{\pm} X_j^{\pm}$$

$$\sum_{j=1}^{m} g_j I_j^{\pm} \leq g_E \mathrm{GDP}_j \tag{3-7e}$$

$$I_d / \mathrm{GDP}_i \geq \beta_d \quad \forall d \in (1, m) \tag{3-7f}$$

$$I_l / \mathrm{GDP}_j \leq \beta_l \quad \forall l \in (1, m) \tag{3-7g}$$

式中，$F^{\pm}$ 为工业产业污染物排放总量（t/a）；$I_j^{\pm}$ 为决策变量，分别为规划 $1 \sim m$ 种工业产业产值（万元/a）；j 为决策变量个数，$j = 1, 2, \cdots, m$；q_j 为各产业万元产值 COD 排放量（t/万元）；q_E 为各产业万元产值平均 COD 排污量（t/万元）；g_j 为各产业万元产值需水量（m^3/万元）；g_E 为各产业万元产值平均需水量（m^3/万元）；$B_j^{\pm}$ 为工业地均 GDP（万元/hm^2）；$X_j^{\pm}$ 为模型 1 中优化出的工业产业用地总面积（hm^2）；GDP_j 为模型 1 中优化出的工业产业总产值（万元），$\mathrm{GDP}_j = B_j^{\pm} X_j^{\pm}$；$I_d$ 为主导产业产值（万元）；I_l 为限制产业产值（万元）；β_d 为主导产业产值占工业产业总产值的最小比例；β_l 为限制产业产值占工业产业总产值的最大比例。

3）景观生态层优化方法——区域规划环评的景观生态学方法

景观生态层优化即景观格局优化，其中包含产业布局的优化，是前述区域规划方案 3 层优化的重要组成部分。本节在对目前区域规划环评景观生态学方法研究进展综合分析的基础上，针对目前战略环评的景观生态学方法存在的问题，尤其是缺乏区域景观格局的安全性判别及景观安全格局调控方法，开发了基于景观格局分析的区域规划环评方法框架，并通过上述空间管制层–产业方案层双层耦合优化后的数量化指标与之耦合。主要包括景观格局分析和景观格局安全性评价与优化调控，此两项内容即景观生态格局的累积影响评价方法。

A. 方法框架

区域景观格局的安全性判别和景观安全格局构建是区域规划环评方法学的主要组成部分，对于解决区域生态环境问题具有不可替代的作用。景观格局是景观异质性的具体表现，景观异质性是景观生态系统稳定性和安全性的重要标志。景观安全格局的实质是景观异质性的维持与发展，由景观要素的多样性和景观要素的空间相互关系共同决定（陈文波等，2002；郭晋平和周志翔，2006）。区域开发过程实质上是工业化和城市化过程，景观生态学应用于城市及景观规划中，特别强调维持和恢复景观生态过程及格局的连续性和完整性。景观生态过程与格局的连续性（即景观生态安全格局）是现代城市生态健康与安全的重要指标（俞孔坚等，1998）。实现城市景观生态调控的关键在于如何控制景观发展格局，使其符合生态学的要求，从而减免城市景观生态问题的发生发展（张惠远和倪晋仁，2001）；它更加强调格局与过程安全及其整体集成，通过确定自然生态过程的阈限和安全层次，提出维护与控制生态过程的关键性的时空量序格局，将生态系统管理对策落实到具体的空间地域上（马克明等，2004）。

本节依据景观生态学格局分析方法，提出基于景观格局分析的区域规划环评方法框架，分为以下 5 个步骤（图 3-5 和表 3-2）。

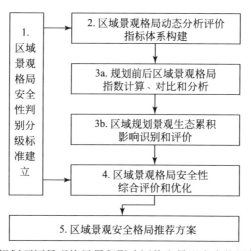

图 3-5　区域规划环评景观格局累积影响评价和景观安全格局优化方法框架

Fig. 3-5　Methodology framework of landscape pattern CEA and landscape security pattern optimization for RPEA

（1）区域景观格局安全性判别分级准则的建立。已有准则的基础包括美国生态学家 Forman（1995）的"集中与分散相结合"及"必要的格局"、德国生态学家 Haber（1990）的"10%～15% 土地利用分异（DLU）战略"、Yu 等（1996）及俞孔坚和李迪华（1997）提出的"景观生态安全格局"和"城乡与区域规划的景观生态模式"等。采用层次分析法（AHP）及定性和定量指标相结合的方法，经专家打分确定准则层和因素层的权重和分值。确立分级原则：①各级别之间要在安全水平上有明确的界限；②每个级别的指标易于空间识别；③分级系统要能反映景观格局可能存在的主要安全水平；④级别之间的过渡安全水平要能归类于最靠近的级别安全水平且不至于在安全性的实质内容上和所靠近的安全水平有明显的区别。据此，建立区域景观格局安全性判别分级准则（表 3-2）。

表3-2 区域景观格局安全性判别准则

Table 3-2 The evaluation criterion of regional landscape pattern security

景观格局安全等级及分值(总分Z=100)				I. 安全状态(最优格局)(90<F≤100)	II. 较安全状态(良好格局)(70<F≤90)	III. 不安全状态(预警格局)(F≤70)
综合表征状态(准则层)	权重(B)/分值(F_B)	分项表征状态(因素层)	权重(W)/分值(F_W)	指标(i)/分值(f)	指标(i)/分值(f)	指标(i)/分值(f)
一、种群源的持久性和可达性分析,即现划区域源地状态(1~5)	0.45/45	1. 源地数量(区域范围内现存的乡土物种栖息地—大型自然植被斑块)	0.14/14	$i \geq 4$个①/$12.6 < f \leq 14$	$i = 2 \sim 3$个①/$9.8 < f \leq 12.6$	$i = 1$个 & $i = 0$②/$f \leq 9.8$
		2. 缓冲区(环绕源的周边易于物种扩散低阻力区)	0.08/8	i每个源地都具有明显且面积较大的缓冲区①/$7.2 < f \leq 8$	i每个源地都具有较明显但面积较小的缓冲①/$5.6 < f \leq 7.2$	i无缓冲区或不明显②/$f \leq 5.6$
		3. 源间连接(相邻二源间最易联系的底阻力通道—源间廊道)	0.11/11	i源地之间有2个以上的连接廊道,宽度在1~2km①/$9.9 < f \leq 11$	i源地之间具有1个连接廊道,宽度较窄,小于1km,一般在几十米到几百米①/$7.7 < f \leq 9.9$	i②/$f = 0$
		4. 辐射道(由源向外围景观辐射的低阻力通道)	0.05/5	i每个源地具有多个辐射道,辐射未受到人类活动阻碍①/$4.5 < f \leq 5$	i每个源地具有较少的辐射道,辐射受到人类活动定阻碍/$3.5 < f \leq 4.5$	i无或无明显辐射道,辐射受到人类活动较大阻碍或自身退化②/$f \leq 4.5$
		5. 战略点(对沟通相邻源之间联系有关键意义的"踏脚石")	0.07/7	i源地之间具有战略点且未受到人类活动威胁,状态良好①/$6.3 < f \leq 7$	i源地之间具有战略点但受到人类活动的威胁,状态一般①/$4.9 < f \leq 6.3$	i无/$f \leq 0$②

续表

综合表征状态（准则层）	权重（B）/分值（F_B）	分项表征状态（因素层）	权重（W）/分值（F_W）	I. 安全状态（最优格局）（$90<F\leq100$） 指标（i）/分值（f）	II. 较安全状态（良好格局）（$70<F\leq90$） 指标（i）/分值（f）	III. 不安全状态（预警格局）（$F\leq70$） 指标（i）/分值（f）
二、景观组织的开放性分析，即规划建成区景观格局(6a)及与规划建成区周边绿源地和绿地之间的空间关系(6b)	0.25/25	6. 规划建成区景观格局(6a)及与建成区周边绿源地和绿地之间的空间关系(6b)	6a: 0.14/14 6b: 0.11/11	6a: i 规划建成区内有较多的小型自然斑块和廊道，且连通性良好③ 6b: i 建成区与其周边边源地和绿地之间通过多条绿色廊道和战略点连接良好③ i 规划建成区内单个建设用地景观单元面积不超过10hm²②④ f 6a: $12.6<f\leq14$ 6b: $9.9<f\leq11$	6a: i 规划建成区内有较少的小型自然斑块和廊道，且连通性较好③ 6b: i 建成区与其周边边源地和绿地之间通过较少的绿色廊道和战略点连接较好③ i 规划建成区内存在较少建设用地面积超过10 hm² 的单个景观单元④ f 6a: $9.8<f\leq12.6$ 6b: $7.7<f\leq9.9$	6a: i 规划建成区内有很少的小型自然斑块和廊道，且连通性较差③ 6b: i 建成区与其周边边源地之间绿色廊道很少，连接很差，二者几乎分离③ i 规划建成区内存在较多建设用地面积超过10 hm² 的单个景观单元④ f 6a: $f\leq9.8$ 6b: $f\leq7.7$

续表

景观格局安全等级及分值（总分 Z=100）			Ⅰ. 安全状态（最优格局）（90<F≤100）	Ⅱ. 较安全状态（良好格局）（70<F≤90）	Ⅲ. 不安全状态（预警格局）（F≤70）
综合表征状态（准则层） 权重（B）/分值（F_B）	分项表征状态（因素层）	权重（W）/分值（F_W）	指标（i）/分值（f）	指标（i）/分值（f）	指标（i）/分值（f）
三、景观异质性分析，即规划区域自然景观单元占总面积域总面积的比例及分布状况（7a）（7b） 0.30/30	7. 规划区域自然景观单元（即植被和水域单元）总面积占规划区域面积的比例（7a）及分布情况（7b）	7a: 0.16/16 7b: 0.14/14	7a: i>35%⑤ 7b: i 除源地景观单元外，其他自然景观单元均匀分布于规划区域⑥ Ⅰ7a: 14.4<i≤16 7b: 12.6<i≤14	7a: 25%<i≤3⑤ 7b: i 除源地景观单元外，其他自然景观单元比较均匀分布于规划区域⑥ Ⅱ7a: 11.2<i≤14.4 7b: 9.8<i≤12.6	7a: i≤25%⑤ 7b: i 除源地景观单元外，其他自然景观单元在规划区域内分布不均匀，呈紧密分布⑥ Ⅲ7a: f≤11.2 7b: f≤9.8

注：（1）判别准则依据：①为俞孔坚提出的"景观生态安全格局"和"城乡与区域规划的景观生态模式"中的相关内容和依据实践经验推理；②为依据①并结合实践经验的推理；③为依据 Forman 的"必要的格局"及"集中与分散相结合"（"10%急需法则"）并结合实践经验推理；④和⑥为依据 Haber 的10%~15%土地利用分异（DLU）战略（"10%急需法则"）并结合实践经验制定；⑤依据国家环保模范城市绿化覆盖率指标35%制定；⑥依据国家环保模范城市绿化覆盖率范围标准35%制定。

（2）分值说明：Z 为总分值，Z=100 分；B 为准则层权重，F_B 为准则层累计分值；W 为准则层权重，F_W 为因素层分值；i 为指标，f 为因素层分值；将因素层各因素分配的权重分值，分别折算到景观格局按景观格局安全性判别等级分三级计算的分值；i 的指标，f 为各安全水平纵向累计分值。安全分级标准Ⅰ. 安全状态：90<F≤100；Ⅱ. 较安全状态：70<F≤90；Ⅲ. 不安全状态：F≤70，分别折算其纵向累计获得。

（2）景观格局动态分析指标体系构建。应用景观格局分析方法，选取适宜的景观格局指数（如碎裂度、优势度、多样性、均匀度、连通度、分维数等）构建指标体系。

（3）景观格局累积影响分析。对规划方案拟定前后区域景观格局指数动态进行计算、对比和分析，识别出规划方案的景观格局生态效应，即规划对区域景观格局的累积环境影响。

（4）景观格局安全性评价和优化。依据区域景观格局安全性分级判别准则，对区域景观格局规划前后方案的安全性进行综合评价和优化。

（5）景观安全格局构建。提出区域景观安全格局调控建议和措施并反馈于区域景观格局规划方案，构建区域景观安全格局。

以上景观格局安全性分级准则是相对的，级别之间存在过渡级别。在进行区域景观格局综合分析和评估时，依据表 3-2 准则，采取实地调查与图片观察估计相结合的方法，进行分项打分并累计，然后综合分析并按最靠近原则判别景观格局安全性等级。

B. 景观格局动态分析指标筛选原则和指标体系构建

（1）指标筛选原则。①科学性。选取能表征景观格局主要特征的不同景观格局指数，构建景观格局动态分析指标体系。②系统性。景观格局指数的选取要能反映景观格局的整体特征，以利于客观全面地分析景观格局的整体变化，为景观格局优化奠定基础。③实用性。景观格局指数的选取要考虑在格局优化中的实用性，即兼顾景观格局指数的变化解释和景观要素变化的空间易识别性。

（2）指标体系。基于以上原则，本书选取了 10 项景观格局指数作为表征景观格局整体特征的指标体系（表 3-3），并据此开展区域规划前后的景观格局动态分析和景观格局累积影响识别和评价。

表 3-3　景观格局特征指标及其生态意义

Table 3-3　The feature indexes of landscape pattern and their ecological significance

指标	计算方法	概念内涵	阈值及其生态意义
景观类型所占比例（PLAND）	$PLAND = \left(\sum_{j=1}^{n} a_{ij} \right) /A$ a_{ij} 为景观类型 i 中斑块 j 的面积；A 为景观总面积；n 为景观类型 i 的斑块总数	量化各景观类型面积在整体景观中所占比例（%）	景观格局基本空间特征，其大小影响景观要素内部营养和能量的分配以及景观中的物种组成和多样性

指标	计算方法	概念内涵	阈值及其生态意义
斑块数（NP）	$NP = n_i$ n_i 为景观类型 i 的斑块数	量化各景观类型斑块个数	各景观类型斑块个数
斑块密度（PD）	景观水平：$PD = N/A$； 景观类型水平：$PD = N_i/A_i$ N_i 为景观类型 i 的斑块数；A_i 为景观类型 i 总面积；N 为景观总斑块数；A 为景观总面积	以单位面积上的斑块数目表示各景观类型的斑块密度	反映景观的破碎化程度，其值越大，破碎化程度越大
面积加权分维数（FRAC_AM）	$FRAC\_AM = \sum_{i=1}^{m} \sum_{j=1}^{n} \left\{ \left[\dfrac{2\ln(0.25 p_{ij})}{\ln a_{ij}} \right] \left[\dfrac{a_{ij}}{\sum_{i=1}^{m} \sum_{j=1}^{n} a_{ij}} \right] \right\}$ m 为景观类型总数；n 为景观类型 i 的斑块数；a_{ij} 为景观类型 i 中斑块 j 的面积；p_{ij} 为景观类型 i 中斑块 j 的周长	从自相似性的角度来衡量景观斑块形状复杂性	其取值范围为 1~2，值越大，景观形状越复杂，通过测定斑块形状，研究人为干扰及其对斑块内部生态过程的影响
散步与并列指数（IJI）	$IJI = \dfrac{-\sum_{i=1}^{m} \sum_{k=i+1}^{m} \left[\left(\dfrac{e_{ik}}{E} \right) \ln \left(\dfrac{e_{ik}}{E} \right) \right]}{\ln(0.5[m(m-1)])} (100)$ $E = \sum_{k=1}^{m} e_{ik}$，表示景观中边界长度总和；$e_{ik}$ 为景观类型 i 与景观类型 k 之间共同边界的总长	反映某景观类型 i 周边出现其他类型景观的混置情况	其取值为 0~100，当某景观类型周边出现单一景观时，值接近于 0，随着周边其他类型景观增多，指数值随之增大
斑块凝聚度指数（COHESION）	$COHESION = \left[1 - \dfrac{\sum_{i=1}^{m} \sum_{j=1}^{n} p_{ij}}{\sum_{i=1}^{m} \sum_{j=1}^{n} p_{ij}\sqrt{a_{ij}}} \right] \left[1 - \dfrac{1}{\sqrt{A}} \right]^{-1} (100)$ p_{ij} 为景观类型 i 中斑块 j 的周长上的像元数；a_{ij} 为景观类型 i 中斑块 j 的像元数；A 为景观中像元的总数量	可衡量相应景观类型的自然连接程度	其取值为 0~100，斑块类型分布变得聚集，其值增大；反之，斑块被分割变得不连接时，其值变小

指标	计算方法	概念内涵	阈值及其生态意义
景观多样性指数（SHDI）	$SHDI = 1 - \sum_{i=1}^{m} p_i^2$ p_i 为景观类型 i 占景观总面积的比例；m 为景观类型总数	反映景观要素的多少和各要素所占比例的变化	其取值为 0～100，当景观由单一要素构成时，其值为 0；由两个以上景观要素构成的景观，当景观类型所占比例相等时，其值最高，所占比例差异增大，景观多样性指数下降
景观均匀度指数（SIEI）	$SIEI = H / H_{max}$ $H_{max} = \ln m$ $H = -\ln \left[\sum_{i=1}^{m} (p_i)^2 \right]$ p_i 为景观类型 i 占景观总面积的比例；m 为景观类型总数；H_{max} 为给定丰度条件下景观最大可能均匀度	反映不同景观类型的分布均匀程度	其取值为 0～1，其值越低，各景观类型所占面积比例差异越大；值越大，景观各组分分布越均匀
景观连通性指数（R）	$R = L / L_{max} = L / [3(V-2)]$ L 为连接廊道数；L_{max} 最大可能连接廊道数；V 为节点数	反映景观网络的连通性，即景观网络各节点由景观廊道连接起来的程度	其取值为 0～1，其值为 0，表示没有节点；其值为 1，表示每个节点都彼此相连
景观优势度指数（D）	$D = \ln m + \sum_{m} (p_i) \ln(p_i)$ $= \ln m - SHDI$ p_i 为景观类型 i 占景观总面积的比例；m 为景观类型总数	表示景观多样性对最大多样性之间的偏差，反映景观组成中某种或某些景观类型支配景观的程度	其值越大，表示各景观类型所占比例差别越大，其中某一种或某几种景观类型占优势；其值小，表示各景观类型所占比例相当；其值为 0，表示各景观类型所占比例相等，没有一种景观类型占优势

3.3.3 补救措施优化方法及模型

1. 补救措施优化方法

环保补救措施指为达到环境质量标准要求，针对规划实施后可能产生的不利环境影响所采取的污染控制和生态保护措施。本节方法仅涉及区域环境质量达标下主要污染物排放总量的削减措施优化，生态保护措施已在3.3.2节中区域规划环评的景观生态学方法中论述。选择 COD、NH_3-N、SO_2、PM_{10} 和 NO_2 等主要污染物的最小削减量作为决策变量，以污染物削减费用最小化或经济效益最大化为目标，资源环境指标达标为约束，构建不确定性下污染物削减强化区间模型（EILP），求得环境质量达标下及主要污染物最小削减量（在 CEA 中确定）下的最小削减费用及削减措施最优组合，形成规划方案的环境保护补救措施及其风险决策方案。

2. 补救措施优化模型

基于 EILP 建立区域规划环评不确定性下主要污染物的总量削减措施优化模型如下：

$$\text{Min}Z = \sum_{i=1}^{m} \sum_{j=1}^{n} \alpha c_{ij} Y_{ij}$$

$$\text{s. t.} \quad \sum_{j=1}^{n} a_{ij} Y_{ij} \eta_{ij} \geqslant S_i; \quad i = 1, 2, \cdots, m; \quad j = 1, 2, \cdots, n \qquad (3\text{-}8\text{a})$$

$$\sum_{j=1}^{n} a_{ij} Y_{ij} = D_i \qquad (3\text{-}8\text{b})$$

$$c_{ij} > 0 \qquad (3\text{-}8\text{c})$$

$$S_i = D_i - E_i \qquad (3\text{-}8\text{d})$$

$$Y_{ij} \leqslant \beta D_i \& Y_{ij} \geqslant \beta D_i \quad \beta = [0, 1]; \quad \forall i, j \in (i, j) \qquad (3\text{-}8\text{e})$$

式中，Z 为污染物削减总费用（万元）；α 为单位转换系数，$\alpha = 0.0001$；Y_{ij} 为决策变量，表示 i 种污染物采用 j 种削减方法的最小削减能力（规模）（kg/a），即 i 种污染物采用 j 种削减方法所分配处理的污染物产生量，其中，i 为污染物种类，j 为该污染物的削减方法种类；c_{ij} 为相应于削减单位污染物所需支付的削减费用（元/kg）；η_{ij} 为第 i 种污染物采用第 j 种削减方法时的削减率（%）；S_i 为第 i 种污染物的总削减量（kg/a）；D_i 为第 i 种污染物的产生量（kg/a）；E_i 为第 i 种污染物的允许排放量（即环境容量）（kg/a）；a_{ij} 为逻辑变量，若对第 i 种污染物实施第 j 种污染物削减方法可行，则 $a_{ij}=1$，否则 $a_{ij}=0$；β 为决策变量 Y_{ij} 占 D_i 的比例系数。

采用查阅文献或实地调查的方法获取各类污染物削减技术方法的削减率、削减费用，构建污染物削减矩阵表，如表 3-4 所示。

表 3-4　污染物削减矩阵表
Table 3-4　Matrix table of pollutants reduction

编号	污染物削减技术方法（j）	削减率（η_{ij},% ）/削减费用（c_{ij}, 元/kg）	污染物（i）							
			地表水				环境空气			
			污染物（1）	污染物（2）	…	污染物（k）	污染物（$k+1$）	污染物（$k+2$）	…	污染物（m）
1	削减技术方法 1	η_{i1}	η_{11}	η_{21}	…	η_{k1}	—	—		—
		c_{i1}	c_{11}	c_{21}	…	c_{k1}	—	—		—
		Y_{i1}	Y_{11}	Y_{21}	…	Y_{k1}	—	—		—
2	削减技术方法 2	η_{i2}	—	—		—	$\eta_{(k+1)2}$	$\eta_{(k+2)2}$	…	η_{m2}
		c_{i2}	—	—		—	$c_{(k+1)2}$	$c_{(k+2)2}$	…	c_{m2}
		Y_{i2}	—	—		—	$Y_{(k+1)2}$	$Y_{(k+2)2}$	…	Y_{m2}
⋮	⋮	⋮	⋮	⋮		⋮	⋮	⋮		⋮
n	削减技术方法 n	η_{in}	η_{1n}	η_{2n}	…	η_{kn}	$\eta_{(k+1)n}$	$\eta_{(k+2)n}$	…	η_{mn}
		c_{in}	c_{1n}	c_{2n}	…	c_{kn}	$c_{(k+1)n}$	$c_{(k+2)n}$	…	c_{mn}
		Y_{in}	Y_{1n}	Y_{2n}	…	Y_{kn}	$Y_{(k+1)n}$	$Y_{(k+2)n}$	…	Y_{mn}

将表 3-4 中数据代入主要污染物的总量削减措施优化模型并求解，可得到在削减费用最小目标下，主要污染物的最小削减能力（规模）的削减措施最优组合及最小削减费用，也就意味着经济效益最大化。

3.4　区域规划的累积环境影响评价方法

区域规划方案 3 层优化后，将进行方案的累积环境影响评价。本节在第 2 章累积环境影响评价方法研究进展分析的基础上，开发新的更加科学、先进和实用的评价方法，以弥补目前战略环评中对 CEA 方法研究不足甚至空缺的现状。

3.4.1 CEA 方法思路

累积环境影响评价的目的在于系统分析和评估累积环境变化的过程，在识别和描述累积影响源、累积过程及累积影响的基础上，估计和预测人类活动在不同时空尺度上的累积影响及其对社会经济发展的反馈效应。因此，在累积环境影响评价研究中，需要选择合适的方法来分析、模拟和预测累积环境影响，并充分考虑累积影响的不确定性。就区域规划环评而言，累积环境影响评价的关键在于预测规划方案及其替代方案，即拟实施的社会经济活动，在规划期内对环境受体系统所可能产生的累积效应。

由于区域"经济–社会–环境"复合巨系统的复杂性、非线性、多变量和多反馈特征，使得采用系统分析的方法来模拟子系统间的关联并预测时间尺度上的累积效应成为必然，而其中系统动力学（SD）模型的应用最为广泛。系统动力学模型可预测社会经济活动在不同时间点的环境压力（如产污总量），即时间尺度的累积效应；再依据时间累积按环境受体的空间状态概率分布规律，选择合适的机理模型求算污染物总量的长期空间浓度分布，并叠加 GIS 分析，即可得到空间尺度的累积效应；非污染生态系统累积影响较为复杂，本书局限于区域景观生态格局的累积环境影响评价，已在 3.3.2 节中论述。本节累积环境影响评价方法限于环境污染累积影响评价方法。

区域规划的另一个重要特征在于其不确定性，尤其是长时间序列规划方案的不确定性，由此带来累积影响的不确定性，对此可采用情景分析的方法。CEA 的情景分析主要包括 3 个步骤：①在历史回顾、现状调查与监测以及环境评价的基础上，分析得到影响规划实施的驱动因子，设计不同的情景模式，构建区域"经济–社会–环境"SD 模型，并依据 SD 模型预测获取不同方案（如零方案、规划方案和改善方案）在未来的累积环境影响；②对照评价基线分析不同时空尺度下的累积影响，并对各情景进行解析；③累积影响的规划管理以及跟踪监测与适应性调控。CEA 的情景可分为 3 类：①原始情景，即规划之前的情况，可通过历史资料分析和推断来确定；②当前情景，指近期与现状；③将来情景，分为无拟议行动和有拟议行动两种。由当前情景与原始情景的比较可以分析过去和现在开发行动的累积影响；由将来情景（无拟议行动）与当前情景的比较可以分析将来其他开发行动的累积影响；由将来情景（有拟议行动）与将来情景（无拟议行动）的比较可以分析拟议行动对累积影响的贡献。此外，通过情景的设定，可以进行更为详细的累积影响分析（陈剑霄，2007）。

3.4.2 CEA 方法框架

在系统分析现有累积影响评价方法框架的基础上，本节提出了包括"规划描述—影响识别—尺度确定—因果分析—评价基准—情景构建—累积评价与预警—减缓措施—适应调控"等主要步骤在内的 CEA 方法框架（图3-6）：①规划描述，综合分析拟评价规划的背景、性质、发展方向、发展目标及发展方案等内容。②影响识别，构建以规划方案中的不同发展内容为矩阵行、以环境受体为矩阵列的 CEA 分析矩阵，在征询专家与利益相关者意见的基础上，分析拟评价规划的正负面效应、主次要及长短期累积影响，并采取定量或定性方法分析累积影响的不确定性。③时空尺度确定，时间尺度可依据规划方案的规划时段和 CEA 的矩阵分析结果，在考虑累积影响的种类和时间延迟效应的基础上确定；空间尺度则需通过对规划区域边界以及对规划方案中所排放污染物的最大迁移扩散距离和影响距离的分析，并同时考虑邻域主要规划（活动）及项目的影响以及累积影响的空间滞后效应来确定。④因果分析，依据 CEA 矩阵识别规划的主要累积影响源、影响种类、影响途径以及环境受体，并以此构建因果反馈网络图，为评价对象、评价基准以及空间累积预测模型的选择等提供指导。⑤评价基准，依据影响识别和因果分析结果，确定累积影响评价的对象目标、指标体系以及评价的环境基线（如采用环境标准阈值）。⑥情景构建，依据规划方案以及在考虑邻域影响的基础上，识别影响规划实施的主要驱动因子，并结合利益相关者意愿，设计出多个发展情景作为累积影响预测和评价的基础。⑦累积评价与预警，包括累积影响时空耦合、预测、评价和预警。时空耦合和预测如下式：

$$SDM \rightarrow Q_{ij} \rightarrow Q_{ijf}(= Q_{ij}W_{ijf}) \rightarrow M_{(air,\ water)} \rightarrow C_{ijf} \qquad (3-9)$$

式中，i 为情景；j 为时段；f 为功能区；SDM 为系统动力学模型；Q_{ij} 为 SDM 预测的 i 情景 j 时段区域污染物年排放总量，即区域污染物时间累积水平；Q_{ijf} 为 i 情景 j 时段 f 功能区基于产业和人口规划布局及功能区面积，按产业总产值、人口和功能区面积比例求算的年排污总量，即功能区污染物时间累积水平，$Q_{ijf}=Q_{ij}W_{ijf}$；W_{ijf} 为 i 情景 j 时段 f 功能区基于产业和人口规划布局及功能区面积按产业总产值、各产业万元产值排污量、人口和功能区面积比例求算的年排污总量分配系数权重；$M_{(air,water)}$ 为环境空气和地表水质量模型；C_{ijf} 为 $M_{(air,water)}$ 预测的 i 情景 j 时段 f 功能区或地表水各监测断面污染物年平均浓度，即区域污染物空间累积水平。然后，以选定的评价基准为标尺，对区域环境空气和地表水的污染物累积效应预测结果进行时空累积效应综合评价；在此基础上开展评价区域环境空气和地表水环境质量的预警。预警方法以其按功能区预测的年均污染物浓度空间分布为基础，分别采用我国现行的城市空气质量日报——空气污染指数（air pollution index，API）的技术方法和地表水环境水质级别指数（water quality index，WQI）技术方法，将年均污染物浓度空间分布转化为日均污染物浓度空间分布应用到本文累积影响预警；⑧减缓措施：依据累积影响评价结论与预警，制订包括规划方案调整、污染防治和生态保护在内的减缓措施，并纳入区域规划、决策、实施和环境管理中；⑨适应调控：依据评价结论和管理需求制订长期跟踪监测方案，在持续监测和评估的基础上，对规划方案做出反馈、修正和适应性调控。

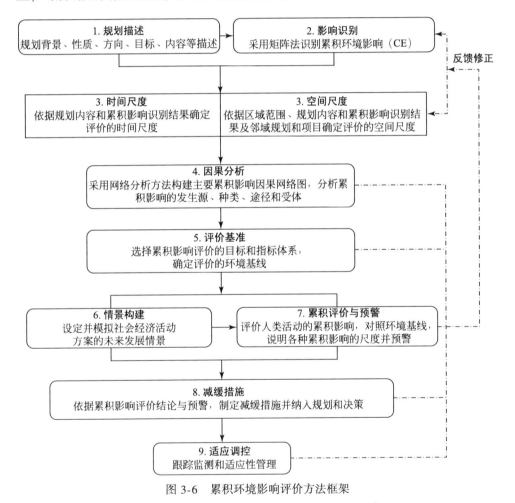

图 3-6　累积环境影响评价方法框架

Fig. 3-6　Methodology framework for cumulative environmental assessment

目前，采用系统动力学方法对 CEA 的时间累积方法研究已有文献发表（吴贻名等，2000），但尚缺乏系统实用的 CEA 时空耦合及空间累积预测和评价方法。本书所开发的 CEA 方法包括了因果分析、未来预测、时空耦合、评价预警、减缓调控等主要内容，较现有零散的、缺乏系统性和实用性的方法，更加体现了该方法的完整性、系统性、科学性和实用性。

3.4.3　CEA 时空耦合模型

本节模型仅考虑环境空气和地表水环境。累积环境影响时空耦合和预测见下式概念模型：

$$\begin{aligned}
&\text{SDM} \rightarrow Q_{ij}(\,=\text{TCEA}_{(a)}\,) \rightarrow Q_{ijf}(\,=\text{TfCEA}_{(a)}=Q_{ij}W_{ijf}\,) \rightarrow \\
&M_{(\text{air, water})} \rightarrow C_{ijf}(\,=\text{SfCEA}_{(a)}\,)
\end{aligned} \tag{3-10}$$

式中，SDM 为区域经济–社会–环境系统动力学模型；i 为情景，$i=1$，2，$\cdots$，l；j 为时段，$j=1$，2，$\cdots$，m；f 为功能区，$f=1$，2，$\cdots$，n；W 为区域污染物排放总量分配至各功能区的分配系数，即分配权重。

引入变量 k、d、r、g、p、l、w、E：k 为规划产业类型；d 为规划产业类型对应的万元产值排污量（t/万元）；r 为 k 和 d 对应的联合权重数目，$k=d=r=1$，2，$\cdots$，h；g 为工业点源；p 为生活点源；l 为面源，主要包括工业面源、生活面源、二次扬尘面源及其他面源等；a 为年；w 为直接接纳污水的地表水体，$w=1$，2，$\cdots$，t；E 为相关于各功能区各规划产业产值和规划产业万元产值排污量的权重；。

式（3-10）概念模型解释如下。

Q_{ij} 为 SDM 预测的 i 情景 j 时段区域污染物年排放总量，即区域污染物时间累积水平，以 $\text{TCEA}_{(a)}$ 表示（t/a）；$Q_{ij}=Q_{ijg}+Q_{ijp}+Q_{ijl}$，其中，$Q_{ijg}$ 为区域工业点源污染物年排放总量（t/a）；Q_{ijp} 为区域生活点源污染物年排放总量（t/a）；Q_{ijl} 为区域面源污染物年排放总量（t/a）；$Q_{ijf}=Q_{ij}W_{ijf}$，其中，Q_{ijf} 为 i 情景 j 时段 f_n 功能区各种污染源的污染物年排放总量，即功能区时间累积水平，以 $\text{TfCEA}_{(a)}$ 表示（t/a）；W_{ijf} 为区域污染物年排放总量分配至各功能区的权重，由 W_{ijfg}、W_{ijfp} 和 W_{ijfl} 3 项组成，W_{ijfg} 为区域工业点源污染物年排放总量分配至各功能区的权重，W_{ijfp} 为区域生活点源污染物年排放总量分配至各功能区的权重，W_{ijfl} 为区域面源污染物年排放总量分配至各功能区的权重。

将 Q_{ijg}、Q_{ijp}、Q_{ijl} 分解到各功能区（f）：$Q_{ijfg}=Q_{ijg}W_{ijfg}$，$Q_{ijfp}=Q_{ijp}W_{ijfp}$，$Q_{ijfl}=Q_{ijl}W_{ijfl}$；$W_{ijfg}=E_r/\sum E_r$，E_r 为 k 和 d 对应的联合权重，$E_r=E_{kh}E_{dh}$，$\sum\left(E_r/\sum E_r\right)$

= 1；其中，E_{kh} 为各功能区各规划产业产值权重，以各功能区各规划产业产值占区域产业总产值的比例表示，E_{dh} 为各产业排污系数权重，以各规划产业万元产值排污量占区域所有规划产业万元产值排污量之和的比例表示；W_{ijfp} 以 i 情景 j 时段各功能区分布人口数占区域规划人口总数的比例表示；W_{ijfl} 以各功能区面积占区域总面积的比例表示；$\sum W_{ijfg} = 1$，$\sum W_{ijfp} = 1$，$\sum W_{ijfl} = 1$；$Q_{ijg} = \sum Q_{ijfg}$，$Q_{ijp} = \sum Q_{ijfp}$，$Q_{ijl} = \sum Q_{ijfl}$。

Q_{ijf} 对环境空气为按功能区性质所求算的污染物年排放总量（t/a）；对地表水环境包括污水和水污染物年排放总量 2 项，不考虑面源排污，各地表水体的纳污量按排入其中的各功能区纳污支流水体进行叠加（t/a）。

$M_{(\text{air,water})}$ 为环境空气和地表水环境质量预测模型；预测前，根据模型要求，进一步将 Q_{ijf} 进行空间再分配。例如，对于环境空气质量模型，Q_{ijf} 的分配包括各功能区的工业和生活点源的烟囱数量、高度及污染物排放速率等；对地表水环境质量模型，Q_{ijf} 的分配包括污水处理厂的数量、各污水处理厂的汇水子区域、处理规模、处理后排入各地表水体（w）的污水量、水污染物总量及排放速率等。

C_{ijf} 为 $M_{(\text{air,water})}$ 预测的 i 情景 j 时段 f_n 功能区或地表水各监测断面污染物年平均浓度（mg/m³ 或 mg/L），即区域污染物空间累积水平，以 $\text{SfCEA}_{(a)}$ 表示。

若区域规划中无产业总产值和人口按功能区的分布信息，则可根据规划中产业类型按功能区的布局信息和 SD 模型预测出的年总排污量，按产业类型和功能区面积比例进行污染物年总排污量的功能区分配，然后对每个功能区按其分布的产业类型进行叠加即可获得各功能区污染物年排放总量，即各功能区污染物时间累积水平，据此预测各功能区的污染物空间浓度分布，即污染物的空间累积水平。

3.4.4 CEA 预警方法及模型

本节仅考虑区域环境空气和地表水环境质量预警，景观格局安全预警已在 3.3.2 节中论述。累积环境影响的特征为长期影响，因此，本节中，环境空气和地表水环境质量预警以按功能区预测的年均污染物浓度空间分布为基础。采用我国现行的城市空气质量日报——API 的技术方法，应用到区域环境空气和地面水环境累积影响预警。

1. 区域环境空气质量预警——区域空气污染指数方法

我国城市空气质量日报 API 分级标准和空气污染指数范围及相应的空气质量

类别如表3-5、表3-6所示。

表 3-5 空气污染指数对应的污染物浓度限值
Table 3-5 Air pollution index and its corresponding pollutant level limits

污染指数	污染物浓度/(mg/m³)				
API	SO₂（日均值）	NO₂（日均值）	PM₁₀（日均值）	CO（小时均值）	O₃（小时均值）
50	0.050	0.080	0.050	5	0.120
100	0.150	0.120	0.150	10	0.200
200	0.800	0.280	0.350	60	0.400
300	1.600	0.565	0.420	90	0.800
400	2.100	0.750	0.500	120	1.000
500	2.620	0.940	0.600	150	1.200

1）基本计算式

设 I 为某污染物的污染指数，C 为该污染物的浓度（mg/m³），则

$$I = \frac{I_B - I_S}{C_B - C_S}(C - C_S) + I_S \tag{3-11}$$

式中，C_B 与 C_S 为在 API 分级限值表（表3-5）中最贴近 C 值的两个值，C_B 为大于 C 的限值，C_S 为小于 C 的限值；I_B 与 I_S 为在 API 分级限值表（表3-5）中最贴近 I 值的两个值，I_B 为大于 I 的值，I_S 为小于 I 的值。

2）区域 API 的计算步骤

（1）求某污染物每一测点的日均值

$$\overline{C}_{点日均} = \sum_{i=1}^{n} C_i/n \tag{3-12}$$

式中，C_i 为测点逐时污染物浓度（mg/m³）；n 为测点的日测试次数。

（2）求某一污染物区域日均值

$$\overline{C}_{区域日均} = \sum_{j=1}^{l} \overline{C}_{点日均}j/l \tag{3-13}$$

式中，l 为区域监测点数。

（3）将各污染物的区域日均值分别代入 API 基本计算式所得值，便是每项污染物的 API 分指数。

3）区域 API 和区域主要污染物的选取

$$API = Max(I_1, I_2, \cdots, I_i \cdots, I_n) \tag{3-14}$$

各种污染物的污染分指数都计算出以后，取最大者为该区域的空气污染指数 API，该项污染物即为该区域空气中的首要污染物。

本书中，监测点数为区域规划环评划定的环境空气功能区数；表 3-5 中的污染物浓度限值和区域 API 计算步骤②中的污染物每一测点的日均值相应替换为由 3.4.3 节规划区域各功能区环境空气污染物年均浓度预测值转化而来的日均值。累积影响预警级别划分如表 3-6 所示。

表 3-6　空气污染指数范围及相应的空气质量类别和预警级别划分

Table 3-6　Air pollution index range and its corresponding level division of air quality and early warning

预警级别	空气污染指数 API	空气质量状况	对健康的影响	建议采取的措施
1 级蓝色安全预警	0 ~ 50	优	可正常活动	
	51 ~ 100	良		
2 级较不安全黄色预警	101 ~ 150	轻微污染	易感人群症状有轻度加剧，健康人群出现刺激症状	心脏病和呼吸系统疾病患者应减少体力消耗和户外活动
	151 ~ 200	轻度污染		
3 级很不安全橙色预警	201 ~ 250	中度污染	心脏病和肺病患者症状显著加剧，运动耐受力降低，健康人群中普遍出现症状	老年人和心脏病、肺病患者应停留在室内，并减少体力活动
	251 ~ 300	中度重污染		
4 级极不安全红色预警	>300	重污染	健康人运动耐受力降低，有明显强烈症状，提前出现某些疾病	老年人和病人应当留在室内，避免体力消耗，一般人群应避免户外活动

2. 区域地表水环境质量预警——区域地表水环境水质级别指数方法

（1）评价标准及水质级别取值：本节评价和预警方法中采用的评价标准为《地表水环境质量标准》（GB3838—2002），与人体健康的关联即该标准的水域环境功能。地表水水质级别取值如表 3-7 所示。

表 3-7　地表水监测断面水质级别分值表

Table 3-7　Level division of ground water quality for monitoring sections

水质类别		I	II	III	IV	V	劣 V
W_j		1	2	3	4	5	6
污染物浓度	COD	15	15	20	30	40	>40
	$NH_3 - N$	0.15	0.5	1.0	1.5	2.0	>2.0

（2）地表水水质级别指数（water quality index，WQI）计算及预警级别划分（表3-8）。

$$WQI = \sum_{j=1}^{m} W_j B_j \qquad (3\text{-}15)$$

式中，WQI 为地表水水质级别指数；W_j 为第 j 个断面的水质级别分值，水质级别取值如表3-7所示；B_j 为第 j 个断面控制长度占河流总长度的比例；m 为评价断面个数，$j=1$，2，…，m。

表3-8　河流水质级别指数（WQI）及预警级别划分

Table 3-8　Level division for river water quality index and early warning

WQI 级别	WQI≤2.0	2.0<WQI≤3.0	3.0<WQI≤4.0	4.0<WQI≤5.0	WQI >5.0
水质状况	水质优，以Ⅰ~Ⅱ类水质为主	水质良好，以Ⅱ~Ⅲ类水质为主	轻污染，以Ⅳ~Ⅴ类水质为主	中污染，以Ⅴ类水质为主	重污染，以劣Ⅴ类水质为主
预警级别	1 级蓝色安全预警		2 级较安全黄色预警	3 级较不安全橙色预警	4 级很不安全红色预警

（3）区域地表水环境水质级别指数（WQI）和首要污染物的选取。通过地表水累积环境影响预测，得到水污染物在各监测断面评价因子的年均浓度和日均浓度，将各监测断面的日均浓度按评价因子平均，得到区域地表水环境水污染物各评价因子日均浓度，按评价因子分别计算其 WQI，便是每项污染物的 WQI 分指数，取最大者为该区域地表水环境 WQI，则该项污染物即为该区域地表水环境首要污染物。据此，按表3-8进行预警。

3.5　区域规划环评污染物排放总量控制管理方法

污染物排放总量控制是实现区域环境质量目标的主要手段。以往的总量控制方法过分强调容量总量控制和对现有污染源的被动治理，忽略了区域现有污染源污染减排和新增污染源（新建项目）之间的良性互动机制及对新建项目的总量控制和实现区域环境质量目标的渐进性，使得区域总量控制效果有限，短期内难以实施而落空。本节将基于我国区域总量控制的现状，以发展的视角和循环渐进的思路，开发基于目标总量控制的区域污染物排放总量控制管理方法框架和模型，以期对区域规划实施后实现区域环境质量达标控制提供方法指导。

3.5.1 总量控制管理方法

鉴于我国目前污染物排放实施总量控制多采用目标总量控制的方法，本节采用同样的总量控制方法构建污染物排放总量控制管理方法框架（图3-7）。

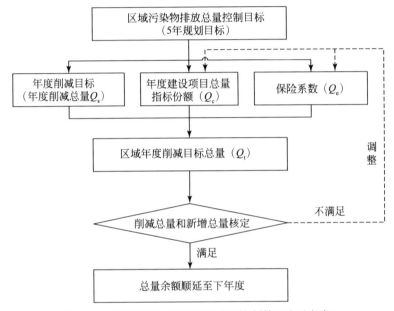

图3-7 区域污染物排放目标总量控制管理方法框架

Fig. 3-7 The framework of environmental management model
for regional target total pollutants amount control

3.5.2 总量控制管理模型

所谓目标总量控制是指，环境保护行政主管部门依据历史统计资料、根据环保目标要求和技术经济水平，确定各地区污染物排放总量控制指标的一种总量控制方法，即主要是根据环境目标来确定总量控制指标（宋国君，2000）。依据目标总量控制方法和管理方法框架，构建区域污染物排放总量控制管理模型，如式（3-16）和式（3-17）所示。

$$Q_t = Q_s + Q_c + Q_e \qquad (3-16)$$

式中，Q_t为年区域污染物总量削减目标（t/a）；Q_s为上级部门（如省环保局）下达或本部门制定的年区域污染物削减目标（t/a）；Q_c 为年区域建设项目污染物预测新增量（t/a），也是分配给建设项目的年总量审批指标；Q_e 为调整因子或保险系数，即考虑到一些不确定因素（如区域经济增长、政府干预、管理水平、市场变化对建设项目污染物新增量的影响），为保证 Q_c 的实现，多消减的一部分污染物总量（t/a），占 Q_c 的一定比例，依经验而定。Q_c 通过历年来建设项目污染物新增量统计数据趋势外推法预测获得或依经验而定。为保证 Q_t 的实现，构建下列模型：

$$\Delta Q = Q_c - Q_p \tag{3-17}$$

式中，ΔQ 为判断因子（t/a）；Q_p 为建设项目污染物实际核定新增总量，即项目竣工验收时核定的污染物排放量（t/a）。对 Q_t、Q_s、Q_c、Q_e 和 Q_p 实施半年核定和年终核定，分析总量削减目标（Q_t）完成情况和新增总量（Q_p）占用总量审批指标（Q_c）情况。半年核定时，若 $\Delta Q > 0$，则可继续审批建设项目，审批建设项目的多少依 ΔQ 和 Q_e 二者之和的大小而定。若 $\Delta Q<0$，则将 ΔQ 与 Q_e 对比，审批建设项目的多少依二者之差而定，审批项目的新增总量阈值为 $Q_c + Q_e$，即当 $Q_p = Q_c + Q_e$ 时，停止建设项目的审批或增加年度削减总量再分配给建设项目审批总量方可继续审批；年终核定时，若 $\Delta Q > 0$，可将 ΔQ 和 Q_e 移至下年使用，若 $\Delta Q < 0$ 并 $|\Delta Q| < Q_e$，则与 Q_e 平衡，并调整 Q_c，即从 Q_e 中减去 $|\Delta Q|$，其差值添加到 Q_c 中作为分配给建设项目的总量指标。$\Delta Q < 0$ 并 $|\Delta Q| > Q_e$ 的情况在年终一般不会出现，因为在半年核定时就已控制。如果由于某些原因出现此种情况，就必须调整下一年度建设项目审批总量分配指标，即减少 Q_c 或加大 Q_s，以弥补上一年度的超增量部分。

以上方法框架虽然是针对污染物排放总量已超出区域环境容量的新老污染源并存的规划区域，但对于老污染源不多或纯粹的新规划区域同样适合。在存在一定的老污染源但污染物排放总量未超出或超出很少的规划区域，模型中的 Q_t、Q_s、Q_e 因污染减排的要求仍然存在，只不过比较小，本节所述总量控制管理方法框架仍然适用；在没有老污染源的纯粹的新规划区域，仍然可采用该方法框架，这时，Q_t、Q_s、Q_e 就不存在，将以规划环评确定的环境容量或最优治理措施下的污染物年最大允许排放量作为区域总量目标全部分配给 Q_c，对 Q_c 按式（3-16）进行过程控制和管理，从而实现区域污染物总量控制目标。但随着时间的推移，国家的产业政策的变化，产业结构的调整、企业生产工艺和设备的升级改造、污染控制技术的进步及清洁生产、循环经济等工作的开展，使新区域演变为新老污染源并存的区域，区域总量控制管理就又演变为本节所开发的总量控制管理模式。因此，上述区域总量控制管理方法和模型为一种普适性的目标总量控制管理方法和模型。

3.6　小结

为解决 SEA 方法学存在的 3 个主要科学问题,本书选择国内外开展最多的 SEA 的一种主要形式——区域规划环评方法学为研究对象,深入系统地剖析区域规划和规划环评的目的、任务、主要内容和特征,紧紧抓住区域规划 "3 层" 结构和 "2 级" 影响的本质特征,以区域规划和规划环评相互融合的理念为指导,设定体现政治与生态合理性——集基于项目 EIA、决策理论和可持续发展原则 SEA 方法为一体的综合 RPEA 方法学研究目标。在方法思路上,提出了区域规划内容构成的 3 层概念和 "3 层 2 级" 系统优化模式;在方法上,开发了不确定性下 "3 层 2 级" 系统优化方法框架和耦合模型、CEA 新方法、SEA 的景观生态学方法和区域污染物排放总量控制管理方法,从方法学角度解决了 SEA 方法学存在的 3 个主要科学问题。其中,战略与战略环评不同步,方案缺乏系统优化和风险评估,方案本身潜在的不利环境影响未消除问题通过 "3 层 2 级" 系统优化模型来解决;生态和政治层面分离问题通过 "3 层 2 级" 模型优化得到的最优决策区间来解决。同时,所开发的 CEA 和 SEA 的景观生态学新方法将弥补目前这两个方面缺乏方法学研究的问题。区域规划有 3 种类型,无论哪种类型,其规划内容即一定时空范围内的总体部署,均可以归纳为空间管制层、产业方案层和景观生态层,对环境的影响总可以分为规划方案级的潜在影响和方案实施级的执行影响两个层面或级别。因此,基于 "3 层 2 级" 概念的系统优化方法和耦合模型具有对规划层次环境影响评价方法的普适性,不同类型的规划只是评价的重点有所区别、3 层的表现形式不同而已。例如,对于区域开发规划,评价的重点为开发规划方案及其实施后的两个层面环境影响,空间管制层仍然为开发区域各类土地利用方式,产业方案层为各类开发内容(土地、矿产、生物资源、工业等)所对应的产业结构及布局,景观生态层为产业开发与自然景观耦合形成的复合景观格局;对于区域建设规划,评价的重点为各项建设内容规划方案(如居民区、工业区、行政、教育、医疗区等)的环境影响,如果没有工业区,产业方案层将转化为各功能区的总人口、人口比例及布局;对于区域发展规划,为上述两种规划的综合形式,显然适用于本书所开发的方法。此外,本书所开发的方法也可以用于其他类型的战略环评,如政策环评,这时,关键的问题是采用情景分析法,对政策内容的时空不确定性恰当处理,各可能情景或方案仍然可转化为 3 层结构,本书的方法依然适用,只是时空尺度及方案内容更为宏观而已,将模型约束条件和参数作适当调整即可。

4

应用研究−方法验证：郑州航空港地区总体规划环境影响评价

第 3 章已构建了区域规划环评的方法构架，本章将以郑州航空港地区总体规划为例，开展方法应用研究，验证本书所开发的区域规划环评方法与模型的科学性、先进性和实用性。主要内容包括区域概况及特征分析、规划分析、规划方案 3 层系统优化、累积环境影响评价、环境保护补救措施优化、污染物排放总量控制等。

4.1 区域特征及现状评价

航空城是一个全新的理念，短短的几十年时间，它已成为带动并促进区域社会经济发展的城市发展模式之一。进入 21 世纪，中国迎来了航空港建设的高潮。良好的区位条件、发达的区域交通、巨大的市场需求为郑州以机场为核心、发展航空港经济奠定了良好基础。鉴于区域经济发展和形象建设的需要，河南省省委、省政府高度重视郑州机场的规划和建设，作出了加快综合交通枢纽建设，构筑中原崛起的腾飞平台，实施民航优先发展战略，加快郑州国际航空枢纽建设的重要决策。

4.1.1 区域概况及特征分析

1. 区域自然环境概况及特征分析

1）地理位置及区位条件

郑州航空港地区位于郑州市南部，所辖县级市新郑市北部。西面以京广铁路为界，东、南、北三面以国家南水北调工程走廊为界，总面积 138km²。规划区域横跨新郑市（孟庄镇、薛店镇、龙王乡部分土地）、中牟县（张庄镇、九龙镇、三官庙乡部分土地）两个行政辖区，南北长约 20km，东西宽约 10km，整体呈南北狭长的新月形。该区域位于山前坡洪积平原，西及西北较高，东及东南较低，坡降 3.8‰，总体上地势平坦。西、北、东三面边界处，分布有沙岗或沙丘，南部外围地势低平，是机场所在地。

郑州航空港地区区位如图 4-1（见彩图）所示。由图可见，航空港区区位条件优越，其中最为突出的是交通便利。郑州新郑国际机场位于规划区内，京珠高速公路、机场高速公路、S102 省道从区内穿过。郑州绕城高速公路、G107 国道、郑新公路从规划区附近通过。

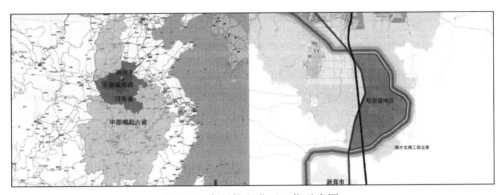

图 4-1　郑州航空港区区位示意图

Fig. 4-1　Schematic diagram of location of Zhengzhou Airport Zone

2）气候与水文

郑州市属北温带半干旱大陆性季风气候，全年四季分明，呈现春季干旱少雨、夏季炎热多雨、秋季晴朗凉爽、冬季寒冷少雨的基本气候特征。年平均气温 14.4℃，历年最高气温 42~43℃，历年最低气温 17.9~ -13.5℃，一月份最低，七月份最高；年无霜期 205~235 天，年平均日照约 2400h；年平均降水量 640.9mm，多集中于每年的 7~9 月，占全年降水量的 60%，年平均相对湿度 66%；全年平均风速 2.8~3.2m/s，冬季风向多偏北，夏季风向多偏南，春秋两季风向多变，以偏北风居多。

航空港地区属淮河流域，境内没有大的常年性河流，河流多属季节性排洪河道。主要地表水体有河刘沟、梅河和平庄水库。河刘沟是老丈八沟的上游支流，发源于新郑市龙王乡小寺东孙，向东汇入老丈八沟，最终流入淮河二级支流贾鲁河。梅河发源于新郑市薛店镇大吴庄村东约 200m 处，自西北向东南方向流，流经枣庄、牛村、霹雳店、庙前刘、高夏，至八千乡的赵楼村出新郑市辖区，在长葛市辖区内流入贾鲁河一级支流双泊河，是季节性排洪河道。梅河在新郑市辖区内河段全长 26.5km，流域面积 106.4km²，河床宽 5~10m，河岸高 3~10m，河流正常流量 0.25 m³/s，年均行水深度0.2m。平庄水库建于1976年，位于新郑市龙王乡丈八沟河流上，新郑机场北侧，属于未来机场远期航站楼的建设用地。水库长7km，流域面积5.7km²，设计水位104.4m，兴利水位103m，设计库容77万m³，兴利库容47.2万m³。

南水北调中线工程主干渠呈弓形由南至北贯穿整个规划区域，渠道断面宽90m，顺水流方向沿左侧边界划定3000m水源地保护区范围，渠道为封闭式渠道，区内雨水不能排入。规划区域内河流水系穿越南水北调干渠采用倒虹吸及渡槽方式通过（图4-2，见彩图）。

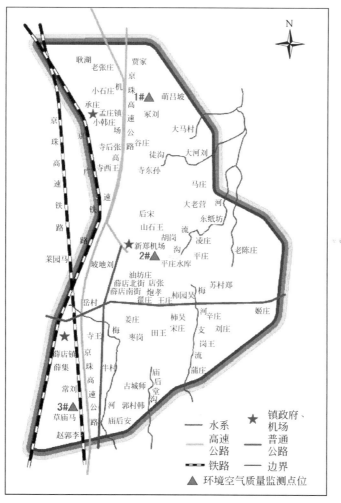

图4-2 郑州航空港区河流水系和环境空气监测点位分布

Fig. 4-2 Distribution of river systems and air quality monitoring sites in Zhengzhou Airport Zone

区域内没有大的常年性河流与蓄水工程，现有可利用水资源以地下水资源为主，水资源相对贫乏。规划中大规模的工业区建设和人口集聚，必然引致对水资源的大量需求，水资源将成为航空港区发展的主要约束（表4-1）。

表4-1　航空港区水资源状况（万 m³/a）

Table 4-1　Water resources situation in Zhengzhou Airport Zone（10⁴ m³/a）

保证率	地表水资源		地下水资源	
	年水资源量	可利用量	年地下水量	可开采量
P=20%（偏丰年）	1447	507	1652	1491
P=50%（平水年）	1050	367	1293	1167
P=75%（偏枯年）	784	275	1039	938
P=95%（枯水年）	497	174	746	673

注：引自新郑市、中牟县统计年鉴。

3）区域生态系统

航空港区有褐土、潮土和风砂土等土壤类别，褐土是地带性土壤，潮土和风砂土分布较少。植被属于暖温带植物区系，其成分以暖温带华北区系为主，兼有少量的亚热带华中区系成分。辖区内现有自然植被稀少，仅西南浅山等地残存少量枫、杨等次生灌木林，地表植被主要为农业和人工次生林。乔木主要为杨、柳、榆、槐、椿等北方常见平原树种，灌木主要有毛竹、白蜡条、荆条等，野生杂草主要有黄蒿、老驴蒿、牧蒿等。

新郑市是国家林业局命名的"中国红枣之乡"，在规划区内有大量的枣林，主要分布在规划区的北部孟庄镇附近，约有2343hm²。位于郑州市东南的市级森林公园部分处于航空港地区北部范围内，以防风固沙、大枣生产功能为主，兼有森林旅游、林木育种繁育等功能。

总体上，区域生态系统比较脆弱，主要为人工次生防风固沙林、农枣间作林以及农业生态系统，对区域开发活动的抗干扰能力较低。

2. 区域社会经济概况及特征分析

（1）人口现状。航空港区域人口以农业人口和机场流动人口为主。根据郑州航空港地区总体规划（2008—2035）统计数据，2007年，航空港区农村人口86 669人，22 107户，外来人口比例较小。由于郑州新郑国际机场位于评价区域，区域内流动人口数量较大。据新郑国际机场统计，2007年，旅客吞吐量达500.21万人次，货邮吞吐量达6.56万t，飞机起降达5.45万架次。货邮吞吐量和飞机起降架次在全国 140 多个正常航运的民航机场中排名分别为 21 位和 22 位。

（2）产业发展。航空港区产业现状以工业为主。其中，薛店镇、九龙镇已经形成以工业为主要产业的发展方向，龙王乡、三官庙乡仍以第一产业为主，孟庄镇以农业和旅游业为特色。据《新郑统计年鉴》，2007 年，航空港区 GDP 达7.61 亿元，主要工业增加值达 6.20 亿元，第三产业增加值达 1.26 亿元，分别占航空港区 GDP 的 81.47% 和 16.56%，农业只占 1.97%。目前，入驻企业 100 多家，其中台资 5 家，合资 4 家，外资 1 家。合同投资额超过 32 亿元，第二产业企业占69.14%。四大支柱性产业为食品制造、印刷包装、医药制造和物流运输，其他产业类型为塑料制品、木材加工、住宿与餐饮、化学原料及化学制品制造、电气及机械制造业等。其中，食品制造、医药制造、物流运输企业数分别占港区企业总数的19.8%、9.88% 和 9.88%。

（3）土地利用。航空港区域的土地利用目前以耕地和林地（包括枣林）为主，建设规模不大，尚未大规模开发，土地资源充足，区域建设条件良好。农业用地面积约 8183.34 hm²，占总面积的 59.30%，建设用地约 2206.56 hm²，占 15.99%。

4.1.2　评价范围

区域规划环评方法应用–方法验证研究以《郑州航空港地区总体规划（2008—2035）》所确定的规划范围为基本评价区域，即南水北调中线工程与京广铁路围合的区域，总面积为 138 km²。环境空气、地表水环境的评价在此基础上依据其受影响的范围适当延伸，以保证评价的相对完整性。评价时段包括近期（2008~2012 年）、中期（2013~2020 年）和远期（2021~2035 年）3 个时段，与规划时段一致，基准年为 2007 年。

4.1.3　区域环境质量现状评价

1. 水环境和环境空气质量现状评价

根据郑州市环境监测中心站 2009 年对航空港区地表水体（包括梅河、梅河支流、河刘沟及平庄水库）、地下水和环境空气质量的监测数据，依据《地表水环境质量标准》（GB3838—2002）中的 V 类标准、《地下水质量标准》（GB/T14848—1993）中的Ⅲ类标准、《环境空气质量标准》（GB3095—1996）中的二级标准，航空港区现状环境质量评价如下：

（1）地表水和地下水。地表水监测断面分别设置在梅河、梅河支流、河刘沟的上、中、下游。地表水各监测断面除挥发酚和梅河支流蒲庄断面 NH_4-N 达到地表水 V 类水质外，其余监测断面各指标均为劣 V 类水质，未达到地表水功能区划 V 类水质标准。超标因子为 COD、BOD_5、NH_3-N、TP、TN，最大平均超标倍数分别为 3.85、3.10、2.28、3.75、6.12。航空港区地表水体整体污染严重，呈典型的有机污染特征。主要原因为近年来气候干旱，降雨量不足以及工农业用水量增加，导致地下水位下降，引起大部分河流干枯、断流，到 2003 年区域内的地表水所剩无几。这些河流目前已经成为生活污水、工业废水、雨水的排放沟渠和季节性排洪河道，不能达到水环境功能区划要求。平庄水库水质可达地表水 V 类水标准，污染尚不严重。区域内地下水水质良好，符合《地下水质量标准》（GB/T14848—1993）Ⅲ 类标准，地下水中挥发酚、氰化物、石油类、重金属（铁、锰、汞、砷）均未检出。

（2）环境空气。共设置 3 个监测点位，分别为 1#冢刘、2#机场、3#草庙马（图4-2）。年均值参照《制定地方大气污染物排放标准的技术方法》（GB/T13201—91），由日均值转换而来。①日均浓度：在非采暖期，草庙马、港区机场和冢刘 3 个监测点，SO_2、NO_2 和 PM_{10} 均达到空气质量二级标准；采暖期，3 个监测点 SO_2 和 NO_2 均达标，PM_{10} 浓度均超标，其中以草庙马超标最为严重，超标率达 43%，超标原因与其北部附近薛店镇的工业发展有直接关系。相对而言，该区域 NO_2 背景状况良好，其次是 SO_2，最差的是 PM_{10}。②年均浓度：3 个监测点 SO_2、NO_2 和 PM_{10} 均达到空气质量二级标准，分别占其标准的 20%～23%、22%～26% 和 32%～40%，具有较大的富余容量。

2. 声环境质量现状评价

（1）区域噪声现状评价。经布点监测，航空港区昼间噪声平均值为 49.18dB（A），夜间噪声平均值为 45.26dB（A），达标率 100%，达到《声环境质量标准》（GB3096—2008）中的 2 类功能区标准。

（2）交通声环境现状评价。沿京广铁路、京珠高速公路共布设 8 个监测点，分别位于任岗村西侧、京珠立交桥、西桥、寺西王南侧、京珠高速立交、邮政所、柿园吴、口张。监测结果表明，8 个监测点中，西桥和口张两个监测点昼间等效连续噪声级超标，超标率达 25%；夜间等效连续噪声级均高于 55dB，超标率达 100%。

（3）机场声环境质量现状评价。共布设 11 个监测点。监测结果表明：在 11 个监测点中，其中店张超过 75dB，其余测点的 WECPNL 未大于 75dB，5 个测点的

WECPNL 在 70～75dB，达到《机场周围飞机噪声环境标准》（GB9660—88）中 2 类区标准（≤75dB）［引自《郑州新郑国际机场总体规划环境影响报告书》（中国环境科学研究院，2009）］。

3．生态系统现状评价

1）区域生态系统类型、分布及主要功能

航空港区规划范围内主要的生态系统包括农田、林地、水域和村镇 4 种生态系统，其空间分布如图 4-3 所示，主要特征与功能如表 4-2 所示。

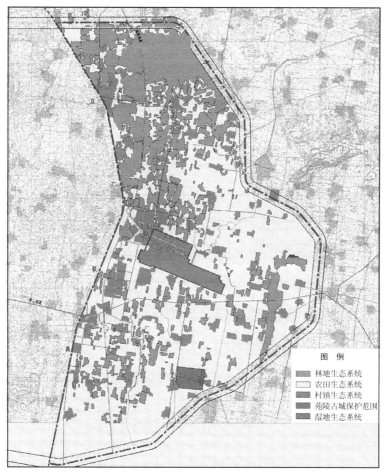

图 4-3　郑州航空港区生态系统分布

Fig. 4-3　Ecosystem types and distribution in Zhengzhou Airport Zone

表4-2 区域生态系统类型、分布特征与主要功能

Table 4-2 The distribution characteristics and main functions of ecosystems in
Zhengzhou Airport Zone

生态系统	系统主体	分布特征	面积/hm²	主要功能
农田	小麦、玉米、棉花和蔬菜等	大面积分布	6941.75	提供食物及化工原料等
林地	杨、泡桐、槐、枣、苹果等	主要在港区北部，呈不规则块状；港区中、南部呈零散分布	3267.10	提供食物和木材等林副产品；调节气候、保持水土、防风固沙、保持生物多样性等
水域	水生生物、茅草、荩荩草、蒿类等	河流、水塘呈线、块状分布于中、南部	18.60	提供动植物水产品；调节洪流、保持生物多样性；景观廊道
村镇	人与居住环境	呈斑块状，比较均匀地分布于港区范围内	1743.25	为人类提供居住和发展的环境

注：部分引自《郑州新郑国际机场总体规划环境影响报告书》（中国环境科学研究院，2009）；部分引自新郑市、中牟县统计年鉴。

2）生态系统现状评价

总体上，航空港区现状生态系统类型比较少，且结构和层次单一，生态系统比较脆弱，抗干扰能力较差。

4. 区域环境质量现状的主要问题

1）水环境问题突出

区域地表水无自然径流，目前已经成为生活污水、工业废水、雨水的排放沟渠和季节性排洪河道，有机污染严重，不能达到水环境功能区划要求，水环境容量几乎为零，致使未来航空港区发展的承载能力十分有限，需要采取人工增容措施，加大污废水治理力度。

2）环境空气质量不容乐观

区域环境空气质量总体上虽有富余容量，但 PM_{10} 在采暖期超标率已达43%，随着航空港区的大规模发展，如不注意产业结构的优化、清洁能源的使用、污染防治措施的加强以及总量控制的实施等，加之该区域位于半干旱区域，自然扬尘较大，环境空气质量极有恶化的可能。

3）生态系统比较脆弱

从区域生态系统的类型、组成、结构来看，呈典型中原平原地区的农林间作

区生态系统特征，生态系统比较脆弱，抗人类活动干扰能力较差，应特别注重景观生态安全格局的构建和生态系统管理工作，以保障生态系统对区域发展的支撑能力。

4.2 区域规划主要内容及规划分析

4.2.1 规划目标、功能定位与规模

根据《郑州航空港地区总体规划（2008—2035）》（中国城市规划设计研究院深圳分院，2008），主要内容有以下几个方面。

1. 规划发展目标

郑州航空港地区的发展目标为：以郑州新郑国际机场的跨越式发展为契机，大力发展现代物流业、出口加工业、航空制造业、高新技术产业和现代服务业，把郑州航空港地区建设成为交通便利、经济繁荣、社会稳定、布局合理、设施完善、环境优美的生态型航空新城。

1）空间资源管制规划目标

实现城市的可持续发展，对规划范围内的土地利用进行综合控制和引导，优化区域生态结构，提升生态环境质量，构建生态安全格局。对非城市建设用地进行保护性利用，保护和控制城市组团间生态隔离屏障、南水北调生态绿廊以及机场出入口门户地区绿色走廊。

2）产业发展目标

近期发展目标（2008~2012年）：形成以发展基地航空公司为主体、以航空物流业为先导的发展格局，同时临空型高新技术产业、现代制造业、现代服务业开始探索型发展。

中期发展目标（2013~2020年）：到2020年，临空经济（北部物流商贸区、南部临空产业区和中部机场核心区）3个功能园区框架基本形成，协调管理机制完善，自主创新和发展动力强劲，经济总量在全市的比重明显上升，成为推动郑州及周边地区经济社会发展的重要引擎。

远期目标展望（2021~2035年）：郑州机场旅客、货邮吞吐量分别达到7000万人次和200万t以上，形成全国大型枢纽机场和国际货运枢纽。临空产业功能园区全部建成，基础设施完善、生态环境良好，成为郑州市重要的经济增长板

块，中西部地区国际航空枢纽，郑州市航空物流和临空工业基地。

总体目标：在规划期末，郑州航空港地区公共设施的配置水平达到郑州中心城区水平。

2. 功能定位与发展规模

（1）功能定位：建设全国大型复合枢纽机场和国际货运枢纽所在地以及郑州城市密集区的南部组团，以航空客货物流、临空制造业、现代商贸等为主要功能的现代化生态型航空新城。航空港区总体规划对区域结构的定位如图 4-4所示。

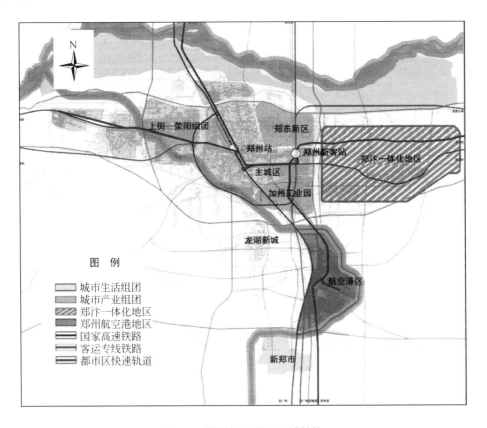

图 4-4　郑州航空港区区域结构

Fig. 4-4　Regional framework of Zhengzhou Airport Zone

（2）发展规模（表4-3）。

表4-3　航空港区规划发展规模

Table 4-3　The development scales of Zhengzhou Airport Zone

项目	2007 年	2020 年				2035 年			
	区域	北区	南区	机场	合计	北区	南区	机场	合计
建设用地/km² 比例/%	44.22（机场4.63）（32）	13.43	21.5	12.96	47.89（35）	19.6	26.5	48	94.1（68）
非建设用地/km² 比例/%	93.78（68）								43.9（32）
人口/万人	8.7	13	20		33	18	25		43
旅客吞吐量/万人次	500			2700				6000	
货邮吞吐量/万 t	6.56			58				200	
年飞机起降/万架次	5.45			24.31				51.26	

4.2.2　规划功能分区和产业布局

1. 空间管制和功能分区

将规划区划分为禁止建设区、限制建设区和适宜建设区，实施空间管制（图4-5）。

功能分区按照"区港一体、协调发展"的理念，郑州航空港地区整体按照"一核二区"进行布局："一核"即机场核心区；"二区"即机场北部的物流商贸区和南部的临空产业区。三个区域通过合理的产业布局和有效的交通组织，形成功能完备、特色鲜明、协调统一的航空港地区。具体划分为 15 个功能区［表4-4、图4-6（见彩图）］。

2. 产业布局和土地利用

规划主导产业包括航空制造业、高新技术产业及研发、出口加工业，同时利用航空港便利的交通条件发展物流商贸、会展中心、生态休闲等第三产业（表4-4、图4-6）。土地利用如表4-3、表4-4、图4-6、图4-7所示。

表 4-4　航空港区总体规划功能分区

Table 4-4　Function division for the master planning of Zhengzhou Airport Zone

区域	主要内容	功能区	主要功能
北片区——物流商贸区	位于规划区北部，总用地面积27.3km²。其中，城市建设用地面积19.6km²，发展备用地面积5.16km²。该片区以物流商贸功能为主，主要布局郑州出口加工区、会展商贸区、高新产业及研发基地、生态休闲区等	1. 孟庄居住区（GCB-06）	位于京广铁路和京珠高速公路之间，以孟庄镇为依托，总用地面积约663hm²，其中发展备用地249hm²。该片区以一般制造业、拆迁安置为主要发展方向
		2. 出口加工区（GCB-02）	由龙中公路、航城环路、登封—机场—商丘高速公路和航城三路围合而成，总用地面积约455hm²。该片区主要布局为郑州出口加工区
		3. 教育研发区（GCB-03）	位于航城大道以西，航城二路以南，总用地面积约280hm²。该片区主要发展教育（物流教育、技工教育等）、研发、高新制造等
		4. 北部高新产业发展区（GCB-04）	位于京珠高速以东、航城大道以西、航城二路以北，总用地面积约301hm²。该片区为高新技术产业发展区
		5. 中央商务区（GCB-01）	位于航城大道以东，龙中公路以南，航城三路以西，总用地面积约330hm²。该片区依托郑州—机场轨道站点，主要发展会展、商业、居住等，是北部片区的核心区，也是空港新城的主中心区
		6. 北部滨水居住区（GCB-05）	位于航城大道以东，龙中公路以北，总用地面积约198hm²。该片区为高品质居住区
		7. 保税物流园区（GCB-07）	位于登封—机场—商丘高速公路与机场三跑道之间，总用地面积约508hm²。该片区依托郑州出口加工区和郑州机场，重点发展保税物流等
南片区——临空产业区		8. 薛店居住区（GCN-06）	位于京广铁路和京珠高速公路之间，以薛店镇为依托，总用地面积约694hm²，其中包括发展备用地367hm²。该片区以发展传统制造业（食品加工等）、拆迁安置等为主
		9. 台商工业园区（GCN-05）	位于S102省道北侧，总用地面积约158hm²。该片区以延续台商工业园区现有加工制造产业功能为主，主要布局食品、制药等产业

续表

区域	主要内容	功能区	主要功能
南片区——临空产业区	临空产业区位于规划区南部，总用地面积34.2km²，其中城市建设用地面积26.5km²，发展备用地3.2km²。该片区以临空制造功能为主，主要布局航空制造业工业园区、高新技术产业园区等	10. 南部高新产业发展区（GCN-03）	由京珠高速公路、S102省道、梅河、空港三路、空港六路、航城环路围合而成，总用地面积约949hm²。该片区以加工制造功能为主，主要布局出口导向的高新技术产业
		11. 航空制造业发展区（GCN-02）	由S102省道、航城环路、西气东输保护走廊围合而成，总用地面积约629hm²。该区域以加工制造、物流功能为主，主要布局与航空器材及相关零部件制造加工等
		12. 空港新城次中心区（GCN-01）	由梅河、西气东输保护走廊、空港四路、空港三路围合的区域，总用地面积约412hm²。该区域以产业配套居住、商业发展为主要功能，是南部片区的核心区，也是空港新城的次中心区
		13. 南部滨水居住区（GCN-04）	由空港三路、空港四路、航城环路、空港六路围合而成，总用地面积约138 hm²。该区域以高档滨水居住区为主
		14. 苑陵古城遗址保护区（GCN-07）	苑陵古城遗址保护区基本以省级文物遗址苑陵古城遗址为核心，总用地面积约103hm²。该区域以文物保护、休闲功能为主，主要布局遗址公园等
中部机场片区——机场核心区	位于规划区中部，规划用地面积约48 km²	15. 机场核心区	该片区以机场运营功能为主，主要布局机场运营区、机场生产辅助区、飞机维修区、保税仓储区、综合办公区、站前商务区、综合交通换乘中心等

3. 景观生态系统规划

航空港区整体景观生态系统按"一轴、一环、三区"布局。一轴即机场迎宾大道景观轴，一环即由南水北调主干渠景观带和机场高速、京港澳高速两侧生态林带，合围形成的港区绿环，三区即机场景观区、物流商贸景观和临空产业景观区（图4-8）。

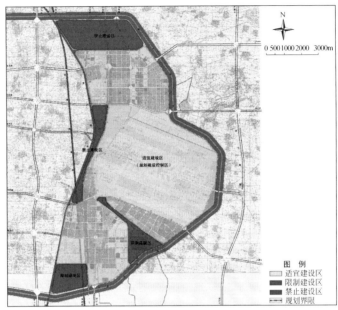

图 4-5　郑州航空港区空间管制分区

Fig. 4-5　The functional division of space governance in Zhengzhou Airport Zone

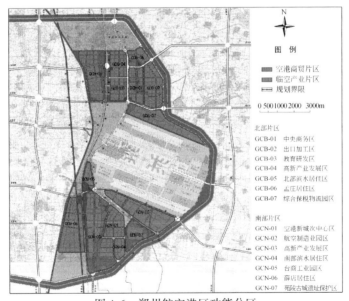

图 4-6　郑州航空港区功能分区

Fig. 4-6　Function division of Zhengzhou Airport Zone

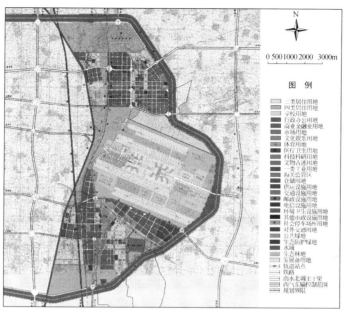

图 4-7 郑州航空港区土地利用规划

Fig. 4-7 Landuse planning of Zhengzhou Airport Zone

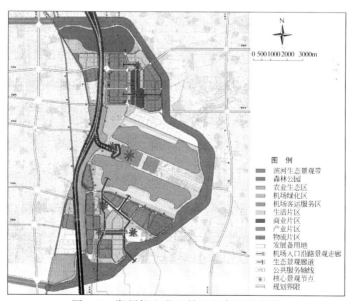

图 4-8 郑州航空港区景观生态系统规划

Fig. 4-8 Landscape ecosystem planning of Zhengzhou Airport Zone

4.2.3 环境保护和能源规划

1. 环境保护规划

规划区环境空气质量执行《环境空气质量标准》（GB3095—1996）二级标准。

规划期末，完善规划区内各类水环境保护设施，使生活污水集中处理率达到85%以上，工业污水达标排放率达到100%，河流水质按功能达标。

声环境控制按功能区要求，工业企业厂界达标率100%，建设施工场界达标率100%，区域环境噪声达标率100%，交通噪声达标率95%以上。

2. 能源规划

能源规划对于工业用能没有明确的界定，依据目前的条件分析，仍然将以煤作为主要能源。市政公用设施规划中参照郑州市燃气系统发展分析，确定天然气为规划区主要气源，优先供应居民生活用气，满足商业、公共设施及部分工业用户用气，适当发展燃气汽车。条件允许时可逐步替代工业、采暖用煤，改善能源消费结构。规划对区域内用电负荷进行预测，并结合《郑州市电网十一五规划》，将在北侧规划区内新建220kV航空变电站，对南部规划区外220kV陈庄站进行增容改造。同时规划在航空港区南片区新建3座110kV变电站，北部片区新建两座110kV变电站，可以满足规划区内用电要求。

4.2.4 规划分析

1. 总体规划方案分析

对航空港区总体规划方案分析，存在的主要问题有以下几个方面。

（1）土地利用变化的环境影响未得到足够重视。规划实施最直接的后果是区域范围内土地利用方式的集中式、大规模转变，由此带来的生态环境问题需要在发展过程中给予足够的重视，规划中没有做充分的研讨和分析。

（2）生态敏感目标未得到有效保护。规划中对于区域范围内存在的大量枣林的开发利用方式，以及规定的保护面积及分布没有详细说明。

（3）规划对水资源供需平衡缺乏前瞻性考虑。规划的实施，可能对区域内本来就紧张的水资源造成更大压力，在南水北调中线干渠供水没有得到确切保障的情况下，区域开发可能带来地下水的进一步超量开发。同时，由于规划再生水利用率偏低，航空港区范围内又没有大的地表水体，环境容量十分有限，大量的污废水外排放将对地表水体产生比较大的影响。

（4）缺乏对区域产业结构的详细规划。航空港区总体规划对区域产业结构没有进行详细的规划。首先，港区产业规模、各个阶段 GDP 产值、增长率等缺失；其次，规划中既没有三大产业的比例关系，也没有对区域工业发展中各类型产业的分配、结构进行明确规划。对于主导产业、辅助产业结构、规模等没有进行进一步的规划。

（5）缺乏对规划中期功能区和建成区的空间布局规划。航空港区总体规划仅对规划远期（2021～2035 年）的建成区和各功能区的空间布局进行了详细规划，而对规划中期（2013～2020 年）仅给出了建成区的面积，没有给出具体的功能区、产业园等建成区的空间布局规划。

2. 规划协调性分析

1）河南省城镇体系规划（2006～2020 年）

城镇体系总体规划对于郑州发展的指导要求是建设河南省唯一的特大城市，人口 500 万人以上。产业定位是加快产业结构调整优化，积极发展金融、外贸、商务、信息、高等教育及高新技术产业，培育现代物流中心、区域性金融中心、先进制造业基地和科技创新基地，重点提高综合服务职能和技术创新能力，发挥郑州在中原城市群中的龙头带动作用。限制发展高耗水工业和Ⅲ类工业。航空港区的发展，从发展规模、产业选择到功能定位，都与该规划具有较好的协调性。郑州市城镇结构体系规划如图 4-9（见彩图）所示［引自河南省城镇体系规划（2006～2020 年）］。

2）郑州市城市总体规划

（1）航空港区在郑州市城市整体布局中的地位。航空港区在郑州市整体布局中处于重要的地位，是三大组团之一。郑州市空间发展按"中心城区（郑州市 8 区）组团+上街—荥阳组团+郑汴—中牟组团+航空港组团+卫星城（巩义、登封、新郑、新密四市）"进行布局。航空港区总体规划对于自身的定位也符合这一要求。

（2）关于污水处理率。郑州市总体规划要求至 2020 年，郑州市污水处理率达到 100%，再生水利用率达到 40% 左右。按此标准衡量，航空港区再生水利用率明显偏低，对于水资源匮乏的地区是不适宜的，同时，与建设环境优美的生态型航空新城的目标不相协调。

（3）产业规划的协调性。港区总体规划所确定的主导产业是现代物流业、

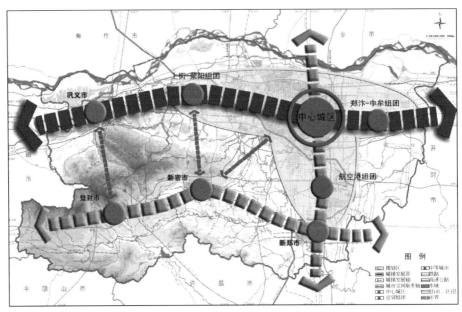

图 4-9 郑州市域城镇体系空间结构规划 (2008~2020 年)

Fig. 4-9 The space structure planning of Zhengzhou Urban System (2008—2020)

高新技术产业、出口加工业、航空制造业、现代服务业，这与郑州市总体规划对其所作的功能定位以及产业指导一致。

3）郑州市土地利用总体规划 (1997~2010 年)

根据郑州市土地利用总体规划 (1997~2010 年)，航空港区属于东部平原地区，地势平坦，耕作条件良好。区内耕地、林地、园地占地面积比重较高，是郑州市的粮食、花生、大蒜、西瓜和水果生产基地，航空港区土地利用方式的规划与上述内容存在一定程度的不协调，需要在规划间进行协调。

归纳起来，郑州航空港区总体规划存在 3 大问题：①产业规划缺乏产业产值结构数量化指标，实现规划目标的不确定性很突出；②土地利用规划和景观规划与产业规划的内在联系不足，缺乏系统性和科学性；③环境保护规划过于笼统，缺乏对环境敏感点和敏感区域的保护，规划指标和内容缺乏科学性、系统性和环境质量目标可达性分析。

这些问题的存在，导致总体规划方案在为决策者提供决策依据时，区域经济社会发展和资源环境的协调性可能成为突出问题，区域可持续发展面临挑战。即使规划实施中采取补救措施，可能会付出很大的代价，以环境优化经济发展，实施源头防治的战略思想将会落空。因此，需要通过规划环评，制订替代方案并系统优化，方可实现区域经济社会和资源环境的全面协调可持续发展。

4.3 情景设计、预测和选择

由于航空港区总体规划中缺乏对区域产业结构的详细规划，使得实现规划目标的不确定性大为增强，故本节采用情景分析方法，结合航空港区现状和总体规划目标，构建替代方案（情景），解决规划环评方案的不确定性问题。

4.3.1 情景设计

共设定4种不同的情景类型。①基准情景，即评价基准年区域状况；②零方案情景，即没有拟实施规划情况下的区域发展，作为对规划情景的参照；③规划方案情景，依据总体规划设定的发展模式；④改善型情景，在对上述情景分析的基础上，依据预测的环境问题对规划情景所做出的调整改善。各情景主要内容如表4-5所示。

表4-5 航空港区情景设计一览表

Table 4-5 Scenarios designing for Zhengzhou Airport Zone

情景类型	主要内容
基准情景	现状2007年，航空港区人口8.7万，建设用地44.22km²，其中，机场4.63km²，机场旅客吞吐量达500.21万人次，货邮吞吐量6.56万t，年飞机起降5.45万架次；GDP达7.61亿元，主要工业增加值6.20亿元，占GDP的比例为81.47%。第三产业增加值1.26亿元，占16.56%，农业比例只占1.97%。港区薛店镇、九龙镇已经形成以工业（食品、医药、印刷包装、物流运输等）为主要产业的发展方向，龙王乡、三官庙乡仍以第一产业为主，孟庄镇以农业和旅游业为特色，区域各类企业100多家
零方案情景	零方案是指在没有拟实施的总体规划的情况下，对港区社会、经济、环境状况（水环境、大气环境、噪声环境）基于基准情景的主要发展趋势进行分析，将其作为对规划方案进行比较分析的背景条件
规划方案情景	①中期至2020年，航空港区人口33万，建设用地47.89km²，其中机场12.96km²，机场旅客吞吐量达2700万人次，货邮吞吐量58万t，年飞机起降24.31万架次。形成全国大型枢纽机场和国际货运枢纽雏形，临空经济三个功能园区框架基本形成，协调管理机制完善，自主创新和发展动力强劲，经济总量在全市的比重明显上升，成为推动郑州及周边地区经济社会发展的重要引擎。主导产业包括航空制造业、高新技术产业及研发、出口加工业，同时利用航空港便利的交通条件发展物流商贸、会展中心、生态休闲等第三产业 ②远期至2035年，航空港区人口43万，建设用地94.1km²，其中，机场48km²，机场旅客吞吐量达6000万人次，货邮吞吐量200万t，年飞机起降512 564万架次。形成全国大型枢纽机场和国际货运枢纽，临空产业功能园区全部建成，基础设施完善、生态环境良好，成为郑州市重要的经济增长板块，中西部地区国际航空枢纽。主导产业包括航空制造业、高新技术产业及研发、出口加工业，同时利用航空港便利的交通条件发展物流商贸、会展中心、生态休闲等第三产业

情景类型	主要内容
改善型情景	①资源环境约束型：社会经济要素仍然按照规划方案的人口发展模式和产业发展模式进行，但改善资源消费模式和环境模式。具体表现为降低水资源消耗系数和水、大气污染物的排放系数，提高中水回用率，提高污染处理率等。该情景从加大资源环境投入入手，提高区域的资源环境使用效率，但不改变社会经济的发展模式。该种情景下，资源环境模式的改进对于人口和经济高速发展带来的压力有所缓解，但资源耗竭与环境污染仍将成为制约社会经济发展的因素 ②社会经济约束型：本情景中，资源消费模式和环境模式不进行调整，对人口发展和产业发展模式进行调整，具体表现为采取一定的人口政策，控制人口机械增长和流动人口规模，并调整产业结构向低污染、低水耗等产业倾斜，即在港区规划的基础上，该情景下适当提高机械制造、电子信息产业的发展能力，减少对食品制造业的扶持和依赖，同时加大第三产业的发展力度，在会展、物流等生产者服务业的基础上，发展生活服务业、生产服务业、公共服务业等多元化的服务经济，为港区发展提供支撑。该情景下，人口和经济增长向良性方向发展，虽然资源环境模式没有明显改进，但人口和产业发展模式的调整从根本上减轻了对资源环境的压力 ③协调发展型：该情景同时对人口发展模式、产业发展模式和资源消费模式、环境模式进行调整。一方面控制人口的过快增长，调整产业结构向低污染、低水耗等产业倾斜；另一方面促进节水、减排等各项措施的进行，两种关系协调进行，努力实现经济社会的快速、高效、健康发展

4.3.2　情景预测及分析

本节构建航空港区系统动力学（SD）模型，并依据上节情景设计确定各情景参数，在此基础上采用系统动力学模型对各情景（方案）进行模拟预测。航空港区可分为人口、经济、水资源和污染 4 个相互关联的子系统。其中，污染子系统又分为 COD、NH_3-N、SO_2、NO_2 和 PM_{10} 等 5 个子系统；水资源和污染子系统中又分为工业、机场和生活 3 个子区域；工业分为食品制造业、石油化工业、生物制药业、机械制造业、纺织服装业、电子信息业、其他产业等 7 个行业类型。采用 Vensim-PLE 建立系统流程图，系统中含 248 个变量，以这些变量为基础建立方程组，共含 166 个方程。

运用所构建的航空港区系统动力学模型，以基准情景为基础，预测零方案、规划方案和 3 个改善型（资源环境约束型、社会经济约束型和协调发展型）等 5 个情景（方案）每个情景下的 4 个子系统，在 2007~2012 年、2012~2020 年和 2020~

2035 年等 3 个时段的发展趋势。其中，人口子系统预测了总人口、年综合增长率、常住人口、流动人口、人口密度等 5 项指标的发展趋势；经济子系统预测了GDP、第三产业增加值、GDP 中三产比重、工业总产值及其 7 个行业的产值结构等 5 项指标的发展趋势；水资源子系统预测了水资源总需求量、工业及其 7 个行业的需水量、平均万元产值需水量、机场需水量、生活需水量、环境需水量、中水回用量、实际需水量等 8 项指标的发展趋势；污染子系统水环境预测了 COD和 NH_3-N 的产生总量、工业及其 7 个行业、机场、生活、平均万元产值等 COD和 NH_3-N 的产生量及处理量等 6 项指标的发展趋势；环境空气预测了 SO_2、NO_2和 PM_{10} 的总排放量、工业及其 7 个行业的点源排放量、机场和生活采暖锅炉的点源排放量、其他生活点源排放量及各类面源排放量等 5 项指标的发展趋势。航空港区 SD 模型构建、各情景参数确定及预测结果见附录 1。

本节以 COD、SO_2 和 PM_{10} 等 3 个污染子系统和规划终期 2035 年为例，对航空港区 COD、SO_2 和 PM_{10} 的产生和排放情况进行分析。COD、SO_2 和 PM_{10} 污染子系统结构流图如图 4-10 ~ 图 4-12 所示。零方案、规划方案及 3 种改善型情景下COD、SO_2 和 PM_{10} 的产生和排放情况预测结果汇总如表 4-6 ~ 表 4-8 所示。

从表 4-6 中可以看出以下几点。

（1）零方案下，2035 年航空港区 COD 产生量为 29 175.80t，年均增长率为6.34%；规划方案下，COD 产生量为 41 54.50t，年均增长率为 7.68%，分别是零方案下的 1.4 倍和 1.2 倍。说明航空港区发展规划引导社会经济快速发展的同时，也产生了更多的污染物，对环境造成了一定的压力。

（2）零方案和规划方案下，COD 均主要来源于工业，其产生量分别占总产生量的 88.29% 和 69.64%。其中，食品加工业为主要污染行业，COD 产生量分别占工业总产生量的 66.60% 和 75.53%。因此，未来发展中 COD 应主要控制工业排放，工业中应调整控制食品加工业的增长。

（3）规划方案下，机场的 COD 产生量增长速度最快，年均增长率达 10.86%；工业和生活 COD 增长也相对较快，分别达 7.78% 和 7.15%。与航空港区规划由现状大量农村转化为城市相关。食品加工业的 COD 排放系数很高，对地表水环境将构成严重威胁，所以不适合作为航空港区的主导产业来培育。同时应当看到，随着规划方案中污水处理设施的开建和运营，COD 处理量也以 7.78% 的年均增长率在增长，但整体处理水平仍较低，2035 年时只达 78.17%。

（4）3 种改善型情景下，COD 产生总量和工业 COD 产生量较规划方案显著减少，3 种改善型情景之间差异显著，情景 3 优于情景 1 和情景 2，说明协调发展

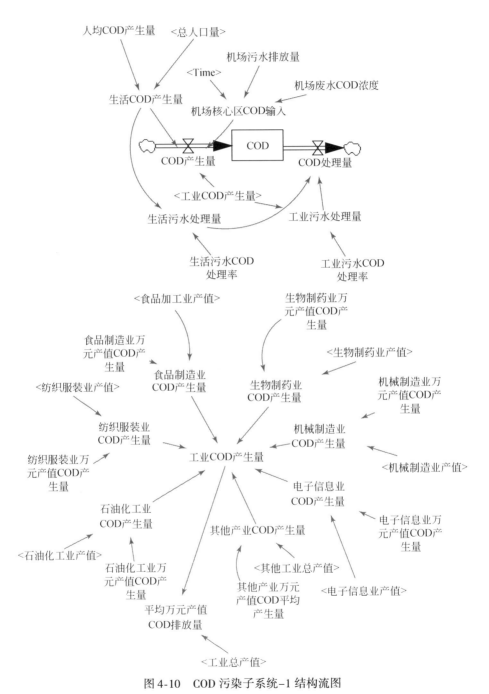

图4-10 COD污染子系统-1结构流图

Fig. 4-10 The structure flow chart for COD contamination subsystem-1

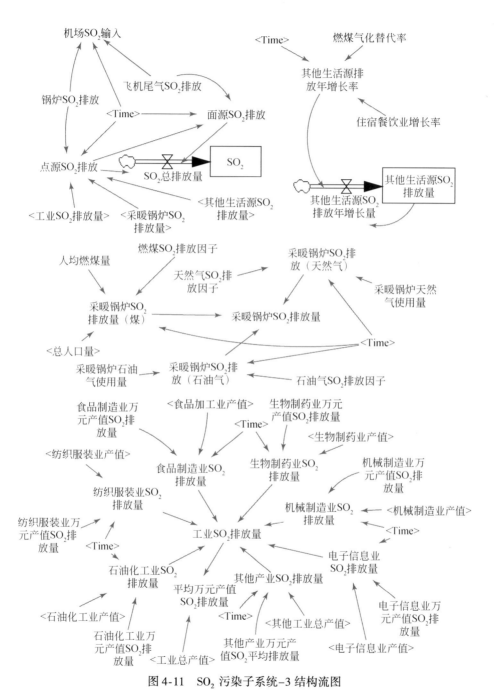

图 4-11　SO₂ 污染子系统–3 结构流图

Fig. 4-11　The structure flow chart for SO₂ contamination subsystem-3

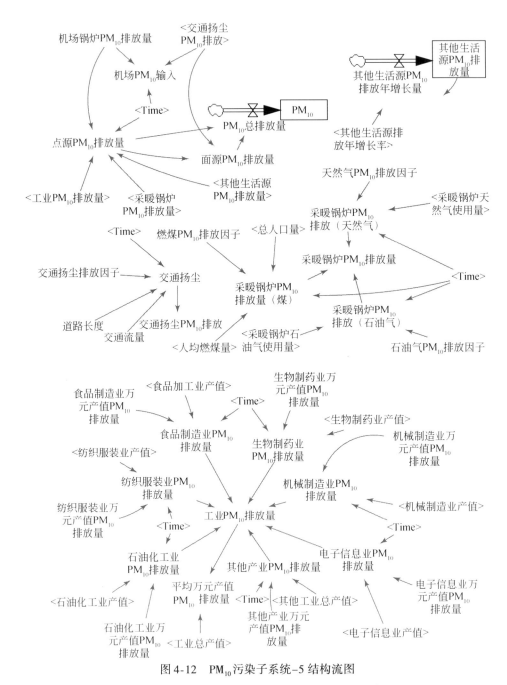

图 4-12　PM$_{10}$污染子系统-5 结构流图

Fig. 4-12　The structure flow chart for PM$_{10}$ contamination subsystem -5

表 4-6 航空港区零方案、规划方案和 3 种改善型情景 2035 年 COD 排放量预测结果（t/a）

Table 4-6 The predicting results of COD discharge quantity for zero, planning and 3 improved scenarios of Zhengzhou Airport Zone in 2035（t/a）

方案	COD产生量	机场	生活	工业								COD处理量
				食品加工	石油化工	生物医药	机械制造	纺织服装	电子信息	其他工业	合计	
2007年	5 219.10	92.00	1 581.70	3 099.30	1.60	153.90	7.90	281.70	0.04	1.00	3 545.44	3 141.20
零方案	29 175.80	1 645.20	1 772.20	17 155.00	11.40	3 091.40	50.10	5 429.70	5.20	15.60	25 758.40	0.00
规划	41 454.50	1 645.20	10 939.20	21 806.60	1.90	3 768.60	8.60	3 268.70	8.10	7.70	28 870.20	32 405.00
改1	27 008.40	1 645.20	10 939.20	11 064.00	0.99	1 223.50	8.60	2 117.60	1.60	7.70	14 423.99	22 826.90
改2	28 473.20	1 645.20	9 093.00	11 655.80	2.50	3 347.10	15.70	2 700.30	7.80	5.80	17 735.00	21 387.20
改3	21 394.60	1 645.20	9 670.50	6 712.70	1.00	1 223.50	14.70	2 117.60	1.70	7.60	10 078.80	17 774.40

表 4-7 航空港区零方案、规划方案和 3 种改善情景 2035 年 SO$_2$ 排放量预测结果（t/a）

Table 4-7 The predicting results of SO$_2$ emission quantity for zero, planning and 3 improved scenarios of Zhengzhou Airport Zone in 2035（t/a）

方案	SO$_2$产生量	机场	生活	工业							合计
				食品加工	石油化工	生物医药	机械制造	纺织服装	电子信息	其他工业	
2007年	2569.25	96.13	2338.05	83.64	19.76	5.03	5.24	3.66	0.00	17.73	135.06
零方案	8800.50	179.90	7519.70	462.90	140.70	101.10	33.40	70.60	0.10	292.00	1100.80
规划	8306.86	179.93	6817.96	835.87	32.21	177.07	6.19	61.03	0.20	196.40	1308.97
改1	7800.58	179.93	6398.08	785.00	27.58	168.29	6.19	53.43	0.20	181.88	1222.57
改2	5654.58	179.93	4618.29	446.78	42.11	157.27	11.29	50.42	0.19	148.31	856.37
改3	6011.21	179.93	4914.06	476.27	27.58	168.29	10.58	53.43	0.21	180.85	917.21

注：生活污染源中包含除飞机尾气外的面源。

表 4-8　航空港区零方案、规划方案和 3 种改善型情景 2035 年 PM$_{10}$ 排放量预测结果（t/a）

Table 4-8　The predicting results of PM$_{10}$ emission quantity for zero, planning and 3 improved scenarios of Zhengzhou Airport Zone in 2035 (t/a)

方案	PM$_{10}$产生量	机场	生活	工业							合计
				食品加工	石油化工	生物医药	机械制造	纺织服装	电子信息	其他工业	
2007 年	8 526.86	115.68	8 291.15	53.47	26.81	5.78	3.75	2.63	0.001	27.59	120.03
零方案	24 793.20	126.96	23 534.32	295.94	190.86	116.19	23.93	50.60	0.13	454.28	1 131.93
规划	15 268.00	272.05	13 863.51	532.97	43.91	201.33	4.01	43.00	0.24	306.97	1 132.43
改 1	14 180.30	272.05	12 879.90	484.41	38.28	175.01	4.01	37.36	0.24	289.04	1 028.35
改 2	11 752.00	272.05	10 683.97	284.87	57.40	178.82	7.32	35.53	0.23	231.81	795.98
改 3	12 202.30	272.05	11 091.18	293.90	38.28	175.01	6.86	37.36	0.25	287.41	839.07

注：生活污染源中包含除交通扬尘外的面源。

型情景下，随着产业结构调整和环保措施的加强，对 COD 产生量削减效果更优。不同工业行业的 COD 产生量差异显著，总体上，情景 3 优于情景 1 和情景 2，情景 1 又优于情景 2。说明，虽然产业结构的调整是降低污染的根本措施，但如果污染型行业结构比例降低不够，其效果仍劣于更为直接的资源环境约束型措施，考虑到经济社会的协调发展，改善型 3 情景应为最好的选择。

从表4-7中可以看出以下几点。

（1）5 种方案（情景）相比较，SO$_2$ 产生量逐步显著降低，规划方案较零方案降低了 5.61%，3 种改善型情景较规划方案降低了 6.09%～31.93%，说明采用资源环境约束、产业结构调整和协调型发展模式等措施对 SO$_2$ 的减排效果显著；3 种改善型情景相比较差异显著，改善型情景 2 最优，情景 3 次之，情景 1 最后，说明产业结构调整对污染减排的作用最为显著，但考虑到经济社会的协调发展，改善型 3 情景应为最好的选择。

（2）机场、生活和工业 3 个子区域相比较，SO$_2$ 产生量将主要来源于生活污染，即生活采暖锅炉及餐饮、宾馆等污染源。因此，未来对 SO$_2$ 的减排重点为生活污染源，其次为工业污染源。

（3）工业污染源中，食品加工业、生物医药业及其他工业为 SO$_2$ 的主要来源，也是未来 SO$_2$ 减排的主要行业。

从表4-8中可以看出：PM$_{10}$ 的产生和 SO$_2$ 具有相似的变化规律。

4.3.3　情景比较及选择

本节在上节情景设计、预测和分析的基础上，综合各情景（方案）2035 年社会、经济、资源和污染物排放 4 个方面进行比较和选择（表4-9 和图4-13）。

表4-9　航空港区各情景（方案）综合比较

Table 4-9　Comprehensive comparing of different scenarios (schemes) in Zhengzhou Airport Zone

情景（方案）	总人口/百人	GDP/百万元	总需水量/(万 t/a)	污染物排放总量/(t/a)				
				COD	NH$_3$-N	SO$_2$	NO$_2$	PM$_{10}$
基准情景	870.00	760.00	2 300.2	5 219.1	189.3	2 569.3	4 204.5	8 526.9
零方案	970.00	10 700.00	11 000.0	29 175.8	545.7	8 800.5	17 163.7	24 793.2
规划方案	4 280.00	30 400.00	14 785.3	41 454.5	1 392.1	8 306.7	21 145.3	15 268.0

情景（方案）		总人口/百人	GDP/百万元	总需水量/（万 t/a）	污染物排放总量/（t/a）				
					COD	NH₃-N	SO₂	NO₂	PM₁₀
改善型	情景 1	4 280.00	30 400.00	12 798.1	27 008.4	1 392.1	7 800.6	21 145.3	14 180.3
	情景 2	3 560.00	18 520.00	12 264.9	28 473.2	1 201.9	5 654.6	14 756.1	11 752.0
	情景 3	3 770.00	37 790.00	11 532.2	21 394.6	1 255.8	6 011.2	16 573.4	12 202.3

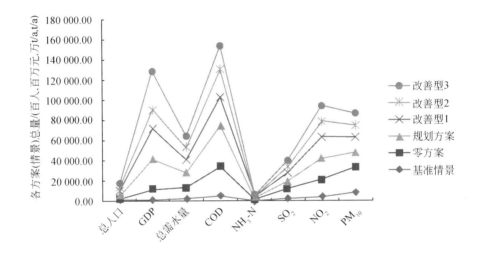

图 4-13　航空港区各情景（方案）综合比较

Fig. 4-13　Comprehensive comparing of different scenarios

（schemes）in Zhengzhou Airport Zone

百人、百万元、万 t/a 和 t/a 分别为总人口、GDP、总需水量和污染物排放总量的单位

　　由表 4-9 和图 4-13 可以看出：各情景的总人口和 NH₃-N 产生量两项指标差异不明显，在 GDP、总需水量及 COD、SO₂、NO₂ 和 PM₁₀ 的产生量等 6 项指标差异显著。综合比较 GDP、总人口、总需水量和 5 种主要污染物的产生量，在 GDP 大于 300 亿元的条件下，各情景（方案）优劣次序为：改善型情景 3 最优，情景 1 次之，规划方案第三。综合比较规划方案、改善型情景 1、改善型情景 2 和改善型情景 3 四种情景，选择改善型情景 3 和规划方案作为航空港区的初选方案，即准优方案。在此阶段，可以召开情景（方案）设计磋商、比较和选择会议。会议可由航空港区管委会主持，规划、环保、国土、财政、农业、林业、水利等相关部门参加，就规划方案和 3 种改善情景的优劣进行磋商、比较和选择。

4.4 区域规划环评方案优化

4.4.1 环境功能区执行标准及环境容量核算

1. 环境功能区执行标准

本节以航空港区总体规划功能区划分为基础，根据航空港区实际，确定规划区域执行的环境质量标准为以下两个：①水环境质量标准。地表水环境执行《地表水环境质量标准》（GB3838—2002）中的Ⅴ类标准；地下水执行《地下水质量标准》（GB/T14848—93）中的Ⅲ类标准。②环境空气质量标准。执行《环境空气质量标准》（GB3095—1996）中的二级标准。

2. 环境容量核算

1）环境空气容量核算

根据《制定地方大气污染物排放标准的技术方法》（GB/T 13201—91），采用 A 值法模型进行环境空气的环境容量核算，如表 4-10 所示。

表4-10　航空港区 2035 年环境空气容量核算结果（t/a）

Table 4-10　Calculating results of the air environmental capacity for Zhengzhou Airport Zone in 2035（t/a）

功能区	环境容量		
	SO_2	NO_2	PM_{10}
北部片区	1 420	2 840	1 420
南部片区	1 920	3 830	1 920
机场核心区	3 470	6 950	3 470
非城市建设用地	3 180	6 350	3 180
合计	9 990	19 970	9 990

2）地表水环境容量核算

区域内主要河流包括梅河、梅河支流和河刘沟，均为季节性排洪河道。根据国家环镜保护部颁布的《全国水环境容量核算技术大纲》，分水期进行地表水环境容量的测算。丰水期（7~10 月）由于雨量充沛，河流形成连续径流，可以计算其环境容量；平水期（4~6 月）和枯水期（11 月至次年 3 月）河道断流不进行容量计算。

根据对水文和污染排放特征的分析，假定在排污口断面完成均匀混合，则可按一维问题简化计算条件。一维模型假定污染物浓度仅在河流纵向上发生变化，污染物在较短的时间内基本能混合均匀，在断面横向和垂向的污染物浓度梯度可以忽略。选取地表水环境容量计算模型为

$$W = (Q_p + Q_w) C_s \cdot \exp\left[\frac{K \cdot \chi}{86400}\right] - Q_p C_p \quad (4-1)$$

式中，W 为河段环境容量（g/s）；C_s 为控制河段水质标准（mg/L）；C_p 为上游来水水质质量浓度（mg/L），以实测值计算；Q_p 为上游来水水量（m³/s）；Q_w 为污水流量（m³/s）；K 为衰减系数（d⁻¹）。模型参数和地表水水文参数选择见附录3。

利用上述模型计算得到梅河和河刘沟在丰水期的地表水环境容量（表4-11）。

表4-11　梅河和河刘沟现状（2008）丰水期环境容量（kg/d）

Table 4-11　Calculating results of the environmental capacity of Meihe
river and Heliugou river in 2008（kg/d）

地表水	COD	NH₃-N
梅河	150.9	1.9
河刘沟	13.4	9.15

由表4-11可以看出：由于河流流量小且无自然径流，航空港区内的河流环境容量非常有限，几乎可以忽略不计。因此，未来航空港区工业和人口的发展将会对地表水环境造成巨大压力。

4.4.2　区域规划环评方案优化——3层耦合优化

采用第3章3.3.2节的3层优化方法及耦合模型对航空港区规划终期2035年规划方案和改善型3方案进行3层优化。首先对空间管制层和产业方案层进行耦合优化，在此基础上进行景观生态层优化。

1. 空间管制层-产业方案层2层耦合优化

1）耦合模型构建

采用方法1——基于产业地均GDP概念的空间管制层-产业方案层2层耦合优化模型，建立航空港区方案优化模型：

目标函数：区域生态系统服务功能总价值最大化

$$\text{Max ESV}^\pm = \sum_{i=1}^{14} S_i^\pm X_i^\pm \tag{4-2a}$$

约束条件：

$$\text{s. t. } S_i^\pm \geqslant 0, \ X_i^\pm \geqslant 0 \tag{4-2b}$$

区域土地总面积约束：

$$\sum_{i=1}^{14} X_i^\pm \leqslant 13800 \tag{4-2c}$$

区域林地、城市绿地、水域、耕地等生态用地最小面积约束：

$$X_1^\pm \geqslant 2420 \tag{4-2d}$$

$$X_2^\pm \geqslant 853.2$$

$$40 \leqslant X_3^\pm \leqslant 353$$

$$X_4^\pm \geqslant 1002.76$$

$$X_1^\pm + X_2^\pm \geqslant 13800 \times 35\%$$

非工业建设用地、机场、文物保护用地最大面积约束：

$$1841 \leqslant X_{12}^\pm \leqslant 2501 \tag{4-2e}$$

$$X_{13}^\pm = 2800$$

$$X_{14}^\pm = 103$$

区域最大建设用地面积约束：

$$\sum_{i=5}^{14} X_i^\pm \leqslant 9410 \tag{4-2f}$$

区域规划工业总产值约束：

$$\sum_{i=5}^{11} B_i^\pm X_i^\pm \geqslant \text{GDP}_\text{I} \tag{4-2g}$$

区域水资源总量约束：

$$\sum_{5}^{11} (g_i B_i^\pm X_i^\pm) + 365pP + G_\text{a} + 365h X_2^\pm \leqslant 13048.75 \times 10^4 \tag{4-2h}$$

区域 COD 排放总量约束：

$$\left[\sum_{5}^{11} (q_i^\pm B_i^\pm X_i^\pm) + 365P q_1 + Q_\text{a} \right] \cdot (1 - \alpha) \leqslant Q_2 \tag{4-2i}$$

工业各产业产值比例约束：

$$B_i^\pm X_i^\pm \leqslant c_i \, \text{GDP}_\text{I} \quad \forall i \in (5, 11) \tag{4-2j}$$

$$B_i^\pm X_i^\pm \geqslant d_i \, \text{GDP}_\text{I} \quad \forall i \in (5, 11)$$

式中，$ESV^{\pm}$ 为航空港区生态系统服务功能总价值（万元/a）；$B_i^{\pm}$ 为第 i 种土地利用方式年单位面积创造的工业产值，即产业地均 GDP ［万元/（$hm^2 \cdot a$）］；$S_i^{\pm}$ 为第 i 种土地利用方式生态系统服务功能价值系数，为确定数 ［万元/（$hm^2 \cdot a$）］；c_i 为产业产值比例下限；d_i 为产业产值比例上限；$X_1^{\pm} \sim X_4^{\pm}$ 为决策变量，分别为林地、城市绿地、水域、耕地等生态用地面积（hm^2）；$X_5^{\pm} \sim X_{11}^{\pm}$ 分别为食品加工业、石油化工业、生物医药业、机械制造业、纺织服装业、电子信息业、其他工业等各产业用地面积（hm^2）；$X_{12}^{\pm}$、$X_{13}^{\pm}$、$X_{14}^{\pm}$ 分别为非工业建设用地（包括中央商务、医疗、教育、居住、仓储物流等）、机场和文物保护用地面积（hm^2）；GDP_1 为工业总产值规划目标（万元/a）；Q_2 为污染物 COD 排放总量控制目标值（t/a）；α 为污水处理厂污染物 COD 去除率，定为 80%；g_i 为各产业万元产值需水量（m^3/万元）；p 为每人每天大生活需水量 ［m^3/（人·d）］；P 为规划总人口数（万人）；h 为环境需水指数 ［m^3/（$hm^2 \cdot d$）］；q_i 为各产业排污系数（万元产值 COD 排放量，t/万元）；q_1 为人均 COD 产生量 ［t/（人·d）］；Q_a 为机场 COD 排放量（t/a）；G_a 为机场需水量（m^3/a）。

2）模型参数和约束条件值

模型参数和相关约束条件值见附录 3 中附表 3-1 ~ 附表 3-6。

A. 规划方案优化

$S_1^{\pm} \sim S_4^{\pm}$：确定数，分别为 1.9334，0.3111，4.0676，0.6114 ［万元/（$hm^2 \cdot a$）］；

$B_1^{\pm} \sim B_4^{\pm}$：确定数，为 0；

$B_5^{\pm} \sim B_{11}^{\pm}$：区间数，分别为 ［1062.69，1692.00］，［646.13，875.35］，［1028.84，1316.20］，［735.65，3238.89］，［832.77，5801.41］，［3052.37，5219.00］，［464.95，2217.69］［万元/（$hm^2 \cdot a$）］；

$B_{12}^{\pm} \sim B_{14}^{\pm}$：确定数，为 0；

GDP_1 为 295.47×亿元；

Q_2 为 8290.9（t/a）；

$g_5 \sim g_{11}$ 为 14.46，10.77，9.86，14，24.43，3.57，39.75（m^3/万元）；

P 为 42.81×万人；

p 为 0.5 ［m^3/（人·d）］；

h 为 10 ［m^3/（$hm^2 \cdot d$）］；

Q_a 为 1645.20（t/a）；

G_a 为 1873.96×万 m^3/a；

$q_5 \sim q_{11}$ 为 0.018862，0.000017，0.0073，0.000069，0.015046，0.000020，

0.000018（t COD/万元）；

q_1 为 7×10^{-5} [t/（人·d）]；

$C_7=0.2$，$C_8=0.2$，$C_9=0.12$，$C_{10}=0.25$；

$d_5=0.15$，$d_6=0.02$，$d_7=0.15$，$d_8=0.15$，$d_9=0.06$，$d_{10}=0.15$，$d_{11}=0.10$。

B. 改善型3方案优化

$S_1^\pm \sim S_4^\pm$：确定数，分别为1.9334，0.3111，4.0676，0.6114 [万元/（hm^2·a）]；

$B_1^\pm \sim B_4^\pm$：确定数，为0；

$B_5^\pm \sim B_{11}^\pm$：区间数，分别为 [1062.69，1692.00]，[646.13，875.35]，[1028.84，1316.20]，[735.65，3238.89]，[832.77，5801.41]，[3052.37，5219.00]，[464.95，2217.69] [万元/（hm^2·a）]；

$B_{12}^\pm \sim B_{14}^\pm$：确定数，为0；

GDP_1 为 260.63×亿元；

Q_2 为 4278.92（t/a）；

$g_5 \sim g_{11}$ 为 12.33，9.41，6.64，10.72，15.89，2.55，31.44（m^3/万元）；

P 为 37.85×万人；

p 为 0.44 [m^3/（人·d）]；

h 为 10 [m^3/（hm^2·d）]；

Q_a 为 10078.8（t/a）；

G_a 为 1873.96×万 m^3/a；

$q_5 \sim q_{11}$ 为 0.009570，0.000009，0.00237，0.000069，0.009750，0.000004，0.000018（t COD/万元）；

q_1 为 7×10^{-5} [t/（人·d）]；

$C_7=0.2$，$C_8=0.2$，$C_9=0.12$，$C_{10}=0.25$；

$d_5=0.15$，$d_6=0.02$，$d_7=0.15$，$d_8=0.15$，$d_9=0.06$，$d_{10}=0.15$，$d_{11}=0.10$。

以上模型相关约束条件和参数详见附录4。

3）优化计算结果及分析

利用 Lingo v10.0 编程计算，得到规划方案和改善型3方案的优化结果，并对方案优化消除方案本身潜在的不利环境影响效果进行分析。

A. 目标函数——生态系统服务功能价值最大化结果分析（表4-12和图4-14）

由表4-12和图4-14可以看出：在工业总产值、COD排放总量控制目标及生态用地面积等资源环境和经济约束条件下，规划优化和改善型3优化方案相对于规划方案分别实现了目标函数生态系统服务功能价值最大化，达到了本书方法研究

表 4-12　规划、规划优化、改善型 3 优化情景生态系统服务功能价值比较分析

Table 4-12　Comparing and analyzing of ecosystem services value of the planning, optimized planning and optimized improved-type No. 3 scenarios

土地利用类型	情景（方案）	面积 /hm²	单位面积生态价值 /(万元/hm²)	生态价值 /(万元/a)	生态价值增量（万元/a）②vs① ③vs① ③vs②	生态价值增幅/% ②vs① ③vs① ③vs②
林地（$X_1^\pm$）	①规划	2 420.00		4 678.83	3 009.92	64.33
	②规划优化	3 976.80	1.933 4	7 688.75	3 913.12	83.63
	③改善型 3 优化	4 443.96		8 591.95	903.21	11.75
城市绿地（$X_2^\pm$）	①规划	853.20		265.43	0.00	0.00
	②规划优化	853.20	0.311 1	265.43	0.00	0.00
	③改善型 3 优化	853.20		265.43	0.00	0.00
水域（$X_3^\pm$）	①规划	40.00		162.70	884.54	543.65
	②规划优化	257.46	4.067 6	1047.24	1273.16	782.50
	③改善型 3 优化	353.00		1 435.86	388.62	37.11
耕地（发展备用地）（$X_4^\pm$）	①规划	973.80		595.38	17.71	2.97
	②规划优化	1 002.76	0.611 4	613.09	17.71	2.97
	③改善型 3 优化	1 002.76		613.09	0.00	0.00
目标函数（ESV$^\pm$）	①规划	4 287.00		5 702.34	3 912.16	68.61
	②规划优化	6 090.22	—	9 614.51	5 203.99	91.26
	③改善型 3 优化	6 652.92		10 906.33	1 291.83	13.44

注：生态系统服务功能价值由 $X_i^\pm S_i^\pm$ 得出。

中的生态优先设计目标。林地、水域和生态服务总价值差异显著。3 个方案生态系统服务功能价值比较，四类生态用地中，城市绿地和原规划方案相同，耕地（发展备用地）略高于原规划方案，林地和水域均显著高于原规划方案，规划优化和改善型 3 优化方案的林地生态系统服务功能价值分别为规划方案的 1.64 倍和 1.83 倍；水域分别为规划方案的 5.44 倍和 7.83 倍；规划优化和改善型 3 优化方案相比较，二者在城市绿地和耕地（发展备用地）相同，林地和水域生态系

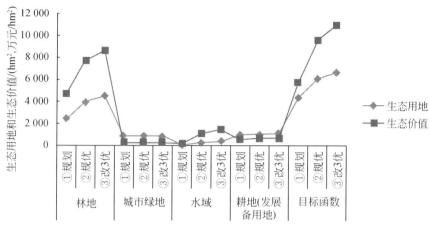

图 4-14　3 方案生态用地和生态价值比较

Fig. 4-14　Ecological lands and the ecosystem services value comparison of three schemes

hm^2，万元/hm^2 分别为生态用地和生态价值的单位

统服务功能价值方面，后者比前者分别增加了 11.75% 和 37.11%；比较三方案生态系统服务功能总价值，改善型 3 优化方案最优，规划优化方案次之，规划方案最小。前二者明显优于规划方案，分别为规划方案的 1.69 倍和 1.91 倍。优化方案中，改善型 3 优化方案比规划优化方案又增加了 13.44%。

B. 土地利用分析

土地利用分析如表 4-13 和图 4-15 所示。

表 4-13　规划、规划优化、改善型 3 优化情景生态用地和城市建设用地比较分析

Table 4-13　Comparing and analyzing of ecological land and urban construction land of the planning, optimized planning and optimized improved-type No. 3 scenarios

土地利用类型	方案	下限		均值		上限	
		面积/hm^2	比例/%	面积/hm^2	比例/%	面积/hm^2	比例/%
林地（$X_1^{\pm}$）	规划	2 420.00	17.54	2 420.00	17.54	2 420.00	17.54
	规划优化	3 976.80	28.82	3 976.80	28.82	3 976.80	28.82
	改善型 3 优化	4 443.96	32.20	4 443.96	32.20	4 443.96	32.20
城市绿地（$X_2^{\pm}$）	规划	853.20	6.18	853.20	6.18	853.20	6.18
	规划优化	853.20	6.18	853.20	6.18	853.20	6.18
	改善型 3 优化	853.20	6.18	853.20	6.18	853.20	6.18

续表

土地利用类型	方案	下限		均值		上限	
		面积/hm²	比例/%	面积/hm²	比例/%	面积/hm²	比例/%
水域 ($X_3^\pm$)	规划	40.00	0.29	40.00	0.29	40.00	0.29
	规划优化	257.46	1.87	257.46	1.87	257.46	1.87
	改善型 3 优化	353.00	2.56	353.00	2.56	353.00	2.56
耕地（发展备用地）($X_4^\pm$)	规划	973.80	7.06	973.80	7.06	973.80	7.06
	规划优化	1 002.76	7.27	1 002.76	7.27	1 002.76	7.27
	改善型 3 优化	1 002.76	7.27	1 002.76	7.27	1 002.76	7.27
小计	规划	4 287.00	31.07	4 287.00	31.07	4 287.00	31.07
	规划优化	6 090.22	44.13	6 090.22	44.13	6 090.22	44.13
	改善型 3 优化	6 652.92	48.21	6 652.92	48.21	6 652.92	48.21
非工业建设用地 ($X_{12}^\pm$)	规划			5 361.20	38.85		
	规划优化	1 841.00	13.34	1 841.00	13.34	1 841.00	13.34
	改善型 3 优化	1 628.00	11.80	1 628.00	11.80	1 628.00	11.80
机场用地 (X_{13}^+)	规划			2 800.00	20.29		
	规划优化	2 800.00	20.29	2 800.00	20.29	2 800.00	20.29
	改善型 3 优化	2 800.00	20.29	2 800.00	20.29	2 800.00	20.29
文物保护用地 ($X_{14}^\pm$)	规划			103.00	0.75		
	规划优化	103.00	0.75	103.00	0.75	103.00	0.75
	改善型 3 优化	103.00	0.75	103.00	0.75	103.00	0.75
小计	规划			8 264.20	59.89		
	规划优化	4 744.00	34.38	4 744.00	34.38	4 744.00	34.38
	改善型 3 优化	4 531.00	32.83	4 531.00	32.83	4 531.00	32.83
7 类工业用地总面积 ($\sum_{i=5}^{11} X_i^\pm$)	规划			1 248.8	9.05		
	规划优化	1 305.98	9.46	2 135.88	15.48	2 965.78	21.49
	改善型 3 优化	1 121.87	8.13	1 868.97	13.54	2 616.08	18.96
各类用地总面积 ($\sum_{i=1}^{14} X_i^\pm$)	规划			13 800	100		
	规划优化	12 140.20	87.97	12 970.10	93.99	13 800.00	100
	改善型 3 优化	12 305.79	89.17	13 052.89	94.59	13 800.00	100

注：各用地类型面积 $X_i^\pm$ 由模型优化得出；用地比例为占航空港区总面积 13 800hm² 的比例。

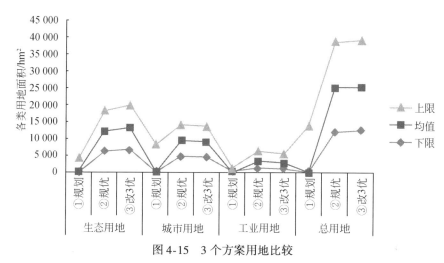

图 4-15　3 个方案用地比较

Fig. 4-15　Landuse comparison of three schemes

由表 4-13 和图 4-15 可以看出：3 个方案用地面积差异显著。规划、规划优化和改善型 3 优化 3 个方案中，4 类生态用地林地面积分别占区域总面积的 17.54%、28.82% 和 32.20%，其中，后二者分别比前者增加了 11.28% 和 14.66%，改善型 3 优化又比规划优化方案增加了 3.38%；城市绿地 3 方案保持不变，均占区域总面积的 6.18%；水域 3 方案分别占区域总面积的 0.29%、1.87% 和 2.56%，后二者分别比前者增加了 1.58% 和 2.27%，改善型 3 优化又比规划优化方案增加了 0.69%；耕地（发展备用地）面积规划优化和改善型 3 优化方案相同，均占区域总面积的 7.27%，二者又均比规划方案增加了 0.21%。总体上，4 类生态用地总面积 3 方案分别占区域总面积的 31.07%、44.13% 和 48.21%，后二者分别比前者增加了 13.06%、17.14%，而改善型 3 优化又比规划优化方案增加了 4.08%。方案优劣次序为：改善型 3 优化方案最优，规划优化方案次之，规划方案第三。

3 类城市建设用地中，机场和文物保护用地 3 方案均相同，分别占区域总面积的 20.29% 和 0.75%；非工业建设用地规划方案最大，规划优化方案次之，改善型 3 优化方案最小，分别占区域总面积的 38.85%、13.34% 和 11.80%；后二者分别比前者减少了 25.51% 和 27.05%，改善型 3 优化又比规划优化方案减少了 1.54%。总体上，3 个方案城市建设用地总面积分别占区域总面积的 59.89%、34.38% 和 32.83%，其增减变化同非工业建设用地，其优劣次序同生态用地次序。

7 类工业用地总面积规划优化和改善型 3 优化方案的下限和规划方案相当，但上限和均值均显著高于规划方案，二者上限约为规划方案的 2.37 倍和 2.09 倍，均值约为规划方案的 1.71 倍和 1.50 倍。主要原因为规划方案未考虑产业地均 GDP，导致所规划的工业用地面积能否实现其规划的产值缺乏依据。同时，也验证了产业地均 GDP 在产业和土地规划中的优势和应用价值。

各类用地总面积规划优化和改善型 3 优化方案的上限均和规划方案相同，但下限和均值均小于规划方案。其中，规划优化方案在产业地均 GDP 的上限情况下，总用地面积占区域总面积的 87.97% 即可实现规划目标，尚有 12.1%，约 1660hm²的土地可作为发展备用地或调节用地；同理，改善型 3 优化方案在产业地均 GDP 的上限情况下，总用地面积占区域总面积的 89.17% 即可实现规划目标，尚有 10.83%，约 1494hm² 的土地可作为发展备用地或调节用地。此种情形下，规划优化和改善型 3 优化方案均具有较大的发展潜势，对于土地配置也具有较大的灵活性。

C. 产业结构和产污量分析

产业结构和产污量分析如表 4-14、表 4-15 和图 4-16～图 4-18 所示。

由表 4-14、表 4-15 和图 4-16～图 4-18 可以看出：在资源环境和经济等约束条件下，规划优化和改善型 3 优化方案相对于规划方案分别实现了 7 类工业用地面积、产业产值和结构及污染物 COD 产生量的优化，产业结构向清洁型方向发展，由此带来了污染物 COD 产生量的显著降低，达到了方法研究的目标。由于规划方案中没有规划出各类工业用地面积，工业用地面积以规划优化和改善型 3 优化 2 个方案进行比较，工业产值和 COD 产生量以 3 个方案进行比较。

3 个方案中，产业用地面积和产值除石油化工业外，其余 6 类差异显著。机械制造、电子信息、生物医药和食品加工等主导产业中，用地面积和产值在 3 个方案中规划优化方案最大，改善型 3 优化方案次之，规划方案最小。工业用地总面积由大到小次序为规划优化、改善型 3 优化、规划方案。工业总产值由大到小次序为规划优化、规划、改善型 3 优化；3 个方案中，食品加工、生物医药和纺织服装业 COD 产生量差异显著，其余 4 类差异不明显。3 个方案中，除机械制造和电子信息产业外，其余产业 COD 产生量呈递减趋势，食品加工业仍然为 3 个方案中 COD 产生量的最大产业。3 个方案中 7 产业 COD 产生总量呈明显递减趋势。

表4-14 规划、规划优化、改善型3优化3情景产业用地、产值结构和COD产生量比较分析

Table 4-14 Comparing and analyzing of industrial land, production value structure and COD production amount of the planning, optimized planning and optimized improved-type No. 3 scenarios

土地利用类型	方案	下限						均值						上限					
		面积/hm²	比例/%	产值/万元	比例/%	COD产生量/(t/a)	比例/%	面积/hm²	比例/%	产值/万元	比例/%	COD产生量/(t/a)	比例/%	面积/hm²	比例/%	产值/万元	比例/%	COD产生量/(t/a)	比例/%
食品加工业 (X_1)	规划													—	—	1 156 100.00	39.13	21 806.36	75.54
	规划优化	307.96	2.23	521 076.60	19.46	9 828.55	62.27	529.34	3.84	659 422.80	22.32	12 438.03	66.19	750.71	5.44	797 769.00	24.69	15 047.52	69.02
	改善型3优化	308.07	2.23	521 260.00	21.51	4 988.46	66.74	485.13	3.52	612 480.50	23.04	5 861.44	64.31	662.19	4.80	703 701.00	24.32	6 734.42	62.62
石油化工业 (X_5)	规划													—	—	110 300.00	3.73	1.88	0.006 5
	规划优化	91.46	0.66	59 094.00	2.21	1.00	0.006 4	91.46	0.66	69 576.04	2.35	1.18	0.006 3	91.46	0.66	80 058.09	2.48	1.36	0.006 2
	改善型3优化	59.55	0.43	52 126.00	2.15	0.47	0.006 3	70.11	0.51	52 126.00	1.96	0.47	0.005 1	80.67	0.58	52 126.00	1.80	0.47	0.004 4
生物医药业 (X_6)	规划													—	—	516 200.00	17.47	3 768.26	13.05
	规划优化	418.78	3.03	443 205.00	16.55	3 235.40	20.50	424.78	3.08	497 201.70	16.83	3 629.57	19.31	430.78	3.12	551 198.3	17.06	4 023.75	18.46
	改善型3优化	297.03	2.15	390 945.00	16.13	926.54	12.40	338.51	2.45	390 945.00	14.71	926.54	10.17	379.99	2.75	390 945.00	13.51	926.54	8.62
机械制造业 (X_7)	规划													—	—	124 300.00	4.21	8.58	0.029 7
	规划优化	182.45	1.32	443 205.00	16.55	30.58	0.19	392.46	2.84	517 072.50	17.50	35.68	0.19	602.47	4.37	590 940.00	18.29	40.77	0.19
	改善型3优化	160.94	1.17	390 945.00	16.13	26.98	0.36	346.18	2.51	456 102.50	17.16	31.47	0.35	531.43	3.85	521 260.00	18.02	35.97	0.33
纺织服装业 (X_8)	规划													—	—	217 200.00	7.35	3 267.99	11.32
	规划优化	30.56	0.22	177 282.00	6.62	2 667.39	16.90	121.72	0.88	177 282.00	6.00	2 667.39	14.19	212.88	1.54	177 282.00	5.49	2 667.39	12.24
	改善型3优化	53.91	0.39	156 378.00	6.45	1 524.69	20.40	120.85	0.88	234 567.00	8.82	2 287.03	25.09	187.78	1.36	312 756.00	10.81	3 049.37	28.36
电子信息业 (X_{10})	规划													—	—	403 600.00	13.66	8.07	0.03
	规划优化	141.54	1.03	738 675.00	27.58	14.77	0.09	191.77	1.39	738 675.00	25.00	14.77	0.08	242.00	1.75	738 675.00	22.86	14.77	0.07
	改善型3优化	124.85	0.90	65 1575.00	26.88	2.61	0.03	169.16	1.23	651 575.00	24.51	2.61	0.03	213.47	1.55	651 575.00	22.52	2.61	0.02
其他产业 (X_{11})	规划													—	—	426 900.00	14.45	7.68	0.03
	规划优化	133.23	0.97	295 470.00	11.03	5.32	0.03	384.36	2.79	295 470.00	10.00	5.32	0.03	635.49	4.60	295 470.00	9.14	5.32	0.02
	改善型3优化	117.52	0.85	260 630.00	10.75	4.69	0.06	339.04	2.46	260 630.00	9.80	4.69	0.05	560.55	4.06	260 630.00	9.01	4.69	0.04
合计	规划													1 248.8	9.05	2 954 600.00	100	28 868.82	100
	规划优化	1 305.98	9.46	2 678 008.00	100	15 783.01	100	2 135.88	15.48	2 954 700.00	100	18 791.94	100	2 965.78	21.49	3 231 392.00	100	21 800.88	100
	改善型3优化	1 121.87	8.13	2 423 859.00	100	7 474.43	100	1 868.97	13.54	2 658 426.00	100	9 114.24	100	2 616.08	18.96	2 892 993.00	100	10 754.06	100

注：规划方案中无各产业规划用地面积；各产业用地面积由 $B'X'$ 得出，其中，下限由上下限平均值得出，均值由 $B'X'$ 值由上下限平均值得出；工业产值由产业产值 X' 得出。用地面积比例以规划总面积 13 800 hm² 为分母。工业产值和 COD 产值比例以各方案（情景）的工业总产值（情景）的工业总产值和 COD 产生量分别为分母。

表 4-15　规划、规划优化、改善型 3 优化方案工业总产值和产值结构比较

Table 4-15　Comparison of total industrial output and production value structure of the planning, optimized planning and optimized improved-type No. 3 schemes

产业结构	规划方案	规划优化方案		改善型 3 优化方案	
	上限	下限	上限	下限	上限
工业总产值/万元	2 954 700.00	2 678 008.00	3 231 392.00	2 423 859.00	2 892 993.00
食品加工业/%	39.13	19.46	24.69	21.51	24.32
石油化工业/%	3.73	2.21	2.48	2.15	1.80
生物医药业/%	17.47	16.55	17.06	16.13	13.51
机械加工业/%	4.21	16.55	18.29	16.13	18.02
纺织服装业/%	7.35	6.62	5.49	6.45	10.81
电子信息业/%	13.66	27.58	22.86	26.88	22.52
其他工业/%	14.45	11.03	9.13	10.75	9.02

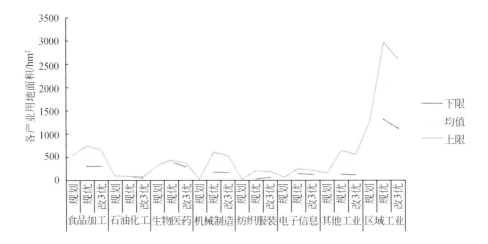

图 4-16　各产业不同方案下用地面积比较

Fig. 4-16　Comparison of land area in different industries and different schemes

各产业规划用地面积由规划工业用地面积 1248.8hm² 采用产业地均 GDP 上限值折算而来，并作为规划用地上限，仅作为产业用地比较的基础，此用地面积的工业总产值按产业地均 GDP 上限核算为 238.48 亿元，未达到规划工业总产值目标 295.46 亿元

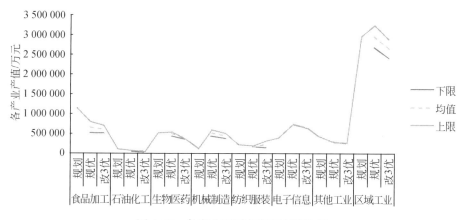

图 4-17　各产业不同方案下产值比较

Fig. 4-17　Comparison of production value in different industries and different schemes

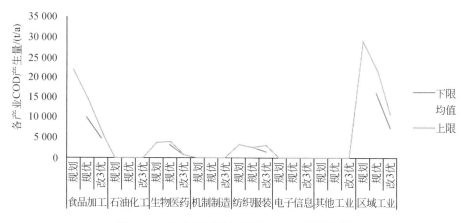

图 4-18　各产业不同方案下 COD 产生量比较

Fig. 4-18　Comparison of the COD output in different industries and different schemes

在 7 类工业用地面积及工业用地总面积中，改善型 3 优化均比规划优化方案用地面积小。食品加工业、石油化工业、生物医药业、机械制造业、纺织服装业、电子信息业、其他工业等 7 类产业用地面积的优化区间分别为：规划优化方案：[307.96，750.71]，[91.46，91.46]，[418.78，430.78]，[182.45，602.47]，[30.56，212.88]，[141.54，242.00]，[133.23，635.49]；改善型 3 优化方案：[308.07，662.19]，[59.55，80.67]，[297.03，379.99]，[160.94，531.43]，[53.91，187.78]，[124.85，213.47]，[117.52，560.55]。

由以上 7 类工业用地面积的优化区间上下限乘以 7 类工业产业地均 GDP 区间的下、上限，得出 7 类工业总产值均可实现工业总产值规划目标。其中，规划优化方案的区间为 [2678008.00，3231392.00] 万元，其下限低于规划方案，减少了 9.36%，其均值为 2 954 700.00 万元，与规划方案持平，达到规划优化方案工业总产值规划目标。其上限大于规划方案，增加了 9.36%；改善型 3 优化方案为 [2423859.00，2892993.00] 万元，其均值为 2 658 426.00 万元，其下限小于规划方案，减少了 7%，但其均值和上限均实现了改善型 3 优化方案的工业总产值规划目标 2 606 300 万元。

规划优化和改善型 3 优化方案相对于规划方案的工业产业结构均得到改善，三者的产业结构（7 类工业产业产值占各自的工业总产值百分比）变化为：规划方案：[39.13，3.73，17.47，4.21，7.35，13.66，14.45]；规划优化方案：上限为 [24.69，2.48，17.06，18.29，5.49，22.86，9.14]，下限为 [19.46，2.21，16.55，16.55，6.62，27.58，11.03]；改善型 3 优化方案：上限为 [24.32，1.80，13.51，18.02，10.81，22.52，9.01]，下限为 [21.51，2.15，16.13，16.13，6.45，26.88，10.75]。由此可以看出：主导产业由规划方案产污量大的食品加工业和生物医药业调整改善为规划优化和改善型 3 优化方案的机械加工业和电子信息业，食品加工业和生物医药业降为次主导产业。其中，生物医药业由于具有较好的发展前景，其产值比例基本不变，保持在 17% 左右；食品加工业由于为当地的传统产业，仍保持一定比例，由规划方案的约 39% 下降为 20% 左右；机械加工业和电子信息业具有良好的发展前景且产污量小，为清洁型产业，由规划方案的约 17% 左右上升为 43% 左右，增加约 1.5 倍，显著减小了环境的污染负荷。规划优化和改善型 3 优化方案二者的产业结构大致相似，无明显区别。

产业结构的调整改善使得规划优化和改善型 3 优化方案 COD 的产生量较规划方案显著降低，二者分别降低了 24.48%～45.33% 和 62.75%～74.11%；改善型 3 优化又比规划优化方案降低了 50.67%～52.64%。

从以上分析可以看出，在生态系统功能服务价值实现最大化的目标函数下，方案系统优化消除方案本身潜在的不利环境影响效果显著，从而减轻了末端治理的负担，显著减小了规划对区域环境的不利影响和压力，实现了以环境优化经济社会发展的方法学目标。

综上所述，从生态系统服务功能价值比较，3 个方案优劣次序为：改善型 3 优化方案最优，规划优化方案次之，规划方案第三；从土地利用配置、工业总产值和产业结构比较，三方案优劣次序为：规划优化方案最优，改善型 3 优化方案次之，规划方案第三；从污染物产生量比较，三方案优劣次序为：改善型3优化方案最优，规划优化方案次之，规划方案第三；综合比较，3个方案优劣次序为：改善型3优化方案最优，规划优化方案次之，规划方案第三。因此，在以环境为决策主导时，应选改善型3优化方案，在以经济为决策主导时，应选规划优化方案。产业结构和其相应的土地利用配置优化区间为决策提供了比较灵活的、可以适应决策背景变化的决策空间，增强了决策弹性。

2. 景观生态层优化

采用第3章3.3.2节中的景观生态层优化方法及模型对航空港区规划方案进行优化。

1) 区域景观格局动态分析和景观格局累积影响评价

（1）景观类型划分：根据航空港区景观实际，将景观类型划分为林地、城市绿地、水域、耕地（发展备用地）、工业、道路、居住和非工业城市建设用地（除工业、道路和居住外的其他城市建设用地）等8种景观类型。

（2）景观格局指数计算和分析。依据表3-3（景观格局特征指标及其生态意义）和图4-3（土地利用现状）、图4-5（功能区规划）、图4-6（土地利用规划）和图4-8（景观生态系统规划），采用景观格局分析软件Fragstats 3.3对航空港区规划基准年（2007年）和规划水平年（2035年）的景观格局变化进行计算，并绘制景观格局图，结果如表4-16、表4-17和图4-19、图4-20所示。

表4-16　航空港区2007年和2035年景观类型指数计算结果

Table 4-16　The calculating results of landscape class index of Zhengzhou Airport Zone in 2007 and 2035

景观类型		景观类型面积（CA）/hm²	景观类型所占比例（PLAND）/%	斑块个数（NP）	斑块密度（PD）/(个/hm²)	面积加权分维数（FRAC_AM）	散布与并列指数（IJI）	斑块凝聚度指数（COHESION）
林地	现状（2007年）	5669.84	41.04	304	0.05	1.31	75.67	99.93
	规划（2035年）	2628.49	19.03	43	0.02	1.10	39.45	99.19
城市绿地	现状（2007年）	0.00	0.00	0.00	0.00	0.00	0.00	0.00
	规划（2035年）	2916.92	21.11	126	0.04	1.12	74.45	98.92
水域	现状（2007年）	352.87	2.55	21	0.06	1.04	49.46	97.96
	规划（2035年）	43.42	0.31	40	0.92	1.36	50.57	93.52

景观类型		景观类型面积（CA）/hm²	景观类型所占比例（PLAND）/%	斑块个数（NP）	斑块密度（PD）/（个/hm²）	面积加权分维数（FRAC_AM）	散布与并列指数（IJI）	斑块凝聚度指数（COHESION）
耕地（发展备用地）	现状（2007年）	3267.1	23.65	90	0.03	1.06	34.28	97.52
	规划（2035年）	973.8	7.05	39	0.04	1.04	46.64	97.40
工业	现状（2007年）	578.25	4.19	4	0.01	1.07	20.24	99.41
	规划（2035年）	1288.84	9.33	146	0.11	1.03	21.08	97.14
非工业城市建设	现状（2007年）	568.52	4.11	154	0.27	1.29	33.60	95.57
	规划（2035年）	3775.62	27.33	114	0.03	1.16	49.42	99.59
居住	现状（2007年）	3273.71	23.70	200	0.06	1.21	20.67	99.65
	规划（2035年）	769.41	5.57	85	0.11	1.04	42.60	97.41
道路	现状（2007年）	104.91	0.76	11	0.10	1.30	6.18	97.52
	规划（2035年）	1418.70	10.27	112	0.08	1.57	83.08	99.83

注：表中规划方案中城市绿地面积包括机场中的绿地面积，故比规划绿地面积多出约2063.72 hm²。

表4-17 航空港区2007年和2035年景观水平指数计算结果

Table 4-17 The calculating results of landscape level index of Zhengzhou
Airport Zone in 2007 and 2035

年份	NP	PD	FRAC-AM	IJI	COHESION	SHDI	SIEI	R	D
现状（2007年）	784	5.67	1.25	52.90	99.82	0.61	0.65	34.31	1.34
规划（2035年）	705	5.10	1.16	66.78	99.59	0.81	0.82	31.94	1.27

由图4-3、图4-5、图4-6、图4-8、图4-19和图4-20可以看出：规划前航空港区的景观类型以耕地和林地（包括枣林）自然景观以及散布于其中的村镇及面积较小的机场等建设景观为主，尚未大规模开发，规划中的南水北调中线工程主干渠呈弓形贯穿于航空港区南北。航空港区现状景观格局［图4-3和图4-19（见彩图）］中，绿地及林地分布广泛，景观连通性较好。按照规划方案，到2035年［图4-5、图4-6、图4-8和图4-20（见彩图）］，规划区域将形成"网格状"交通路网，土地利用方式大规模改变，城市景观将成为景观主体，区域内自然斑块间的连接性基本消失，留存下来的自然景观仅包括张庄森林公园、苑陵古城遗址以及小部分枣林，自然景观斑块如林地大幅度减少。

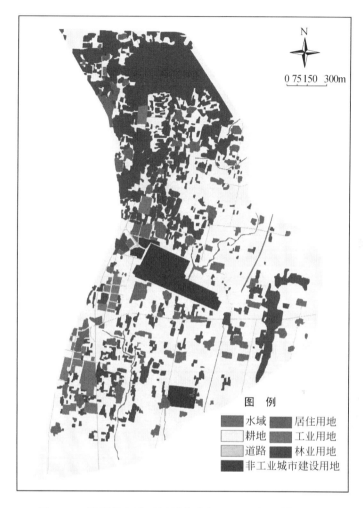

图 4-19　郑州航空港区规划基准年（2007 年）景观格局

Fig. 4-19　The landscape pattern of Zhengzhou Airport Zone in 2007

　　由表 4-16 可以看出：航空港区规划前后的景观类型格局将发生较大变化。主要表现为：规划前后林地、水域和耕地等自然景观面积显著下降，非工业城市建设、工业和道路等城市景观面积显著上升。到 2035 年，随着规划方案的实施，非工业城市建设、居住、道路和工业成为主要景观，将由规划前占区域总面积的 32.13% 上升为 52.50%，增加 20.37%。其中非工业城市建设景观上升最快，上升 23.22%；林地、水域、城市绿地和耕地（发展备用地）等生态用地总面积占

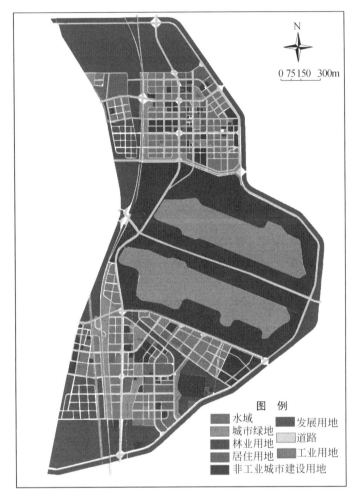

图4-20　郑州航空港区规划水平年（2035年）景观格局

Fig. 4-20　The landscape pattern of Zhengzhou Airport Zone in 2035

区域总面积的比例将由规划前的 67.24% 下降为 47.50%，下降 19.74%。其中，林地下降最快，下降了 22.01%。自然斑块的减少将对景观生态系统的稳定和景观格局安全产生不利影响。规划前后城市绿地、水域、耕地（发展备用地）、工业和居住等景观类型的斑块密度上升，其中，工业和居住景观上升最快，说明随着人类的经济建设活动加强，区域原来的大斑块被人类活动分割为小斑块，景观的破碎化程度增大，而林地、非工业城市建设用地和道路景观斑块密度下降，说明规划使这些景观类型由原来单位面积上比较多且分散的小斑块人为整合为数量较少且比较集中的大斑块；规划前后面积加权分维数变化不大，除水域和道路略有增加外，其余景观类型略有下降，总体变化不明显。说明规划前人类活动对景观形状已有较大干扰，规划后景观形状无明显变化；散步与并列指数规划后非工业城市建设、居住和道路等城市景观、绿地景观和耕地景观明显增加，说明这些景观类型周边景观变化较大，景观呈相互搭配混置分布状态。水域和工业变化不大，说明其周边景观种类规划前后变化不大，而林地景观规划后显著下降，说明规划后其周边景观变化趋向于单一；规划前后各景观类型斑块凝聚度指数无显著变化，林地、水域、耕地等生态景观和工业、居住等城市景观略有下降，绿地、工业和道路略有增加。说明各景观类型在规划前后的凝聚度即自然连接性变化不大且连接较好。

由表4-17可以看出：规划前后斑块总数、斑块密度和面积加权分维数下降，说明区域建设活动进行各类用地功能的整合和规范化建设，使得区域主要景观类型林地、耕地和居住的小斑块消失，连接成符合规划功能要求的较大斑块，造成斑块形状指数下降，斑块变得较为规则。这种变化将对景观生态过程产生负面影响；规划后散布与并列指数明显上升，说明总体上各景观类型搭配混置状态规划后较规划前更好；斑块凝聚度指数无明显变化，说明规划前后各景观类型的自然连接性较好；规划后景观多样性和景观均匀度增加，景观优势度略有减小，说明规划后景观类型增加，所占比例差异在一定程度上减小，且分布的均匀性有所增加；规划前后景观连通性指数下降，说明区域建设活动对自然廊道干预较大，使得自然景观廊道连通性下降，不利于区域景观生态系统的稳定和景观格局安全。

2）景观格局安全性综合评价

由表3-2（区域景观格局安全性判别准则），对航空港区规划前后的景观格局安全性进行判别，结果如表4-18所示。

由表4-18可以看出：航空港区景观格局安全级别规划前为Ⅱ级较安全状态（良好格局），规划后2035年景观格局为Ⅲ级不安全状态（预警格局）。主要原因为，航空港区的经济快速发展对区域景观格局产生了巨大压力和不利影响，规划后源地由2个减少为1个，且源地的缓冲区、辐射道、战略点等均处于不安全状态，尽管景观总体多样性和均匀度有所增加，但自然景观斑块占区域景观总面积的比例急剧下降，且景观连通性变差，斑块形状变得规则，不利于生态过程的进行。因此，需要按照景观生态安全格局原理进行优化调整，以消除或减小规划景观格局存在的安全隐患。

表 4-18 航空港区规划前后景观格局安全性判别一览表

Table 4-18 Landscape pattern security evaluation before and after planning for Zhengzhou Airport Zone in 2007 and 2035

因素层	规划水平年（2035年）景观指标状态	得分	优化格局（2035年）景观指标状态	得分	规划基准年（2007年）景观指标状态	得分
1. 源地	源地1个，位于片区最顶端端的集中林地	9.8	南片区最南端增加源地1个，源地变为2个	12.6	源地2个，位于片区的集中林地和位于东南部南水北调干渠附近的小片集中林地	11.0
2. 缓冲区	源地无缓冲区	5.6	源地无缓冲区	5.6	北片区内源地有较小的缓冲区，另一个源地无缓冲区	6.4
3. 源间连接	无源间连接	0.0	源间连接廊道2条	8.8	无源间连接	8.0
4. 辐射道	源地无明显辐射道	4.5	源地无明显辐射道	4.5	源地无明显辐射道	4.5
5. 战略点	无战略点	0.0	无战略点	0.0	源地之间有较少战略点	5.0
6. 规划建成区景观格局（6a）及与建成区周边源地和绿地之间的空间关系（6b）	6a: 建成区有较少的绿色廊道和战略点，连接较好	11.2	6a: 建成区有较少的绿色廊道和战略点，连接较好	11.2	6a: 建成区为多个面积较小的村庄民居点，分散在林地和农田景观中，整体景观中有较多绿色廊道和战略点，且连接良好	14.0
	6b: 建成区与其周边源地和绿地之间连接较好，但建成区内存在多个建设用地单元面积超过10hm²	8.0	6b: 优化后，建成区与源地和绿地之间的连通度增强	9.0	6b: 村镇与其周边源地和绿地之间连接较好；存在较少的面积超过10hm²村镇斑块	9.9
7. 自然景观单元总面积占总面积比例（7a）及分布情况（7b）	7a: 自然景观单元总面积达47.6%	15.0	7a: 自然景观单元总面积达47.6%以上	15.0	7a: 自然景观单元总面积达67.24%	16.0
	7b: 景观单元分布较均匀	11.0	7b: 景观单元分布较均匀	11.0	7b: 景观单元分布较均匀	12.6
总得分		65.1		77.7		87.4

3）景观格局优化调整

由以上对景观格局的动态分析、景观格局累积影响评价及景观格局安全性评价中识别出的景观格局存在的问题，对航空港区景观格局优化调整如下。

（1）增加源地：将南片区最南端［图4-21（b）中网格7和网格8南端］的原农业生态用地和景观绿地建设成为集中片林，增加源地1个，两源地主要通过东西边界的绿带连接，构成闭合绿带回路。

（2）搭建自然廊道和增加建成区内自然斑块数量：将北片区中部西边界处断裂的两条廊道和南片区中上部边界处的两条廊道［图4-21（b）中网格3和网格7西边界］建设为宽30～50m的林带，使航空港区西边界形成贯通南北的绿色大廊道。机场西边界的狭长倒三角形地带［图4-8、图4-21（b）中网格6中西侧］建设成为片林，增加林地斑块；将机场内的两片绿地分别与东边界的南水北调主干渠内侧绿带和西边界的绿地以绿带联通；加强建成区内小型自然斑块建设，对建成区内断裂的绿色廊道以林、灌、草多层次绿带联通，增加景观异质性和连通性。

（3）强化景观网络构架：依托"三纵四横"交通主干道，以林、灌、草多层次绿带强化主干道两侧的绿地建设，总体上形成以"南北端集中林地为源地，以东西边界闭合绿色大回环为支撑，以'三纵四横'绿带为骨架"的绿色景观网络体系，保障景观安全性。

（4）调整工业布局，严格建设项目入区准入条件，加强污染防治工作，降低污染对景观生态的风险；航空港区存在南水北调干渠、市级森林公园、枣林及防风固沙生态林等多处生态敏感点，必须采取严格的保护措施。首先，为减少工业布局对南水北调主干渠产生的风险，建议对功能区布局进行调整，将北片区的中央商务区（GCB-01）和出口加工区（GCB-02）位置互换［图4-6、图4-21（b）中网格4］；将南片区的航空制造业园区（GCN-02）东部紧邻南水北调主干渠约一半的部分和面积相当的空港次中心区（GCN-02）互换［图4-6、图4-21（b）中网格8和其右上的航空制造业园区］，减小对南水北调主干渠的潜在威胁。其次，严格建设项目准入条件，杜绝污染型项目进入，特别是与生态敏感点邻近的工业园区，如北片区的出口加工区、高新产业发展区、南片区的航空制造业园区和高新产业发展区等，入区项目必须严格把关。最后，对物流园区的仓储和运输业务，要严格限制可能具有潜在环境风险的危险化学品或有毒有害物质的储藏和运输。同时，要大力推广清洁能源，强化污水处理和中水回用，加强入区企业的清洁生产和污染防治工作，创建生态工业园区，最大限度地减少污染对景观生态的风险。

由表4-12和表4-13可知，规划、规划优化的生态用地面积分别为4287hm²、

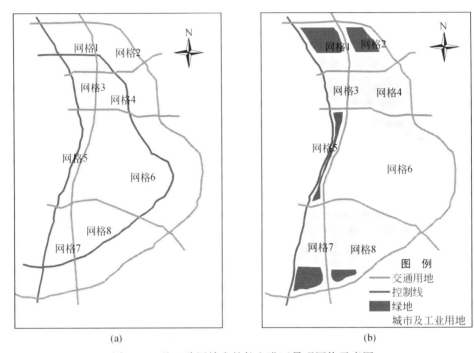

(a)   (b)

图 4-21　基于路网效应的航空港区景观网络示意图

Fig. 4-21　Sketch map of road network effect-based landscape pattern network

6090.22 hm^2，因此，对应于本节景观格局优化调整措施，4.5.3 节（空间管制层-产业方案层 2 层耦合优化）中的规划优化方案需增加的生态用地面积为 1803.22 hm^2。需要依据表 4-12 和表 4-13 对土地利用规划方案进行调整，压缩机场和非工业建设用地面积，增加林地、水域、城市绿地和发展备用地面积，适当增加工业用地面积，以满足优化方案要求。

　　通过以上措施，减小工业对景观敏感点的潜在威胁，增强景观格局的安全性。预计优化后的航空港区 2035 年景观格局可增加分数 12.6 分，总分达到 77.7 分（表 4-18）。其中，源地指标由 9.8 分达到 12.6 分，可增加 2.8 分，源间连接指标由 0 分增加到 8.8 分，建成区景观格局优化后由 8.0 分增加到 9.0 分，可增加 1 分。景观格局由不安全级别升级为较安全级别。将以上景观格局优化调整措施纳入景观格局规划方案，可得到航空港区基于景观格局安全性分析的景观格局优化方案。

　　改善型 3 优化方案的景观格局优化与规划优化方案相似，景观格局同规划优化方案，只需要将规划用地方案按表 4-13 中改善型 3 优化方案的各类用地面积进行调整即可。

4.5 累积环境影响预测、分析和评价

本节采用 3.4.2 节累积环境影响评价（CEA）方法框架分别对规划方案及其优化方案、改善型 3 及其优化方案的累积环境影响进行预测、分析、评价和预警，以验证该方法的先进性和实用性，并进一步确定最优方案，为环保补救措施的优化奠定基础。

4.5.1 累积环境影响识别及因果分析

1. 累积环境影响识别

根据航空港区规划内容，采用矩阵法初步识别其累积环境影响，如表 4-19 所示。

表 4-19　累积环境影响要素矩阵分析表

Table 4-19　Factor matrix analysis of CEA

序号	规划执行可能带来的变化	次序	受影响的环境介质	影响程度	潜在的累积影响		可能的显著性		不确定性（大/小）	定量/定性分析	是否重点分析
					负面	正面	主要/一般/次要	长期/短期			
A	建成区扩展（土地利用变化）	1	空气质量	★★★★★	■		主要	短期	大	T	■
		2	城市环境	★★★☆☆	■		主要	长期	大	L	
		3	城区开敞空间	★★☆☆☆		■	次要	长期	中	L	
		4	交通	★★★☆☆	■	■	主要	长期	中	T/L	■
		5	生态完整性/脆弱性	★★★☆☆	■		一般	长期	大	L	
		6	生物多样性	★★★☆☆	■		一般	长期	中	T/L	
		7	文化遗产	★★☆☆☆	■	■	一般	长期	中	L	
B	工业发展	1	水资源需求	★★★☆☆	■		主要	长 & 短期	大	T	■
		2	工业废水排放	★★★★☆	■		一般	短期	中	T	■
		3	大气污染物排放	★★★★☆	■		次要	短期	中	T	■
		4	工业固废排放	★★☆☆☆	■		次要	长期	中	T	
		5	生产噪声	★★★☆☆	■		次要	短期	小	T	

序号	规划执行可能带来的变化	次序	受影响的环境介质	影响程度	潜在的累积影响		可能的显著性		不确定性（大/小）	定量/定性分析	是否重点分析
					负面	正面	主要/一般/次要	长期/短期			
C	物流区建设	1	仓储用地	★☆☆ ☆☆		■	次要	长期	中	T/L	
		2	交通流量	★★★☆☆		■	主要	长&短期	大	T	■
		3	道路噪声	★★★★☆	■		一般	短期	中	T	■
D	机场建设与运营	1	大气污染物排放	★★★★☆	■		主要	长&短期	大	T	■
		2	机场噪声	★★★★★	■		主要	短期	大	T	■
		3	交通	★★★☆☆	■		一般	长&短期	大	T	■
E	人口增长	1	居民耗水量	★★★★☆	■		一般	长期	中	T/L	■
		2	建设用地	★★★☆☆		■	次要	长期	小	T/L	
		3	生活污水排放	★★★☆☆	■		一般	长&短期	中	T	■
		4	居民冬季取暖大气污染	★★★★☆	■		主要	短期	中	T/L	■
		5	生活垃圾	★★☆☆☆	■		一般	长期	小	T	
F	人体健康	1	饮用水的影响	★★★★★	■		主要	长&短期	大	T/L	■
		2	大气环境质量的影响	★★★★☆	■		一般	长&短期	大	T/L	■
		3	居民区噪声的影响	★★★☆☆	■		一般	短期	中	T	■
		4	道路噪声的影响	★★★★☆	■		一般	短期	大	T	■
G	居住环境	1	公共绿地	★★★☆☆		■	一般	长期	中	T/L	
		2	土地利用破碎度	★★★☆☆	■		次要	长期	中	T/L	
		3	景观生态与美观感知	★★☆☆ ☆		■	次要	长期	中	L	
		4	城市辅助道路	★★☆☆ ☆		■	次要	长期	中	L	
		5	垃圾收集	★★☆☆ ☆		■	一般	长期	小	L	
H	基础设施建设	1	燃气管道普及	★★★☆☆		■	一般	长期	小	L	
		2	雨污管道	★★★★☆		■	一般	长期	小	L	
		3	污水处理厂	★★★★☆		■	一般	长期	小	L	■
		4	垃圾收集与填埋	★★★☆☆		■	一般	长期	小	L	
I	南水北调工程保护区范围界定	1	对水资源的影响	★★★☆☆	■		主要	长期	大	T/L	■
		2	对生态环境的累积影响	★★★★☆	■		主要	长期	大	T/L	■

注：表中★和☆分别代表重要程度与否，以1~5级为标度；■代表"是"；L代表定性分析，T代表定量分析。

根据表4-19累积环境影响识别，确定累积环境影响评价方法应用–方法验证研究的评价对象为航空港区建设对区域环境空气、地表水环境和区域景观格局的累积环境影响。其中，景观格局的累积影响分析、评价已在4.4.2节景观生态层优化中完成。

2. 累积环境影响因果分析

由表4-19，采用网络分析法对航空港区主要累积影响的因果关系进行分析（图4-22）。

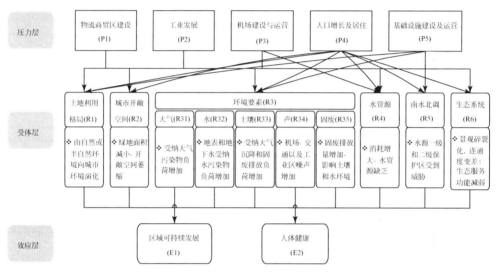

图4-22 航空港区总体规划累积影响网络分析

Fig. 4-22 The network analysis of cumulative environmental assessment for
the master planning of Zhengzhou Airport Zone

（1）P1的主要受体为R1、R2、R32、R34、R35、R5、R6；P2的主要受体为R1、R2、R3、R4、R5、R6；P3的主要受体为R32、R34、R35、R4；P4的主要受体为R1、R2、R32、R35、R4、R5、R6；P5的主要受体为R1、R32、R34、R6；（2）E1效应来自R1、R2、R3、R4、R5、R6；E2效应主要来自R1、R2、R3、R6

4.5.2 累积环境影响预测、评价和预警

1. 时间累积环境影响预测和评价

依据4.3.2节中SD模型对零方案、规划方案和3种改善型情景的预测及

4.4.1 节中核定的环境容量，对各情景的时间累积环境影响进行分析和评价（表 4-20 和图 4-23、图 4-24）。

表 4-20　各情景时间累积影响分析和评价（t/a）

Table 4-20　Time-based CEA analysis and assessment for different scenarios（t/a）

环境容量及方案		污染物排放总量及占环境容量的比例				情景解析（累积影响尺度）		
		2007 年	2012 年	2020 年	2035 年	2012 年	2020 年	2035 年
环境容量	SO₂	9 990	9 990	9 990	9 990			
	NO₂	19 970	19 970	19 970	19 970			
	PM₁₀	9 990	9 990	9 990	9 990			
	COD	13.88						
	NH₃-N	1.02						
（1）基准情景	SO₂	2 569.25						
	NO₂	4 204.45						
	PM₁₀	8 526.86						
	COD	5 219.08						
	NH₃-N	189.32						
（2）零方案	SO₂	2 569.3 / 25.72%	3 892.1 / 38.96%	6 080.3 / 60.86%	8 800.5 / 88.09%	1 322.85 / 51.49%	3 511.05 / 136.66%	6 231.25 / 242.53%
	NO₂	4 204.45 / 21.05%	6 931.25 / 34.71%	1 1437.5 / 57.27%	17 163.7 / 85.95%	2 906.8 / 69.14%	7 413.05 / 176.31%	13 139.25 / 312.51%
	PM₁₀	8 526.86 / 85.35%	11 298.8 / 113.1%	16 680.3 / 166.97%	24 793.2 / 248.18%	2771.94 / 32.51%	8 153.44 / 95.62%	16 266.34 / 190.77%
	COD		11 642.6	20 258.4	29 175.8	6 423.52 / 123.08%	15 039.32 / 288.16%	23 956.72 / 459.02%
	NH₃-N		254.08	351.82	545.65	64.76 / 34.21%	162.5 / 85.83%	356.33 / 188.22%
（3）规划方案	SO₂	2 569.25 / 25.72%	4 919.07 / 49.24%	7 042.79 / 70.5%	8 306.86 / 83.15%	1 026.97 / 77.63%	962.49 / 27.41%	−493.64 / −7.92%
	NO₂	4 204.45 / 21.05%	8 074.77 / 40.43%	13 139.1 / 65.79%	21 145.3 / 105.89%	1 143.52 / 39.34%	1 701.6 / 22.95%	3 981.6 / 30.3%
	PM₁₀	8 526.86 / 85.35%	16 435 / 164.51%	20 607 / 206.28%	15 268 / 152.83%	5 136.2 / 185.29%	3 926.7 / 48.16%	−9 525.2 / −58.56%

续表

环境容量及方案		污染物排放总量及占环境容量的比例				情景解析（累积影响尺度）		
		2007 年	2012 年	2020 年	2035 年	2012 年	2020 年	2035 年
（3）规划方案	COD	5 219.08	15 077.9	29 445	41 454.5	3 435.3	9 186.6	12 278.7
						29.51%	45.35%	42.09%
	NH_3-N	189.32	469.68	825.37	1 392.14	215.6	473.55	846.49
						84.86%	134.6%	237.56%
（4）规划优化方案	SO_2			5 791.99				−3 008.51
				57.98%				−48.28%
	NO_2			14 937.41				−2 226.29
				74.80%				−16.94%
	PM_{10}			11 629.08				−13 164.12
				116.41%				−80.93%
	COD			31 376.34				2 200.54
								9.19%
	NH_3-N			13 74.3				828.65
								232.55%
（5）改善型1	SO_2	2 569.25	4 863.97	6 748.94	7 800.58	971.87	668.64	−999.92
		25.72%	48.69%	67.56%	78.08%	73.47%	19.04%	−16.05%
	NO_2	4 204.45	8 074.77	13 139.1	21 145.3	1 143.52	1701.6	3 981.6
		21.05%	40.43%	65.79%	105.89%	39.34%	22.95%	30.3%
	PM_{10}	8 526.86	16 327.2	20 025	14 180.3	5 028.4	3 344.7	−10 612.9
		85.35%	163.44%	200.45%	141.94%	181.4%	41.02%	−65.24%
	COD	5 219.08	13 323.9	18 806.6	27 008.4	1 681.3	−1 451.8	−2 167.4
						14.44%	−4.93%	−5.23%
	NH_3-N	189.32	469.68	825.37	1392.14	215.6	473.55	846.49
						84.86%	134.6%	155.13%
（6）改善型2	SO_2	2 569.25	4 423.97	5 635.4	5 654.58	531.87	−444.9	−3 145.92
		25.72%	44.28%	56.41%	56.6%	40.21%	−12.67%	−50.49%
	NO_2	4 204.45	7 298.93	10 437.1	14 756.1	367.68	−1 000.4	−2 407.6
		21.05%	36.55%	52.26%	73.89%	12.65%	−13.5%	−18.32%

环境容量及方案		污染物排放总量及占环境容量的比例				情景解析（累积影响尺度）		
		2007 年	2012 年	2020 年	2035 年	2012 年	2020 年	2035 年
（6）改善型 2	PM$_{10}$	8 526.86	14 893.4	17 722.6	11 752	3 594.6	1 042.3	−13 041.2
		85.35%	149.08%	177.4%	117.64%	129.68%	12.78%	−80.17%
	COD	5 219.08	12 996.8	21 753.6	28 473.2	1 354.2	1 495.2	−702.6
						11.63%	7.38%	−2.41%
	NH$_3$-N	189.32	429.79	728.9	1201.94	175.71	377.08	656.29
						69.16%	107.18%	120.28%
（7）改善型 3	SO$_2$	2 569.25	4 484.93	5 681.79	6 011.21	592.83	−398.51	−2 789.29
		25.72%	44.89%	56.87%	60.17%	44.81%	−11.35%	−44.76%
	NO$_2$	4 204.45	7 459.18	10 919.8	16 573.4	527.93	−517.7	−590.3
		21.05%	37.35%	54.68%	82.99%	18.16%	−6.98%	−4.49%
	PM$_{10}$	8 526.86	15 160.9	17 879.2	12 202.3	3 862.1	1 198.9	−12 590.9
		85.35%	151.76%	178.97%	122.15%	139.33%	14.7%	−77.4%
	COD	52 19.08	11 992.8	15 557.9	21 394.6	350.2	−4 700.5	−7 781.2
						3.01%	−23.2%	−26.67%
	NH$_3$-N	189.32	438.41	751.76	1 255.83	184.33	399.94	710.18
						72.55%	113.68%	199.30%
（8）改善型 3 优化	SO$_2$			5 022.31			−3 778.19	
				50.27%			−60.63%	
	NO$_2$			13 695.54			−3 468.16	
				68.58%			−26.40%	
	PM$_{10}$			10 066.95			−14 726.25	
				50.41%			−90.53%	
	COD			20 429.97			−8 745.83	
							−36.51%	
	NH$_3$-N			1 241.98			696.33	
							195.42%	

注：地表水环境容量相对于污染物 COD 和 NH$_3$-N 的产生量太小，可以忽略不计。因此，略去 COD 和 NH$_3$-N 的产生量与其地表水环境容量的对比分析。情景解析（累积影响尺度）一栏包括了各情景的累积影响贡献值和占零方案累积影响贡献值的比例（%）：①：（1）为累积影响现状；②：（2）零方案横栏数据=（2）-（1），为零方案累积影响贡献值；③：其他横栏数据分别为：规划方案 [（3）-（2）]、规划优化方案 [（4）-（2）]、改善型 1 [（5）-（2）]、改善型 2 [（6）-（2）]、改善型 3 [（7）-（2）]、改善型 3 优化方案 [（8）-（2）] 的累积影响贡献值及占零方案累积影响贡献值的比例。

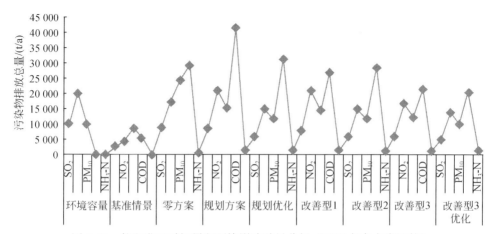

图 4-23　航空港区时间累积环境影响总量分析（2035 年各方案比较）

Fig. 4-23　Time-based CEA total amounts analysis in Zhengzhou Airport Zone

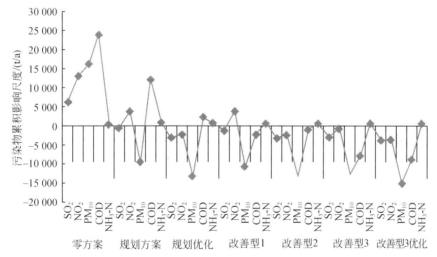

图 4-24　航空港区时间累积环境影响情景解析（2035 年各方案 CEA 尺度比较）

Fig. 4-24　Time-based CEA scenarios analysis in Zhengzhou Airport Zone

由表4-20、图4-23 和图4-24 可以看出：以2035 年为例，各情景污染物排放总量差异显著。COD 和 NH_3-N 均大大超过其环境容量，SO_2、NO_2 和 PM_{10} 3 因子改善型 3 优化方案均未超出其环境容量，规划优化、改善型 1、改善型 2 和改善型 3 方案 SO_2 和 NO_2 未超其容量，但 PM_{10} 均超其容量，零方案和规划方案除 SO_2 未超其容量外，其余两项均超其容量。以 COD 为例，各情景排放总量由高至低顺序为：规划方案、规划优化、零方案、改善型 2、改善型 1、改善型 3、改善型 3 优化。

各情景累积影响贡献值差异显著。与零方案相比，各情景污染物累积贡献值均显著减少。除零方案外，其余各情景相比，优劣次序为：改善型3优化、改善型3、改善型1、改善型2、规划优化、规划方案。说明环保治理措施和经济结构调整措施并用优于单项使用，系统优化后的方案优于未优化的方案。

累积影响效应具体分析如下。

(1) 环境空气时间累积环境影响效应。基准情景各污染因子的累积影响均在其环境容量以下，SO_2 和 NO_2 分别占其环境容量的 25.72% 和 21.05%；PM_{10} 的贡献较大，占其环境容量的 85.35%，说明 SO_2 和 NO_2 尚具有较大的剩余空间，而 PM_{10} 的剩余空间不大，已接近其环境容量。规划方案 3 个时段中，SO_2 和 NO_2 除 2035 年 NO_2 略超容量外，其余时段均达标，SO_2 在 2035 年已接近其容量，PM_{10} 在 3 个时段均超容量，为其容量的 153～206 倍。规划优化方案 2035 年 SO_2 和 NO_2 均未超出容量，尚有较大空间，PM_{10} 超出容量 16.41%，但和规划方案相比，SO_2、NO_2 和 PM_{10} 3 因子贡献均明显减少。4 种改善型情景均优于规划方案，但除改善型3优化方案外，PM_{10} 仍然超出其容量。和规划优化方案相比，改善型1劣于规划优化方案，改善型2和改善型3方案和规划优化方案无明显区别，但改善型3优化方案优于规划优化方案。其中，改善型2和改善型3无明显区别，但均优于改善型1，说明采取经济发展模式的调整优于仅采取环保措施，二者结合更优，改善型3优化方案又优于改善型3方案。改善型情景较规划方案情景，其污染物排放量明显降低，其中以改善型3优化方案降低比例最大。以 2035 年为例，减小幅度分别为：SO_2 5%～33%，NO_2 22%～37%，PM_{10} 10%～102%。

(2) 地表水环境时间累积影响效应。各情景 COD 和 NH_3-N 的产生总量均大大超过其环境容量。就 COD 而言，改善型 1～3 情景和改善型 3 优化方案均优于规划方案情景。其中，改善型 3 优化方案最优，改善型 3 次之，改善型 1 第三，改善型 2 第四。经过系统优化后，改善型 3 优化方案最优。由于生活污染占主导影响，上述优劣次序表明，加强环保措施的效果优于产业结构调整的效果，二者结合更优。对于 NH_3-N，改善型 1 方案产生量较规划方案无变化，改善型 2 和改善型 3 及改善型 3 优化方案无明显区别，3 方案均优于规划方案，改善型 2 又优于改善型 1 方案。主要原因为生活污染占主导影响，发展模式的改善更有利于 NH_3-N 污染的削减。

(3) 各情景累积影响贡献比较。①环境空气时间累积。零方案和基准情景 (2007 年) 相比，无拟议活动情况下其他开发活动的累积影响比基准情景增加很多。以 2035 年为例，各污染因子的累积效果增加了 1.90～3.12 倍；规划方案和零方案比较，累积影响在 2012 年和 2020 年增加，但增幅递减。到 2035 年，随着产业结构的调整和污染治理措施的加强，除 NO_2 外，SO_2 和 PM_{10} 的累积影响比零方案减少；规划优化方案的累积影响比规划方案显著减小；4 种改善型情景的累积影响均小于规划方案和规划优化方案，改善型 3 优化方案的累积影响贡献最小，改善型 2 和 3 除 NO_2 外，累积影响贡献无明显区别，均明显小于改善型 1。以 2035 年为例，规划方案、规划优化方案和四种改善型情景较零方案（无拟议行动）的累积影响变化为：SO_2 减少 7% ~ 60%，NO_2 规划方案和改善型 1 增加约 30%，改善型 2 和改善型 3 及改善型 3 优化方案减少 4% ~ 26%，PM_{10} 减少 58% ~ 90%。②地表水环境时间累积：以 2035 年为例，零方案和基准情景（2007 年）相比，无拟议活动情况下其他开发活动的累积影响比基准情景增加很多，各污染因子的累积效果增加 1.88 ~ 4.59 倍；规划和规划优化方案较零方案的累积影响均增加，增加 0.09 ~ 1.37 倍。其中，规划优化方案较规划方案 COD 累积影响显著减少，但 NH_3-N 无明显区别。四种改善型情景和零方案相比，除改善型 2 外，COD 在 2012 年为增加影响，在 2020 年和 2035 年为减少影响。其中，改善型 3 优化方案最优。总体上，改善型情景优于规划和规划优化方案情景，改善型 3 优化方案最优，改善型 3 优于改善型 1 和改善型 2，改善型 1 优于改善型 2，规划优化方案优于规划方案；NH_3-N 的累积影响均为增加影响，优劣次序为：改善型 2 最优，改善型 3 优化方案第二，改善型 3 第三，规划优化方案第四，改善型 1 和规划方案第五。

2. 空间累积环境影响预测、评价和预警

依据上节各污染因子的时间累积环境影响预测，本节进行各污染因子空间累积环境影响的预测、评价和预警。

1）环境空气空间累积环境影响预测、分析和评价

A. 空间累积环境影响预测模型及参数选择

（1）模型选择：根据航空港区的实际情况和总体规划，选择空气质量第二代 ADMS 模型。

（2）气象参数选择：ADMS 模型所需气象数据及参数采用新郑国际机场气象站 2008 年的气象观测资料。

（3）模型假设及坐标：假设未来气象数据变化不大，仍采用航空港区 2008 年的观测值；假设面源为低架点源，适当调整烟囱参数和污染物排放强度；依据规划图，坐标值与现状模拟选取同样的坐标体系，设定机场为零点坐标，计算出各功能区的坐标范围，将 SD 模型预测的各污染物排放总量分配到各功能区和各类型烟囱上，并设定坐标值。

B. 预测方法及各功能区污染物排放总量时空耦合分配

以 2035 年规划方案、规划优化方案、改善型 3 方案、改善型 3 优化方案为评价对象，根据本章 SD 模型对各方案（情景）的污染物排放总量预测结果、规划布局和实际可能的污染源分布（生活源、工业源、机场源等），采用第 3 章 3.4.3 节累积环境影响污染物排放总量时空耦合分配方法，将 SD 模型预测的 SO_2、NO_2 和 PM_{10} 排放总量分配至各功能区。然后，依据分配到各功能区的污染物总量、污染源类型（工业、生活点源、面源），经验确定烟囱数量、高度和污染物排放强度，将各功能区的污染物总量再次分配至点源和面源的排放烟囱上，并设定各类型烟囱相应的坐标点。据此预测各污染物的空间年均浓度分布，即污染物空间累积环境影响。各功能区污染物排放总量时空耦合分配结果如表 4-21 和附录 2 中附表 2-1～附表 2-8 所示。

C. 各污染因子空间累积环境影响（空间浓度分布）预测

依据表 4-21 和各功能区污染物总量、烟囱再分配（见附录2），对 SO_2、NO_2 和 PM_{10} 的空间浓度分布进行预测，并采用 Surfur 软件画出等值线，结果如图 4-25 ～图 4-27（规划方案），图 4-28～图 4-30（规划优化方案），图 4-31～图 4-33（改善型 3 方案），图 4-34～图 4-36（改善型 3 优化方案）所示。

D. 各污染因子空间累积环境影响分析、评价和预警

(1) 累积环境影响分析和评价。依据以上污染物浓度空间分布（图 4-25～图 4-36），选取各功能区中心点浓度作为该功能区污染物浓度代表值，各功能区不同方案的污染物空间累积贡献值如表 4-22 所示。

由表 4-22，可得到 15 个功能区和 3 个监测点的污染物年均浓度平均值（表 4-23 和图 4-37、图 4-38）。

由表 4-22 和图 4-37 可以看出以下内容。

各功能区 SO_2 和 PM_{10} 年均浓度 4 方案呈现相似的变化趋势，规划方案显著高于其余 3 个优化方案，规划优化方案又略高于改善型 3 及其优化方案，后二者除个别功能区外，总体区别不大，NO_2 年均浓度规划方案在个别功能区超标，其余 3 方案变化趋势平缓。

在不考虑区域外污染物向区域内输移的情况下，SO_2–4 个方案在 15 个功能区和 3 个监测点均达标，但 SO_2 的规划方案除机场和 1# 家刘监测点外，在其余功能区和监测点均与标准持平，已无容量，超标可能性较大。其余三方案占标准的 5%～16.67%，尚有较大富余容量；NO_2 除规划方案在出口加工和保税物流区超标外，其余方案在其他功能区和监测点均达标。但规划优化方案在薛店、南高

表4-21 2035年各功能区环境空气污染物排放总量分配结果

Table 4-21 The total emission allocation results of different function areas in 2035

功能区	面积/hm²	点源面源	SO₂/(t/a) 规划方案	SO₂/(t/a) 改善型3	SO₂/(t/a) 优化方案	SO₂/(t/a) 改善型3优化	NO₂/(t/a) 规划方案	NO₂/(t/a) 改善型3	NO₂/(t/a) 优化方案	NO₂/(t/a) 改善型3优化	PM₁₀/(t/a) 规划方案	PM₁₀/(t/a) 改善型3	PM₁₀/(t/a) 优化方案	PM₁₀/(t/a) 改善型3优化
1. 孟庄居住区	663	点源工业	475.98	308.89	284.00	242.00	1 497.93	1 053	896.99	817.72	402.39	285.68	248.89	206.39
		点源生活	15.44	15.44	15.44	15.44	24.69	24.69	24.69	24.69	60.35	60.35	60.35	60.35
		点源合计	491.42	324.33	299.44	257.44	1 522.62	1 077.69	921.68	842.41	462.74	346.03	309.24	266.74
		面源	768.13	551.48	530.43	457.96	1 713.58	1307.1	1 159.71	1 050.06	1 577.28	1 261.16	1 201.35	1 040.47
2. 出口加工区	455	点源工业	2.60	4.45	10.86	9.58	5.01	8.56	20.86	18.40	1.68	2.88	6.95	6.13
		点源生活	0.00	0.00	0.00	0.00	0.00	0.00	0.00	0.00	0.00	0.00	0.00	0.00
		点源合计	2.60	4.45	10.86	9.58	5.01	8.56	20.86	18.40	1.68	2.88	6.95	6.13
		面源	527.14	378.5	364.02	314.31	1 176.09	897.11	795.95	720.69	1 082.54	865.58	824.53	714.11
3. 教育研发区	280	点源工业	0.00	0.00	0.00	0.00	0.00	0.00	0.00	0.00	0.00	0.00	0.00	0.00
		点源生活	6.52	6.52	6.52	6.52	10.43	10.43	10.43	10.43	25.49	25.49	25.49	25.49
		点源合计	6.52	6.52	6.52	6.52	10.43	10.43	10.43	10.43	25.49	25.49	25.49	25.49
		面源	324.4	232.92	224.01	193.42	723.75	552.07	489.82	443.51	666.18	532.66	507.40	439.45
4. 北部高新产业发展区	301	点源工业	0.03	0.03	0.12	0.10	0.00	0.00	0.00	0.00	0.04	0.04	0.12	0.10
		点源生活	0.00	0.00	0.00	0.00	0.00	0.00	0.00	0.00	0.00	0.00	0.00	0.00
		点源合计	0.03	0.03	0.12	0.10	0.00	0.00	0.00	0.00	0.04	0.04	0.12	0.10
		面源	348.73	250.05	240.82	207.65	776.97	592.66	525.82	476.11	715.16	571.83	544.71	471.76
5. 中央商务区	330	点源工业	0.00	0.00	0.00	0.00	0.00	0.00	0.00	0.00	0.00	0.00	0.00	0.00
		点源生活	7.69	7.69	7.69	7.69	12.27	12.27	12.27	12.27	29.99	29.99	29.99	29.99
		点源合计	7.69	7.69	7.69	7.69	12.27	12.27	12.27	12.27	29.99	29.99	29.99	29.99
		面源	382.32	274.03	264.01	227.56	851.47	649.49	576.26	521.77	783.74	626.66	596.94	517.00

续表

功能区	面积/hm²	点面源	SO₂/(t/a) 规划方案	改善型3	优化方案	改善型3优化	NO₂/(t/a) 规划方案	改善型3	优化方案	改善型3优化	PM₁₀/(t/a) 规划方案	改善型3	优化方案	改善型3优化
6. 北部滨水居住区	198	点源工业	0.00	0.00	0.00	0.00	0.00	0.00	0.00	0.00	0.00	0.00	0.00	0.00
		点源生活	4.61	4.61	4.61	4.61	7.36	7.36	7.36	7.36	17.99	17.99	17.99	17.99
		点源合计	4.61	4.61	4.61	4.61	7.36	7.36	7.36	7.36	17.99	17.99	17.99	17.99
		面源	229.39	164.42	158.41	136.54	510.88	389.69	345.75	313.06	470.24	376	358.16	310.20
7. 保税物流园区	508	点源工业	0.00	0.00	0.00	0.00	0.00	0.00	0.00	0.00	0.00	0.00	0.00	0.00
		点源生活	11.83	11.83	11.83	11.83	18.9	18.9	18.9	18.9	46.2	46.2	46.2	46.2
		点源合计	11.83	11.83	11.83	11.83	18.9	18.9	18.9	18.9	46.2	46.2	46.2	46.2
		面源	588.55	422.17	406.42	350.58	1 311.79	1 000.62	887.79	803.85	1 207.45	965.45	919.67	796.50
8. 薛店居住区	694	点源工业	497.98	323.28	297.17	253.21	1 567.26	1 102.2	938.66	855.67	421.31	299.27	260.65	216.14
		点源生活	16.16	16.16	16.16	16.16	25.84	25.84	25.84	25.84	63.16	63.16	63.16	63.16
		点源合计	514.14	339.44	313.33	269.37	1 593.1	1 128.04	964.5	881.51	484.47	362.43	323.81	279.30
		面源	804.04	577.17	555.23	479.29	1 793.41	1 367.99	1 213.74	1 098.98	1 650.75	1 319.91	1 257.31	1 088.94
9. 台商工业园区	158	点源工业	115.78	76.55	76.16	62.90	364.49	259.00	242.37	212.14	88.88	59.61	62.25	47.55
		点源生活	0.00	0.00	0.00	0.00	0.00	0.00	0.00	0.00	0.00	0.00	0.00	0.00
		点源合计	115.78	76.55	76.16	62.90	364.49	259.00	242.37	212.14	88.88	59.61	62.25	47.55
		面源	183.05	131.02	126.41	108.80	407.11	310.52	275.52	249.46	374.73	299.62	285.42	247.19
10. 南部高新产业发展区	949	点源工业	212.94	197.81	196.40	167.30	612.32	612.32	575.92	494.06	215.73	187.53	201.72	154.30
		点源生活	0.00	0.00	0.00	0.00	0.00	0.00	0.00	0.00	0.00	0.00	0.00	0.00
		点源合计	212.94	197.81	196.40	167.30	612.32	612.32	575.92	494.06	215.73	187.53	201.72	154.30
		面源	1 099.47	788.69	759.24	654.94	2 450.63	1 869.32	1 658.53	1 501.72	2 255.7	1 803.61	1 718.08	1 487.99

续表

功能区	面积/hm²	点面源	SO₂/(t/a)				NO₂/(t/a)				PM₁₀/(t/a)			
			规划方案	改善型3	优化方案	改善型3优化	规划方案	改善型3	优化方案	改善型3优化	规划方案	改善型3	优化方案	改善型3优化
11. 航空制造业发展区	629	点源工业	3.66	6.2	15.24	13.44	6.91	11.82	28.78	25.39	2.41	4.06	9.85	8.68
		点源生活	0.00	0.00	0.00	0.00	0.00	0.00	0.00	0.00	0.00	0.00	0.00	0.00
		点源合计	3.66	6.2	15.24	13.44	6.91	11.82	28.78	25.39	2.41	4.06	9.85	8.68
		面源	728.73	523.22	503.22	434.49	1 625.77	1 240.12	1 100.28	996.25	1 496.45	1 196.53	1 139.79	987.15
12. 空港新城次中心区	412	点源工业	0.00	0.00	0.00	0.00	0.00	0.00	0.00	0.00	0.00	0.00	0.00	0.00
		点源生活	9.60	9.60	9.60	9.60	15.34	15.34	15.34	15.34	37.48	37.48	37.48	37.48
		点源合计	9.60	9.60	9.60	9.60	15.34	15.34	15.34	15.34	37.48	37.48	37.48	37.48
		面源	477.33	342.54	329.62	284.45	1 064.34	811.86	720.32	652.21	979.67	783.33	746.18	646.25
13. 南部滨水居住区	138	点源工业	0.00	0.00	0.00	0.00	0.00	0.00	0.00	0.00	0.00	0.00	0.00	0.00
		点源生活	3.21	3.21	3.21	3.21	5.14	5.14	5.14	5.14	12.56	12.56	12.56	12.56
		点源合计	3.21	3.21	3.21	3.21	5.14	5.14	5.14	5.14	12.56	12.56	12.56	12.56
		面源	159.88	114.75	110.41	95.29	356.55	271.97	241.30	218.49	328.19	262.42	249.97	216.50
14. 苑陵古城遗址保护区	103	点源工业	0.00	0.00	0.00	0.00	0.00	0.00	0.00	0.00	0.00	0.00	0.00	0.00
		点源生活	2.40	2.40	2.40	2.40	3.83	3.83	3.83	3.83	9.37	9.37	9.37	9.37
		点源合计	2.40	2.40	2.40	2.40	3.83	3.83	3.83	3.83	9.37	9.37	9.37	9.37
		面源	119.33	85.63	82.40	71.11	266.08	202.97	180.08	163.06	244.92	195.83	186.55	161.56
15. 机场核心区	4 800	机场锅炉	0.51	0.51	0.51	0.51	67.58	67.58	67.58	67.58	0.00	0.00	0.00	0.00
		面源	179.42	179.42	179.42	179.42	1 871.58	1 871.58	1 871.58	1 871.58				
合计	10 618	点源工业	1 308.97	917.21	879.95	748.53	4 053.92	3 046.9	2 703.58	2 423.38	1 132.44	839.07	790.43	639.29
		点源生活	77.97	77.97	77.97	77.97	191.38	191.38	191.38	191.38	302.59	302.59	302.59	302.59
		点源合计	1 386.94	995.18	957.92	826.50	4 245.30	3 238.28	2 894.96	2 614.76	1 435.03	1 141.66	1 093.02	941.88
		面源	6 919.91	5 016.01	4 834.07	4 195.81	16 900	13 335.07	12 042.45	11 080.78	13 833	11 060.59	10 536.06	9 125.07

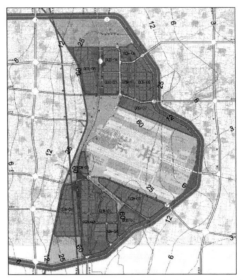

图 4-25　规划方案 2035 年 SO_2 年均浓度空间分布图（$\mu g/m^3$）

Fig. 4-25　The space distribution of mean annual concentration of SO_2 for planning scenario in 2035（$\mu g/m^3$）

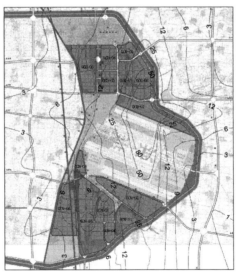

图 4-26　规划方案 2035 年 NO_2 年均浓度空间分布图（$\mu g/m^3$）

Fig. 4-26　The space distribution of mean annual concentration of NO_2 for planning scenario in 2035（$\mu g/m^3$）

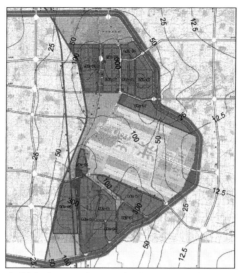

图 4-27 规划方案 2035 年 PM$_{10}$ 年均浓度空间分布图（μg/m^3）

Fig. 4-27 The space distribution of mean annual concentration of PM$_{10}$ for planning scenario in 2035（μg/m^3）

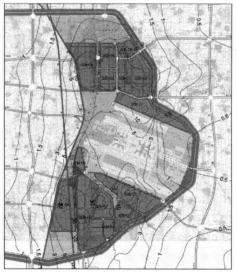

图 4-28 规划优化方案 2035 年 SO$_2$ 年均浓度空间分布图（μg/m^3）

Fig. 4-28 The space distribution of mean annual concentration of SO$_2$ for optimized planning scenario in 2035（μg/m^3）

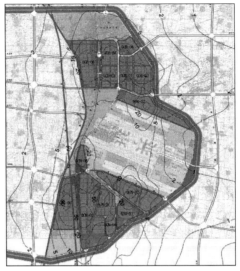

图 4-29　规划优化方案 2035 年 NO₂ 年均浓度空间分布图（$\mu g/m^3$）

Fig. 4-29　The space distribution of mean annual concentration of NO₂ for optimized planning scenario in 2035（$\mu g/m^3$）

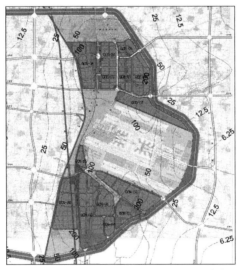

图 4-30　规划优化方案 2035 年 PM₁₀ 年均浓度空间分布图（$\mu g/m^3$）

Fig. 4-30　The space distribution of mean annual concentration of PM₁₀ for optimized planning scenario in 2035（$\mu g/m^3$）

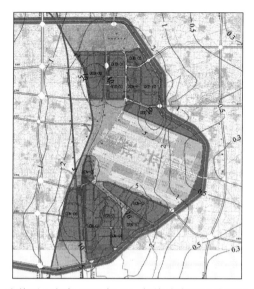

图 4-31 改善型 3 方案 2035 年 SO_2 年均浓度空间分布图（$\mu g/m^3$）

Fig. 4-31 The space distribution of mean annual concentration of SO_2 for improved-type

No. 3 planning scenario in 2035（$\mu g/m^3$）

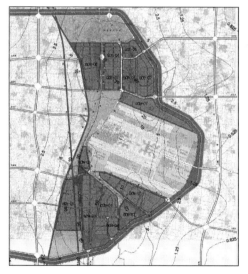

图 4-32 改善型 3 方案 2035 年 NO_2 年均浓度空间分布图（$\mu g/m^3$）

Fig. 4-32 The space distribution of mean annual concentration of NO_2 for improved-type

No. 3 planning scenario in 2035（$\mu g/m^3$）

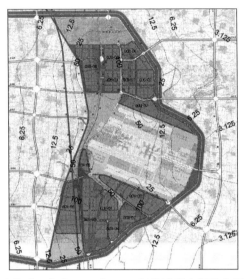

图 4-33　改善型 3 方案 2035 年 PM_{10} 年均浓度空间分布图（$\mu g/m^3$）

Fig. 4-33　The space distribution of mean annual concentration of PM_{10} for

improved-type No. 3 planning scenario in 2035（$\mu g/m^3$）

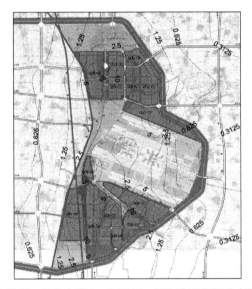

图 4-34　改善型 3 优化方案 2035 年 SO_2 年均浓度空间分布图（$\mu g/m^3$）

Fig. 4-34　The space distribution of mean annual concentration of SO_2 for optimized

improved-type No. 3 planning scenario in 2035（$\mu g/m^3$）

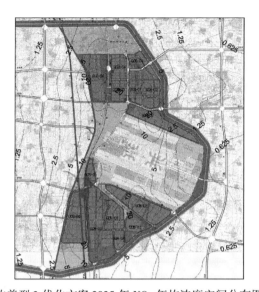

图 4-35　改善型 3 优化方案 2035 年 NO₂ 年均浓度空间分布图（μg/m³）

Fig. 4-35　The space distribution of mean annual concentration of NO₂ for optimized improved-type No. 3 planning scenario in 2035（μg/m³）

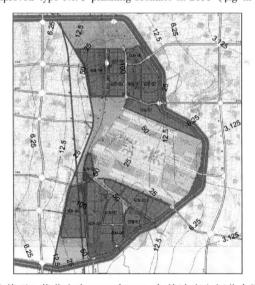

图 4-36　改善型 3 优化方案 2035 年 PM₁₀ 年均浓度空间分布图（μg/m³）

Fig. 4-36　The space distribution of mean annual concentration of PM₁₀ for optimized improved-type No. 3 planning scenario in 2035（μg/m³）

表4-22 2035年各功能区各方案下环境空气污染物年均浓度空间分布预测结果（mg/m³）

Table 4-22 The predicting results of space distribution of the emissions mean annual concentration in different function areas and scenarios in 2035（mg/m³）

模拟点		方案（情景）	SO₂	NO₂	PM₁₀	模拟点		方案（情景）	SO₂	NO₂	PM₁₀
北部片区	孟庄居住区	规划	0.06	0.008	0.20	南部片区	薛店居住区	规划	0.06	0.006	0.30
		规划优化	0.01	0.02	0.20			规划优化	0.03	0.05	0.20
		改善型3	0.01	0.015	0.08			改善型3	0.01	0.05	0.10
		改善型3优化	0.01	0.02	0.05			改善型3优化	0.01	0.02	0.10
	出口加工区	规划	0.06	0.08	0.17		台商工业园区	规划	0.06	0.007	0.10
		规划优化	0.01	0.02	0.20			规划优化	0.01	0.02	0.10
		改善型3	0.004	0.02	0.05			改善型3	0.005	0.02	0.05
		改善型3优化	0.005	0.01	0.05			改善型3优化	0.005	0.01	0.05
	教育研发区	规划	0.06	0.016	0.30		南部高新产业发展区	规划	0.06	0.01	0.30
		规划优化	0.01	0.02	0.20			规划优化	0.02	0.05	0.20
		改善型3	0.01	0.02	0.10			改善型3	0.01	0.035	0.10
		改善型3优化	0.008	0.02	0.08			改善型3优化	0.01	0.02	0.10
	北部高新产业发展区	规划	0.06	0.012	0.30		航空制造业发展区	规划	0.06	0.025	0.30
		规划优化	0.01	0.02	0.20			规划优化	0.01	0.02	0.20
		改善型3	0.01	0.02	0.10			改善型3	0.01	0.02	0.10
		改善型3优化	0.01	0.02	0.10			改善型3优化	0.01	0.02	0.05
	中央商务区	规划	0.06	0.025	0.23		空港新城次中心区	规划	0.06	0.012	0.30
		规划优化	0.01	0.02	0.20			规划优化	0.03	0.05	0.20
		改善型3	0.009	0.02	0.05			改善型3	0.01	0.02	0.10
		改善型3优化	0.005	0.01	0.05			改善型3优化	0.01	0.02	0.10
	北部滨水居住区	规划	0.06	0.019	0.20		南部滨水居住区	规划	0.06	0.01	0.23
		规划优化	0.01	0.015	0.15			规划优化	0.01	0.015	0.20
		改善型3	0.008	0.015	0.067			改善型3	0.01	0.02	0.075
		改善型3优化	0.005	0.01	0.08			改善型3优化	0.005	0.01	0.05
	保税物流园区	规划	0.06	0.08	0.10		苑陵古城遗址保护区	规划	0.06	0.016	0.30
		规划优化	0.01	0.02	0.10			规划优化	0.01	0.017	0.20
		改善型3	0.01	0.02	0.05			改善型3	0.01	0.02	0.083
		改善型3优化	0.01	0.02	0.05			改善型3优化	0.005	0.01	0.05
机场	机场核心区	规划	0.03	0.05	0.10	监测点位	1#冢刘	规划	0.05	0.011	0.10
		规划优化	0.005	0.01	0.10			规划优化	0.005	0.01	0.10
		改善型3	0.005	0.01	0.025			改善型3	0.005	0.01	0.05
		改善型3优化	0.003	0.005	0.03			改善型3优化	0.004	0.008	0.04
监测点位	2#机场	规划	0.03	0.05	0.10		3#草庙马	规划	0.06	0.006	0.30
		规划优化	0.005	0.01	0.10			规划优化	0.02	0.02	0.20
		改善型3	0.005	0.01	0.025			改善型3	0.01	0.02	0.10
		改善型3优化	0.003	0.005	0.03			改善型3优化	0.008	0.02	0.10

注：《环境空气质量标准》（GB3095—1996）中年平均浓度二级标准（mg/m³）：SO₂≤0.06，NO₂≤0.05，PM₁₀≤0.10。

表 4-23　航空港区功能区和监测点污染物年均浓度平均值（mg/m³）

Table 4-23　Averages of the emissions mean annual concentration of function areas and monitoring sites in Zhengzhou Airport Zone（mg/m³）

方案（情景）	15 个功能区年平均值			3 个监测点年平均值		
	SO_2	NO_2	PM_{10}	SO_2	NO_2	PM_{10}
规划	0.058	0.025	0.229	0.047	0.022	0.167
规划优化	0.013	0.024	0.177	0.010	0.013	0.133
改善型3	0.009	0.024	0.075	0.007	0.013	0.057
改善型3 优化	0.007	0.015	0.066	0.005	0.011	0.058

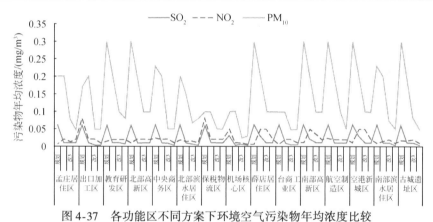

图 4-37　各功能区不同方案下环境空气污染物年均浓度比较

Fig. 4-37　Comparison of mean annual concentration of air pollutants in different function areas and different schemes

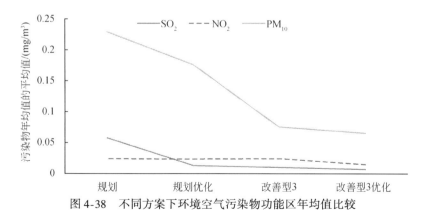

图 4-38　不同方案下环境空气污染物功能区年均值比较

Fig. 4-38　Comparison of mean values of mean annual concentration of air pollutants in different function areas and different schemes

新和空港新城 3 个功能区和标准持平，改善型 3 方案在薛店和空港新城 2 个功能区和标准持平，已无容量。其余功能区各方案占标准的 10% ~ 70%，尚有较大富余容量；PM_{10} 除改善型 3 和改善型 3 优化方案在所有功能区和监测点达标，规划和规划优化方案在台商、保税、1#冢刘和 2#机场四方案达标外，其余各功能区和监测点均超标，超标 1 ~ 2 倍。总体上，对各功能区和监测点的累积影响由大到小次序为：规划方案>规划优化方案>改善型 3 方案>改善型 3 优化方案。

由表 4-23 和图 4-38 可以看出：规划、规划优化、改善型 3 和改善型 3 优化等 4 个方案的 SO_2、NO_2 和 PM_{10} 年均浓度在 15 个功能区和 3 个监测点的浓度分布平均值呈递减趋势，说明污染物排放总量和空间浓度分布存在比较好的正相关关系，欲使功能区污染物浓度达标，必须削减其排放总量。由空间浓度分布的平均值可以得出：在不考虑区域外污染物向区域内输送的情况下，4 个方案中 SO_2 和 NO_2 不需要削减即可达标，但 SO_2 的规划方案基本和标准持平，已无容量，存在比较大的超标可能性，其他 3 个方案占标准的 11.67% ~ 21.67%，尚有较大容量；NO_2 4 个方案占标准的 30% ~ 50%，尚有较大富余容量；PM_{10} 改善型 3 和改善型 3 优化方案无需削减即可达标，但其规划和规划方案均超标，分别超标 1.29 倍和 0.77 倍，从功能区年均浓度平均值角度，其最小污染物削减比例分别为 129% 和 77%。

根据新郑机场气象站 2008 年气象资料，规划区域全年主导风向为北风，其出现频率为 25.07%；次主导风向为南风，出现频率为 13.52%；上述两个风向出现频率总计达 38.59%。西风出现频率为 7.22%。全年各风向污染系数以北风最大（28.67%），南风（16.23%）和西风（7.18%）次之，其他风向污染系数均小于 7%。春夏秋冬四季，各风向污染系数与全年基本一致。由以上风向和污染系数资料可以得出：保税、机场和台商 3 个功能区位于规划区域中部，超标概率小，而南区在主导风向北风作用下（主要为冬季）和北区在次主导风向南风作用下（主要为夏季），污染物浓度总体上均高于中部，南区又略高于北区。除保税、机场和台商 3 个功能区外，其余功能区 PM_{10} 超标主要是因为这些超标功能区均位于南区或北区的原因。超标倍数的大小与方案的污染物排放总量呈正相关。故北区不宜布局环境空气污染物排放量大的产业，南区不宜布局生活、医疗、教育、行政等子功能区。从环境空气污染角度看，应将南区中的居住区调整到北区，将北区中相应的一部分工业区调整到南区更为合理。

考察表 4-20、表 4-22 ~ 表 4-24，综合考虑功能区达标和污染减排工作，确定 2035 年航空港区功能区达标下 SO_2、NO_2 和 PM_{10} 的最小总量削减率和削减量（表 4-25）。

表4-24　航空港区不同方案污染物超标功能区统计

Table 4-24　Statistics of the function areas out of limits for different scenarios in Zhengzhou Airport Zone

方案 （情景）	SO₂			NO₂			PM₁₀		
	超标功能区	超标面积及超过标准比例/(hm², %)	占区域面积比例/%	超标功能区	超标面积及超过标准比例/(hm², %)	占区域面积比例/%	超标功能区	超标面积及超过标准比例/(hm², %)	占区域面积比例/%
规划方案	—	—	—	出口加工区和保税物流园区	963（60）	6.98	除保税、机场和台商3个功能区外的其余功能区	7152（129）	51.83
规划优化	—	—	—	—	—	—		7152（77）	51.83
改善型3	—	—	—	—	—	—	—	—	—
改善型3优化	—	—	—	—	—	—	—	—	—

表4-25　航空港区2035年污染物功能区达标和污染减排最小削减率和削减量

Table 4-25　The minimum cut-down rates and amounts for function area standard-reaching and pollution reduction of Zhengzhou Airport Zone in 2035

污染物	规划方案				规划优化方案			
	削减率/%	削减量/(t/a)	点源/(t/a)	面源/(t/a)	削减率/%	削减量/(t/a)	点源/(t/a)	面源/(t/a)
SO₂	0.13	1079.89	180.30	899.59	0.13	752.96	124.53	628.43
NO₂	0.16	3383.25	679.25	2704.00	0.16	2389.99	463.19	1926.79
PM₁₀	0.35	5278.00	496.06	4781.93	0.14	1639.08	154.06	1485.02

注：PM_{10}的总量削减以表4-22为依据；SO_2和NO_2依据污染减排工作要求和表4-22~表4-24，参照河南省环境保护"十二五"规划的污染减排指标（SO_2和NO_2的削减率分别为12.4%和15.2%），确定航空港区2035年SO_2和NO_2的污染减排削减率分别为13%和16%。改善型3和改善型3优化方案经累积影响空间浓度分布预测，各功能区已达到环境空气质量二级标准，其污染物排放可不进行削减。

（2）累积环境影响预警。采用 3.4.4 节区域环境空气质量预警方法，对航空港区 2035 年 SO_2、NO_2 和 PM_{10} 的空间累积环境影响进行预警，结果如表 4-26 所示。

表 4-26 航空港区 2035 年污染物空间累积影响（日均浓度）预警（mg/m^3）

Table 4-26 The early warning of space-based CEA（daily mean concentration）in 2035（mg/m^3）

方案（情景）	15 个功能区年平均值			15 个功能区日均值			API/预警级别		
	SO_2	NO_2	PM_{10}	SO_2	NO_2	PM_{10}	SO_2	NO_2	PM_{10}
规划	0.058	0.025	0.229	0.16	0.07	0.63	102 2 级较不安全黄色预警	50 1 级蓝色安全预警	500 4 级极不安全红色预警
规划优化	0.013	0.024	0.177	0.04	0.07	0.49	50 1 级蓝色安全预警	50	387.5 4 级极不安全红色预警
改善型 3	0.009	0.024	0.075	0.02	0.07	0.21	50 1 级蓝色安全预警	50	130 2 级较不安全黄色预警
改善型 3 优化	0.007	0.015	0.066	0.02	0.04	0.18	50 1 级蓝色安全预警	50	115 2 级较不安全黄色预警

注：参照《制定地方大气污染物排放标准的技术方法》（GB/T 13201—91），一次取样、日、月、季（或期）、年平均值可按 1、0.33、0.20、0.14、0.12 的比例关系换算。所以日均值与年均值换算关系为日均值 = 2.75×年均值。

由表 4-26 可以看出：航空港区 2035 年的首要污染物为 PM_{10}，其中，规划和规划优化方案均到 4 级极不安全红色预警水平，需要采取污染物削减措施进行削减；改善型 3 及其优化方案均为 2 级较不安全黄色预警水平，尚可满足要求；SO_2 和 NO_2 的 4 个方案中，除规划方案 SO_2 日均浓度为 2 级较不安全黄色预警水平外，其余方案均为 1 级蓝色安全水平，环境质量优良，有益于人群健康。

2）地表水空间累积环境影响预测、评价和预警

（1）模型选择。根据航空港区地表水环境实际情况，采用一维稳态水质模型，即托马斯（Thomas）模型（忽略弥散）：

$$C(x) = f(x) = C_0 e^{\left[-\frac{(k_1 + k_3)x}{\mu} \right]} \tag{4-3}$$

式中，$C(x)$、C_0 分别为 $x=x$ 和 $x=0$ 处水体 COD 浓度（mg/L）；x 到排污口（$x=0$）的河水流动距离（m）；μ 为河水平均流速（m/s）；k_1、k_3 分别为 COD 衰减系数和 COD 沉浮系数（d^{-1}）。

不考虑非点源的影响，河水与污水的稀释混合方程为

$$C = \frac{C_p \cdot Q_p + C_E \cdot Q_E}{Q_p + Q_E} \tag{4-4}$$

式中，C 为完全混合的河流水质质量浓度（mg/L）；C_p 为河流在第 i 个节点处汇入的排污口的污染物质量浓度（mg/L）；Q_p 为河流在第 i 个节点处汇入的入河排污口的流量（m^3/s）；C_E 为河流中的水质组分质量浓度（mg/L）；Q_E 为河流的流量（m^3/s）。

（2）航空港区污水处理厂规划方案评价。航空港区总体规划中共设置两个污水处理厂对航空港区污水进行二级生化处理。①北片区。规划在航空港北片区南水北调干渠东侧约 3000m 的丈八沟支流河口处附近建设北片区污水处理厂，北区以及机场片区的部分污水经污水管网收集后排入北片区污水处理厂进行处理，北片区 2035 年污水处理厂再生水规模为 2 万 t/d。②南片区。规划在航空港南片区大秦村西侧建设南片区污水处理厂，航空港南片区以及机场片区的部分污水经污水管网收集后排入南片区污水处理厂进行处理，南片区污水处理厂 2035 年再生水规模为 3 万 t/d（表 4-27）。

表 4-27　污水处理厂规划规模（万 t/d）

Table 4-27　Planning scales of sewage treatment plant（10^4 t/d）

时间	南部片区		北部片区	
	处理规模	再生水规模	处理规模	再生水规模
近期	5	—	5	—
远期	16	2	12	3

污水处理厂选址位置如北片区水系图 4-39 和南片区水系图 4-40。

综合考虑污水处理厂的污水收集、处理后的污水资源化利用以及对南水北调干渠的影响等因素，南片区污水处理厂的选择比较合理，其位置距离南水北调干渠较远且位于梅河支流的上游，兼顾了收集机场和南片区的工业废水和生活污水，处理后的污水易排入南片区地表水系用于景观用水；北片区的污水处理厂选址需要跨越南水北调干渠，距离南水北调干渠较近，距离北片区工业区和机场较远，不利于工业废水和生活污水的收集和处理后的污水资源化利用。因此，建议

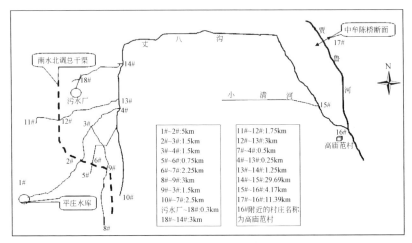

图 4-39　航空港区北区水系图

Fig. 4-39　Drainage network of north area in Zhengzhou Airport Zone

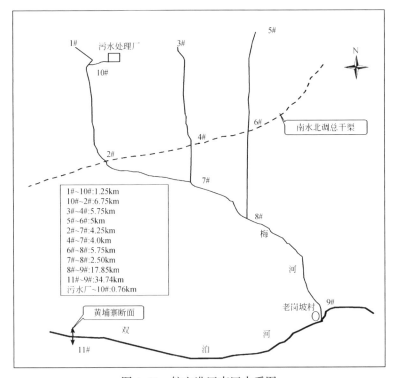

图 4-40　航空港区南区水系图

Fig. 4-40　Drainage network of south area in Zhengzhou Airport Zone

北片区污水处理厂的选址改为北片区中央商务区内丈八沟支流上游，可兼顾污水收集和处理后的污水排入北片区地表水系，利于污水资源化利用。

依据 SD 模型对 2035 年水资源需求的预测，考虑到未来技术进步因素，航空港区的污废水产生量取经验系数 0.7，即为其需水量的 70%，则 2035 年的污废水产生量达 27.87 万 t/d。因此，规划 2035 年污水处理厂总规模为 28 万 t/d，可以满足污水处理需求。但规划 2035 年再生水利用率偏小，仅 20%，依据河南省环境保护"十二五"规划，到 2015 年，全省中水回用率达到 40% 的规划目标，2035 年航空港区的中水回用率至少应达到 50%。

（3）地表水污染物空间累积环境影响预测、评价和预警。① 预测评价方法。由航空港区污水处理厂建设规划和地表水环境实际情况，地表水污染物空间累积环境影响的预测和评价可简化为：港区污废水经污水处理厂处理和中水回用后的外排污水中污染物总量对航空港区域内的地表水系和区域外的地表水系的累积环境影响。具体讲，北片区评价外排污水对丈八沟河流的影响和其入贾鲁河高庙范村断面的污染物总量贡献值和浓度贡献值；南片区评价外排污水对梅河的影响和其入双洎河老岗坡村断面的污染物总量贡献值和浓度贡献值。贾鲁河高庙范村断面和双洎河老岗坡村断面的水质要求为地表水 V 类水质标准（图 4-39 和图 4-40）。② 参数选择。根据《全国地表水水环境容量核定技术复核要点》中的技术参数确定原则，参考本地区相关文献，航空港区地表水中 COD 和 NH_3-N 的综合降解系数取 0.10（详见附录 3）。丈八沟河流和梅河的水质要求为地表水 V 类水质标准。③预测结果及评价。航空港区地表水环境 COD 和 NH_3-N 的空间累积环境影响预测结果及评价如表 4-28（具体计算过程详见附录 4）所示。

表 4-28　航空港区 2035 年 COD 和 NH_3-N 累积环境影响预测结果
Table 4-28　The predicting results of COD and NH_3-N
CEA of Zhengzhou Airport Zone in 2035

方案	污水处理厂	规模/(万 t/d)	污废水外排量/(万 t/d)	流量/(m³/s)	水深/m	流速/(m/s)	对贾鲁河总量/浓度贡献值/(t/d, kg/d, mg/L)		对双洎河总量/浓度贡献值/(t/d, kg/d, mg/L)	
							COD	NH_3-N	COD	NH_3-N
规划 1	北区	11	9.83	1.14	0.85	0.22	2.27/28.89	270/3.42		
	南区	14	13.02	1.51	1.47	0.26			3.17/30.47	380/3.61

续表

方案	污水处理厂	规模/(万t/d)	污废水外排量/(万t/d)	流量/(m³/s)	水深/m	流速/(m/s)	对贾鲁河总量/浓度贡献值/(t/d, kg/d, mg/L) COD	NH₃-N	对双泊河总量/浓度贡献值/(t/d, kg/d, mg/L) COD	NH₃-N
规划2	北区	12	5.97	0.69	0.63	0.18	1.50/31.5	75.22/1.57		
	南区	16	7.97	0.92	1.09	0.17			2.05/32.15	102.48/1.61
规划2优化	北区	11	5.33	0.62	0.59	0.17	1.33/31.06	66.22/1.55		
	南区	14	6.78	0.78	0.99	0.16			1.72/31.71	85.99/1.59
改善型3	北区	10	4.92	0.57	0.56	0.17	1.22/31.06	61.12/1.55		
	南区	12	5.90	0.68	0.91	0.15			1.47/31.22	73.68/1.56
改善型3优化	北区	9	4.47	0.52	0.53	0.16	1.10/30.57	54.66/1.53		
	南区	12	5.95	0.69	0.92	0.15			1.49/31.22	74.30/1.56

注：①污水入河量系数取0.8。②因航空港区地表水体无自然径流，故污水处理厂出水标准要求达到地表水Ⅴ类水质标准，以满足景观用水标准要求。③北区污水处理厂污水排入丈八沟→贾鲁河，南区污水处理厂污水排入梅河→双泊河。④单位：COD总量：t/d，COD浓度：mg/L，NH₃-N总量：kg/d，NH₃-N浓度：mg/L。⑤规划1方案生活污水处理率为85%，工业废水处理率均为100%，中水回用率为20%；其余方案生活污水和工业废水处理率均为100%；中水回用率为50%。⑥工业废水经企业处理达标后汇入污水处理厂再次处理。

据《郑州市环境质量报告书》（2009年），2008年贾鲁河中牟陈桥断面COD年均浓度达40mg/L，NH₃-N年均浓度达6.36mg/L；双泊河新郑黄甫寨断面COD浓度年均值达30mg/L，NH₃-N浓度年均值达2.53mg/L。与表4-28比较可以看出，航空港区5种方案下，北区外排污水中污染物对贾鲁河的浓度贡献均小于断面年均值，南区外排污水对双泊河浓度贡献COD略大于断面浓度值，NH₃-N规划1显著大于断面浓度值，其余方案小于断面浓度值。依据附件4中相关表格计算，得到贾鲁河和双泊河河流中污染物日总量分别为：贾鲁河COD达6.91t/d，NH₃-N达1.10t/d，双泊河COD达3.53t/d，NH₃-N达0.30t/d，与表4-28相比较，北区5个方案COD和NH₃-N排放总量分别占贾鲁河总量的19.83%～32.85%和

6.21% ~24.55%，总量贡献值不大；南区 5 个方案中 COD 和 NH_3-N 排放总量分别占双泊河总量的 52.12% ~89.80% 和 30.70% ~126.67%，总量贡献显著。其中，规划 1 方案的南区外排总量达到双泊河总量的 0.9 ~1.27 倍。综合分析可以认为，规划 1 方案对区域外贾鲁河和双泊河的累积影响显著，不可接受。其余 4 个方案 2035 年航空港区污水经处理达标后，50% 作为景观用水的外排中水对区域外贾鲁河和双泊河总体影响不大，可以接受。

（4）累积环境影响预警。按照 3.4.4 节区域地表水环境累积影响预警方法，计算丈八沟和梅河的 WQI 并对照表 3-8 进行预警。因河流水体基本全为港区中水，故丈八沟和梅河可视为一个功能区，即 W_j 和 B_j 均为 1。预警结果为：规划 1 方案的 COD 达到Ⅳ类水水质，预警级别为 2 级较安全黄色预警水平，但其 NH_3-N 达到劣Ⅴ类水质，预警级别为 4 级很不安全红色预警水平，故规划 1 方案不可接受。其余各方案水质均为地表水Ⅴ类水质，WQI 均为 5，水质评价为中污染水平，预警级别为 3 级较不安全橙色预警。为保持和进一步改善港区地表水质，需要加强污水处理厂管理，确保长期、稳定、达标排放，以保证地表人工水水质在Ⅴ类水标准以下。未来如有引水可能，可引入一定量的外来清洁水，以提高航空港区地表水水质，使其预警级别再提高一级，达到 2 级较安全黄色预警水平。

4.6 环保补救措施优化及总量控制

本节将依据上节累积环境影响评价结果和表 4-25，采用 3.3.3 节的补救措施优化方法及模型，以污染物削减费用最小化为目标，优化计算环境质量指标达标下的主要污染物最小削减费用及最优削减措施组合，为污染治理提供决策依据。

4.6.1 环保补救措施优化

1. 模型构建

基于 EILP 模型建立航空港区不确定性下主要污染物的总量削减措施优化模型见式（3-8）。

2. 参数选择

经查阅文献和实地调查，获得各主要污染物的治理方法、削减效率和费用，再依据表 4-25 得到表 4-29。

表4-29 污染物削减矩阵表

Table 4-29 Matrix table of pollutants reduction

编号	削减方法 (j)	项目	COD (1)	NH₃-N (2)	SO₂ 点源 (3)	SO₂ 面源 (4)	NO₂ 点源 (5)	NO₂ 面源 (6)	PM₁₀ 点源 (7)	PM₁₀ 面源 (8)
		规划方案 /(10³kg/a)	37 383.67	1 188.75	180.30	899.59	679.25	2 704	496.06	4 781.93
		规划优化方案 /(10³kg/a)	27 840.23	1 197.56	124.53	628.43	463.19	1 926.79	154.06	1 485.02
1	A²/o 工艺污水处理	η_{i1}/%	91.76	90.00	—	—	—	—	—	—
		c_{i1}/(元/kg)	1.50	13.33	—	—	—	—	—	—
		Y_{i1}/(kg/a)	Y_{11}	Y_{21}	—	—	—	—	—	—
2	双碱法脱硫	η_{i2}/%	—	—	80	—	—	—	—	—
		c_{i2}/(元/kg)	—	—	0.49	—	—	—	—	—
		Y_{i2}/(kg/a)	—	—	Y_{32}	—	—	—	—	—
3	石灰石法麻石水膜脱硫	η_{i4}/%	—	—	85	—	—	—	—	—
		c_{i4}/(元/kg)	—	—	1.51	—	—	—	—	—
		Y_{i3}/(kg/a)	—	—	Y_{33}	—	—	—	—	—
4	SNCR/SCR 法脱硝	η_{i5}/%	—	—	—	—	70	—	—	—
		c_{i5}/(元/kg)	—	—	—	—	8.22	—	—	—
		Y_{i4}/(kg/a)	—	—	—	—	Y_{54}	—	—	—

续表

编号	削减方法 (j)	项目	污染物 (i)							
			COD (1)	NH$_3$-N (2)	SO$_2$ 点源 (3)	SO$_2$ 面源 (4)	NO$_2$ 点源 (5)	NO$_2$ 面源 (6)	PM$_{10}$ 点源 (7)	PM$_{10}$ 面源 (8)
	规划方案 /(10³ kg/a)		37 383.67	1 188.75	180.30	899.59	679.25	2 704	496.06	4 781.93
	规划优化方案 /(10³ kg/a)		27 840.23	1 197.56	124.53	628.43	463.19	1 926.79	154.06	1 485.02
5	水膜除尘	η_{i8}/%	—	—	—	—	—	—	95	—
		c_{i8}/(元/kg)	—	—	—	—	—	—	1.00	—
		Y_{i5}/(kg/a)	—	—	—	—	—	—	Y_{75}	—
6	静电除尘	η_{i9}/%	—	—	—	—	—	—	99	—
		c_{i9}/(元/kg)	—	—	—	—	—	—	0.020	—
		Y_{i6}/(kg/a)	—	—	—	—	—	—	Y_{76}	—
7	布袋除尘	η_{i10}/%	—	—	—	—	—	—	99.9	—
		c_{i10}/(元/kg)	—	—	—	—	—	—	0.015	—
		Y_{i7}/(kg/a)	—	—	—	—	—	—	Y_{77}	—
8	PM$_{10}$面源综合治理	η_{i11}/%	—	—	—	—	—	—	—	20
		c_{i11}/(元/kg)	—	—	—	—	—	—	—	1.50
		Y_{i8}/(kg/a)	—	—	—	—	—	—	—	Y_{88}
9	清洁能源替代煤	η_{i12}/%	—	—	—	100	—	100	—	—
		c_{i12}/(元/kg)	—	—	—	42.86	—	56.90	—	—
		Y_{i9}/(kg/a)	—	—	—	Y_{49}	—	Y_{69}	—	—

注：表中各治理方法的治理成本和污染物去除率由实地调查和资料查阅获得。除尘效率为对颗粒物（烟尘或粉尘）的除尘效率。经查阅相关文献，PM$_{10}$约占颗粒物（烟尘或粉尘）总质量的60%，故表中PM$_{10}$数据需在模型中转化为颗粒物（烟尘或粉尘）质量。SNCR/SCR为选择性非催化还原和选择性催化还原联合脱硫法。η_{ij}为削减率，c_{ij}为削减费用，Y_{ij}为决策变量。

将表 4-29 数据代入模型并求解，可得到削减费用最低目标下各主要污染物的最小削减能力（规模）的削减措施最优组合及最小削减费用，也就意味着经济效益最大化。

3. 优化结果及分析

利用 Lingo v10.0 编程计算，得到规划方案和规划优化方案的优化结果（表4-30）。

由表 4-30 可以看出：COD、NH_3-N、SO_2、NO_2 和 PM_{10} 5 种主要污染物的最小削减能力（规模）的最优削减措施组合及最小削减费用。规划方案的最小削减总能力（规模）需要达到约 11.45 万 t/a 以上，最小削减费用约为 14.35 亿元/a，占 2035 年工业总产值 295.47 亿元/a 的 4.86%；规划优化方案需要达到7.29 万 t/a 以上，最小削减费用约为 10.09 亿元/a，占 2035 年工业总产值295.47 亿元/a 的 3.41%；规划优化方案分别为规划方案的 63.67%、70.31% 和70.16%。规划优化方案明显优于规划方案。

4.6.2 污染物排放总量控制

本节将在上节环保补救措施优化的基础上，采用 3.5 节中的总量控制管理方法和模型制定航空港区污染物排放总量控制管理方案，为新建项目审批和污染减排提供依据，以达到区域环境质量控制要求。

1. 总量控制目标及削减量确定

依据 4.4.1 节核定的环境容量（表 4-10 和表 4-11）和 4.5.2 节确定的污染物最小削减量（表 4-25），确定航空港区拟实施方案的总量控制目标及其管理方案。本节以规划方案和规划优化方案为例，说明航空港区总量控制的管理方法（表 4-31）。

总量控制目标确定原则：①环境空气总量控制目标为依据 A 值法计算出的环境容量和污染减排削减率综合确定，并按南北区面积比例分配；②鉴于航空港区地表水体无自然流量，地表水体来源均为人类经济社会活动产生的生产和生活污水，地表水体除有很小的自然衰减容量外无稀释容量，必须采取人工增容措施，如建设污水处理厂、污水资源化等方能承载区域经济社会发展，故地表水总量控制目标确定为达到地表水 V 类水质量标准并考虑中水回用率 50% 综合确定。

表 4-30　规划和规划优化方案最小削减费用及最优削减措施组合优化结果

Table 4-30　The optimizing results of minimum pollutants reduction costs and optimal cutting measure combination for planning and improved planning schemes

方案		COD A²/O工艺 Y_{11}	NH$_3$-N A²/O工艺 Y_{21}	SO$_2$ 点源双碱法 Y_{32}	SO$_2$ 点源石灰石法 Y_{33}	SO$_2$ 面源清洁能源替代 Y_{49}	NO$_2$ 点源 SNCR/SCR 法 Y_{54}	NO$_2$ 面源清洁能源替代 Y_{69}	PM$_{10}$ 点源水膜法 Y_{75}	PM$_{10}$ 点源静电法 Y_{76}	PM$_{10}$ 点源布袋法 Y_{77}	PM$_{10}$ 面源综合治理 Y_{88}	合计
规划	削减（t/a）	41 454.50	1 392.14	970.86	416.08	6 919.92	4 245.30	16 900.00	239.17	717.51	1 435.03	39 849.42	114 539.90
	费用（万元/a）	6 218.18	1 855.72	47.57	62.83	29 658.77	3 489.64	96 161.00	23.92	1.44	2.15	5 977.41	143 498.60
优化	削减（t/a）	31 376.34	1 374.30	670.54	287.38	4 834.07	2 894.96	12 042.45	182.17	546.51	1 093.02	17 560.10	72 861.84
	费用（万元/a）	4 706.45	1 831.94	32.86	43.39	20 718.82	2 379.66	68 521.54	18.22	1.09	1.64	2 634.02	100 889.60

表 4-31　2035 年区域污染物排放总量控制目标及削减量（t/a）

Table 4-31　The targets of total pollutants amount control and the cut-down amount in 2035（t/a）

环境要素	控制因子	北片区 预测值 规划	北片区 预测值 优化	北片区 控制目标 规划	北片区 控制目标 优化	北片区 削减量 规划	北片区 削减量 优化	南片区 预测值 规划	南片区 预测值 优化	南片区 控制目标 规划	南片区 控制目标 优化	南片区 削减量 规划	南片区 削减量 优化
环境空气	SO$_2$	3 740.14	2 575.97	3 459.37	2 380.2	280.77	195.77	4 566.71	3 216.02	3 767.59	2 658.83	799.12	557.19
	NO$_2$	9 145.30	6 276.78	8 265.65	5 655.38	879.65	621.40	12 000.00	8 660.63	9 496.39	6 892.04	2 503.61	1 768.59
	PM$_{10}$	7 086.72	5 388.74	5 714.44	4 962.58	1 372.28	426.16	8 181.31	6 240.34	4 275.59	5 027.42	3 905.72	1 212.92
地表水	COD	17 825.44	13 491.83	875.23	760.265	16 950.21	12 731.57	23 629.07	17 884.51	1 160.19	1 007.79	22 468.88	16 876.72
	NH$_3$-N	598.62	590.95	43.73	38.00	554.89	552.95	793.52	783.35	57.97	50.37	735.56	732.98

注：地表水环境 COD 和 NH$_3$-N 总量控制目标值为经污水处理厂处理并回收 50% 的中水后排入区域外的污染物总量。

2. 总量控制管理方法及措施

由表 4-31 可知，将总量控制目标值根据各规划期工业和人口发展占规划终期 2035 年的比例分配到各规划期，即各规划期的总量目标控制值。然后，各规划期每年的总量目标控制值按照 3.5 节的总量控制管理方法和模型进行总量管理。根据航空港区总体规划，3 个时段的建设任务量比例为：2008~2012 年约占 14%，2013~2020 年约占 43%，2021~2035 年约占 43%。总量控制管理也按此比例进行（表 4-32）。

目标总量控制方法及措施如下：

（1）原则。航空港区目标总量控制按规划期分区管理。依据国家和省市污染减排、总量交易、流域生态补偿等政策，以各分区已占用总量为基础制订年度目标总量管理计划，即总量审批和削减计划。

（2）方法。依据年度目标总量控制管理计划，各规划期分区目标总量控制管理实行时序动态管理。总量控制分为总量审批计划值和总量实现值，前者在（1）中确定，后者依据已审批项目环保竣工验收而定。下一年度的入区项目排污总量审批计划依据上年度的总量实现值和入区项目的发展趋势调整计划；以项目环保验收为依据，上年度未实现的审批总量余额可转入下年度使用，上年度超额审批总量在下年度进行补充调整，直至规划期总量限值满额。例如，某个规划期总量实现值超出该规划期总量限额，则对下个规划期的总量限额进行调整，直至规划终期 2035 年的总量控制目标满额为止。

（3）制度。实行建设项目半年一统计，年终核算污染物排放总量占用情况制度。对审批过的建设项目实行半年一统计，统计已批项目预排污染物总量，并与该年度建设项目所分配的总量相对照，分析占用情况，以便及时调整审批计划；年终对投产的项目排污总量进行核算，如果持平或所分配总量还有富余，那么就要对这些已投产项目严格管理，以保证污染物的排放控制在限额以下，富余容量移至下年度使用；若已超出所分配总量，就要与区域总量削减目标进行平衡或调整下年度总量分配计划。为保证总量控制目标的实现，还必须建立建设项目档案动态管理系统，及时统计建设项目污染物新增量的情况和总量替代情况，以便及时调整削减计划和建设项目总量指标分配计划。

4.7 风险评估与决策

4.7.1 风险评估及预防对策

郑州航空港区总体规划环评主要的决策风险有以下几个方面。

表4-32 各规划期分区总量目标控制值 （t/a）

Table 4-32 The targets of total pollutants amount control in different planning periods and region （t/a）

环境要素	控制因子	2008～2012年						2013～2020年						2021～2035年					
		规划方案			优化方案			规划方案			优化方案			规划方案			优化方案		
		北片区	南片区	合计	北片区	南片区	合计	北片区	南片区	合计	北片区	南片区	合计	北片区	南片区	合计	北片区	南片区	合计
环境空气	SO_2	484.31	527.46	1 011.77	333.23	372.24	705.47	1 487.53	1 620.06	3 107.59	1 023.49	1 143.30	2 166.79	1 487.53	1 620.06	3 107.59	1 023.49	1 143.30	1 011.77
	NO_2	1 157.19	1 329.49	2 486.68	791.75	964.89	1 756.64	3 554.23	4 083.45	7 637.68	2 431.81	2 963.58	5 395.39	3 554.23	4 083.45	7 637.68	2 431.81	2 963.58	2 486.68
	PM_{10}	800.02	598.58	1 398.6	694.76	703.84	1 398.6	2 457.21	1 838.50	4 295.71	2 133.91	2 161.79	4 295.7	2 457.21	1 838.50	4 295.71	2 133.91	2 161.79	1 398.6
地表水	COD	2 495.56	3 308.07	5 803.63	1 888.86	2 503.83	4 392.69	7 664.94	10 160.5	17 825.44	5 801.49	7 690.34	13 491.83	7 664.94	10 160.5	17 825.44	5 801.49	7 690.34	5 803.63
	NH_3-N	83.81	111.09	194.9	82.73	109.67	192.4	257.41	341.21	598.62	254.11	336.84	590.95	257.41	341.21	598.62	254.11	336.84	194.9

注：地表水环境COD和NH_3-N总量目标控制值为区域内生产和生活排入污水处理厂的预测值，未考虑中水回用。

1）区域经济社会发展的不确定性给方案优化、累积环境影响的预测及对策措施等带来风险

区域经济社会的发展受政策、领导决策、时间、引资等多种因素的影响，具有很大的不确定性，航空港区总体规划分 3 个时段，时间跨度达 28 年，其不确定性显而易见。因此，预测结果难免与实际有偏差，如经济发展大于或小于预期设计，其污染负荷将大幅度增加或减少。对于这种风险，常用的预防策略是：增强预测技术方法的有效性，并在访谈、调研和对历史数据深入分析的基础上，根据区域发展的阶段性理论，相对准确地对区域内未来的经济发展和污染负荷的变化进行预测和判断；应用情景分析理论和方法，设计合理的、可能的多情景，并制定不同情景下的适应性策略。

2）区域规划方案实施的宏观性以及受多种因素影响方案实施过程的不确定性

区域规划属于宏观层次，规划目标和方案的宏观性决定了其实施过程必然具有较大的不确定性，如规划方案或优化方案在实施过程的改变将导致评价结论的偏差，解决的办法是依据外界条件的变化和区域环境承载力及环境容量对规划目标和方案及对策适时调整，以适应所发生的变化。

3）模型参数的不确定性

区域规划环评中涉及预测模型、优化模型等，随着预测时间的跨度增大，模型参数的不确定性将导致预测和优化结果的有效性和时效性发生变化。例如，万元产值排污系数、产业地均 GDP 等随着经济社会的发展将发生较大变化，从而对预测和优化结果产生较大影响，给评价结果带来风险。解决的办法有三：一是依据历史数据的变化趋势对参数进行预测；二是在模型中构建参数不确定性的解决机制，如采用强化区间模型；三是适时跟踪监测评估，对评价结果进行修正。

4.7.2 方案环境承载力分析与风险决策

1. 方案环境承载力比较分析

采用相对剩余率方法及模型对航空港区现状、规划方案、规划优化方案及改善型 3 优化方案的环境承载力进行分析，为方案决策奠定基础。

1）区域环境承载力评价相对剩余率方法及模型

区域环境承载力的相对剩余率是指，在一定区域范围内，在某一时期区域环境承载力指标体系中，各项指标所代表的在该状态下的取值与各项指标理想状态下的阈值的差与其阈值间的比值。

对于正相关指标：$P_i = \dfrac{x_i}{x_{i0}} - 1$ (4-5)

对于负相关指标：$P_i = 1 - \dfrac{x_i}{x_{i0}}$ (4-6)

式中，P_i 为第 i 个指标的相对剩余率；X_i 为指标实际值；X_{i0} 为指标的理想值。假设区域环境承载力指标体系中共有 n 个指标，则区域环境承载力相对剩余率为

$$P = \sum_{i=1}^{n} P_i \times W_i$$ (4-7)

式中，P 为区域环境承载力相对剩余率；W_i 为指标的权重，$\sum_{i=1}^{n} W_i = 1$。

区域环境承载力相对剩余率用于衡量区域内多要素的环境承载量与环境承载力之间的大小关系。若区域环境承载力相对剩余率小于 0，说明区域环境承载力已超载，区域社会经济系统的发展与环境系统的要求不协调，有可能引发环境问题。反之，说明区域环境承载力尚未超过其可容纳的承载力范围，尚有发展余地。

2）指标选取与指标体系构建

采用《北京市顺义区区域战略环境影响评价报告（送审稿）》（清华大学，2006）中构建的环境承载力指标体系，根据航空港区实际情况适当调整，作为航空港区环境承载力评价指标体系（表4-33）。

表4-33　航空港区环境承载力指标体系

Table 4-33　Index system of environmental carrying capacity in Zhengzhou Airport Zone

准则层	要素层	指标号	指标名称	AHP法权重	R	阈值
经济子系统	经济增长速率	1	GDP 年均增长率/%	0.226 7	1	7
	经济发展水平	2	人均 GDP/（元/人）	0.143 8	1	30 000
	经济结构	3	第三产业产值占 GDP 比重/%	0.071 3	1	50
		4	第二产业产值占 GDP 比重/%	0.017 0	−1	40
社会子系统	人口数量	5	人口密度/（人/km²）	0.067 9	−1	4 000
	城市发展水平	6	城市化水平（城市人口占总人口的比例）/%	0.098 4	1	55
资源环境子系统	环境质量	7	PM₁₀ 浓度/（mg/m³）	0.011 9	−1	0.1
		8	NO₂ 浓度/（mg/m³）	0.012 5	−1	0.05
		9	SO₂ 浓度/（mg/m³）	0.025 5	−1	0.06
		10	地表水水质达标率/%	0.025 5	1	100
		11	噪声达标率/%	0.013 6	1	90
		12	绿地覆盖率/%	0.010 8	1	0.35

准则层	要素层	指标号	指标名称	AHP法权重	R	阈值
资源环境子系统	污染排放强度	13	万元工业产值废水排放量/t	0.020 9	−1	5
		14	万元工业产值COD排放量/kg	0.004 5	−1	1
		15	万元工业产值SO₂排放量/kg	0.017 6	−1	6
		16	万元工业产值烟尘排放量/kg	0.008 8	−1	2
		17	人均生活污水排放量/(t/a)	0.010 5	−1	45
	污染治理水平	18	工业废水排放达标率/%	0.009 8	1	100
		19	城市污水集中处理率/%	0.009 7	1	85
		20	工业固体废物处置利用率/%	0.009 7	1	90
	资源利用	21	单位GDP水耗/(m³/万元)	0.063 0	−1	150
		22	建设用地适宜性指数/%	0.008 5	−1	80
		23	产业密度/(万元GDP/km²)	0.007 9	1	2 000
		24	城市污水回用率/%	0.021 4	1	50
		25	人均年生活用电量/[(kW·h)/a]	0.082 8	−1	600

注：R为相关性，1为正相关，−1为负相关。

3）环境承载力比较分析

根据航空港区现状（2007年）统计数据、航空港区总体规划、2035年的SD模型预测、方案优化及累积环境影响评价等章节数据，计算航空港区现状（2007）和2035年的规划、规划优化及改善型3优化3方案的环境承载力各项指标值及其相对剩余率（表4-34和图4-41）（详见附录4中附表4-1），并进行比较分析。

表4-34　航空港区现状和各方案环境承载力分析

Table 4-34　Environmental carrying capacity analysis of current situation and different schemes in Zhengzhou Airport Zone

项目		相对剩余率分项合计			
		现状	规划	规划优化	改善型3优化
经济子系统		0.188	0.249	0.248	0.415
社会子系统		0.020	0.096	0.096	0.102
资源环境子系统	环境质量	1.268	0.729	1.096	1.206
	污染排放强度	−0.064	−0.003	0.022	0.022
	污染治理水平	−0.009	0.001	0.003	0.003
	资源利用	−0.005	−0.260	−0.049	−0.011
相对剩余率总计		1.40	0.81	1.42	1.74

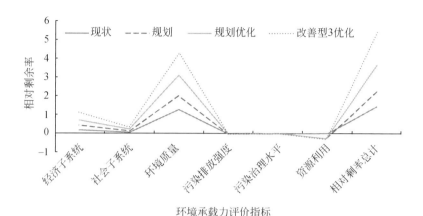

图 4-41　航空港区不同方案下环境承载力比较

Fig. 4-41　Comparison of environmental carrying capacity under different
schemes in Zhengzhou Airport Zone

由表 4-34 和图 4-41 可以看出以下内容。

不同方案下环境承载力的 6 项指标呈相似的变化规律。总体上，4 方案的经济子系统、社会子系统和环境质量 3 项指标环境承载力剩余率较大，但污染排放强度、污染治理水平和资源利用 3 项指标剩余率很小或超载。综合环境承载力相对剩余率优劣次序为：改善型 3 优化方案、规划优化方案、现状和规划方案。

尽管航空港区现状污染排放强度较大、污染治理水平较低、资源利用水平不高，但由于其现状的经济社会发展规模不大，其综合环境承载力剩余总值为 1.40，大于 0，说明航空港区现状发展环境承载力未超载，且有较大富余承载力。其中，经济子系统、社会子系统和环境质量 3 项指标环境承载力剩余率均大于 0，说明这 3 项未超载，但污染排放强度、污染治理水平和资源利用 3 项环境承载力剩余率均小于 0，说明这 3 项已超载，在未来的发展中，需要节约资源、提高资源利用率，加大污染治理力度，提高污染治理水平，降低污染排放强度，才能保证环境承载力不超载。

航空港区规划、规划优化和改善型 3 优化方案的综合环境承载力剩余率总值分别为 0.81、1.42 和 1.74，均未超载，但规划方案承载力剩余率已很小，比 2007 年降低了 42.14%，且在污染治理水平方面，承载力已基本无富余，在污染排放强度和资源利用方面已超载，对后续的发展无支持能力。规划优化方案在同样的经济和社会发展总量下，其环境承载能力还略高于现状（2007 年），且比规划方案提高了 75.31%，除经济、社会指标二者持平外，资源环境 4 项指标的环境承载力剩余率均明显高于规划方案，即规划优化方案比规划方案具有更高的可持续性及发展潜力和后劲。同样，改善型 3 优化方案的环境承载力更优于规划优化方案，但其工业总产值却比规划和规划优化方案减少了 34.84 亿元/a，降低了 11.79%，GDP 比规划和规划优化方案增加了 73.85 亿元/a，提高了 24.29%，主要增加在第三产业。

2. 方案风险决策

综合方案优化、累积环境影响评价、环保补救措施优化及环境承载力比较分析，在 4.7.1 节的风险分析条件下，航空港区规划环评推荐方案为规划优化和改善型 3 优化方案，主要内容如表 4-35 所示。

表 4-35　基于 2035 年预测分析的风险决策推荐方案主要内容一览表

Table 4-35　Main contents of 2035-year predicting and analyzing-based recommended solutions under risky decision making

	推荐方案指标		规划优化		改善型 3 优化	
	指标		面积/hm^2	占区域总面积比例/%	面积/hm^2	占区域总面积比例/%
土地利用	生态用地		6 090. 22	44.13	6 652.92	48.21
	工业用地		[1305.98, 2965.78]	[9.46, 21.49]	[1121.87, 2616.08]	[8.13, 18.96]
	非工业城市建设用地		4 744.00	34.38	4 531.00	32.83
产业发展	产业类型		食品加工业、石油化工业、生物医药业、机械制造业、纺织服装业、电子信息业、其他工业			
	主导产业		机械制造业、电子信息业、生物医药业			
	次主导产业		食品加工业			
	产业总产值/万元		≥2 954 700		≥2 606 300	
	产业结构（各产业产值比例）/%	上限	[24.69, 2.48, 17.06, 18.29, 5.49, 22.86, 9.14]		[24.32, 1.80, 13.51, 18.02, 10.81, 22.52, 9.01]	
		下限	[19.46, 2.21, 16.55, 16.55, 6.62, 27.58, 11.03]		[21.51, 2.15, 16.13, 16.13, 6.45, 26.88, 10.75]	
资源需求	水资源需求/万 m^3		12 627.09		10 863.65	

续表

推荐方案指标		规划优化		改善型 3 优化	
	指标	污染物排放总量/(t/a)	空间年均浓度达标最小削减率/%	污染物排放总量/(t/a)	空间年均浓度达标最小削减率/%
污染物排放与削减	SO$_2$	5 791.99	13	5 022.31	13
	NO$_2$	14 937.41	16	13 695.54	16
	PM$_{10}$	11 629.08	14	10 066.95	0
	COD	31 376.34	88.73	20 429.97	85.11
	NH$_3$-N	1 374.3	87.14	1 241.98	87.75
治理费用	污染物削减费用/万元	100 889.60		87 758.33	

注：改善型 3 优化方案污染物削减费用由规划优化方案折算得出。

4.8　小结

本章就第 3 章所开发的普适性不确定性下区域规划环评"3 层 2 级"系统优化方法及耦合模型、区域规划累积环境影响评价方法、区域景观格局安全性判别及优化方法和区域污染物排放总量控制管理方法，以郑州航空港地区总体规划为案例进行了方法验证。结果表明，以上方法达到了方法学研究设定的研究目标，与以往方法相比较，本书所开发的方法具有显著的科学性、先进性和实用性。

首先，方法体现了目前 SEA 方法学研究提出的一系列先进理念，如不确定性处理、战略环评战略与非战略二层面理论、消除规划方案本身潜在的不利环境影响理念、培育综合的政治与生态合理性理念、适应决策的非线性、非逻辑特征以及环境优先、环境承载力等可持续发展原则。通过对航空港区规划方案的"3 层 2 级"系统优化，实现了生态系统服务功能价值最大化，环境优先的理念得到体现；优化模型中的资源环境约束体现了将环境因素前瞻性地纳入经济和社会发展规划这一 SEA 最本质的目的；优化后的方案在生态系统服务功能价值、土地利用结构、产业结构、污染物产生总量、景观格局及累积影响等方面均显著优于原规划方案，消除方案潜在的不利环境影响效果显著，方案的可持续性大为增强；优化后的方案以最优决策区间来表达，增强了对决策背景的适应性和决策弹性，为航空港区的规划决策和持续发展提供了有力支持。

其次，对方案实施后可能产生的不利环境影响，通过环保补救措施优化实现了最小化，以各类主要污染物排放总量削减费用最小化（经济效益最大化）及削减措施最优组合来表达，为污染防治提供了指导，体现了环境经济效益的双赢。

  总之，以环境优化经济社会发展，实施可持续发展战略离不开方法学的支持，本文所开发的方法通过本章方法验证，表明了其科学性、先进性和实用性，可以为我国的区域可持续发展提供有力的决策支持，对于我国 SEA 方法学的研究将起到积极的推动作用。

5

结论与展望

5.1 主要结论与创新点

本书在对国内外战略环评的概念、理论、方法和案例研究归纳总结的基础上，应目前我国面临日趋强化的资源环境约束、亟待在战略层次以环境优化经济社会发展的方法需求，针对目前国内外战略环评方法研究中存在的主要科学问题，结合我国实际，系统地开发了规划战略层次的环境评价——区域规划环评的方法和模型，并开展了方法验证，弥补以往区域规划环评在方法学上存在3个主要科学问题的不足，可以从管理技术角度提高区域规划的决策辅助工具——规划环评的有效性、可靠性和决策支持能力。此外，也可以用于其他类型的战略环评。归纳起来，主要结论有以下几点。

（1）构建了普适性不确定性下区域规划环评"3层2级"系统优化方法框架和耦合模型，为区域规划环评提供了新的、科学的、系统的方法学。区域规划环评方法学的关键在于以环境优化经济社会发展，在方法上解决区域资源环境约束条件下的最优规划方案，以消除规划方案潜在的不利环境影响，破解日趋强化的资源环境约束，以实现区域可持续发展。以往方法学上存在的主要缺陷在于没有解决不确定性下区域规划方案本身存在的潜在不利环境影响，而将注意力集中于规划实施后的环保补救措施，往往导致治理费用高昂，陷入防不胜防的窘境。实践中无异于先污染后治理这一落后发展模式在规划环评方法学上的重演，其评价结论和措施的有效性、可靠性和可实施性令人质疑，对决策的支持作用非常有限。

本书正是针对以往方法学上存在的这一关键弊病，深入、系统地剖析区域规划的特征、内容及规划环评的目标和任务，紧紧抓住区域规划"3层"结构和"2级"影响的本质特征以及区域规划经济社会发展的方向、规模、结构、布局、

| 189 |

空间管制、景观格局及累积影响等关键问题，在规划环评内容上首次归纳提出了区域规划的"3 层"（空间管制层、产业方案层和景观生态层）概念，在消除或减缓规划方案本身潜在的不利环境影响上提出了"2 级"优化（方案级和措施级）概念；在方法框架和耦合模型上，以先进的强化区间模型和情景分析方法为基础，首次提出了在区域生态优先（生态系统服务功能价值最大化）条件下，基于产业地均 GDP 和单位污染物所需土地承载面积概念的普适性不确定性下决策者–优化者互动耦合优化模型，并在应用研究中得以验证，实现了空间、产业和景观的"3 层"耦合优化，并以区间表达，解决了区域规划环评的不确定性，为决策者提供了比较灵活的决策空间，增强了对决策背景变化的适应性和决策弹性，以减少决策的非技术理性、非逻辑特征影响。

以航空港区规划终期 2035 年为例，规划和规划优化方案相比较，规划优化方案显著优于规划方案：在实现工业总产值规划目标前提下，生态系统服务功能价值规划优化方案为规划方案的 1.69 倍；各类用地总面积规划、规划优化和改善型 3 优化方案分别占区域总面积的 100%、87.97% 和 89.17%，因此，规划优化和改善型 3 优化方案较规划方案均具有较大的发展潜势，对于土地配置也具有较大的灵活性，对决策背景的变化具有更强的适应性；清洁型产业（机械制造业和电子信息业）的比例由规划方案的 17.87% 提高到规划优化方案的 42.5%；污染物产生量（COD）规划优化方案比规划方案减少了 34.91%；累积环境影响达标情况以环境空气为例，规划和规划优化方案中 SO_2 均达标，但规划方案已达到标准值，规划优化方案只占标准的 21.67%，尚具有较大的富余容量；规划和规划优化方案中 NO_2 相近，分别占标准的 50% 和 48%，规划优化方案略优于规划方案；规划和规划优化方案中 PM_{10} 均超标，但规划方案超过标准 1.29 倍，规划优化方案超过标准 0.77 倍，后者显著优于前者；污染物最小削减能力（规模）、最小削减费用及占 2035 年工业总产值的比例 3 项比较，规划优化方案分别为规划方案的 63.67%、70.31% 和 70.16%；景观格局安全性规划方案为 III 级不安全状态（预警格局），而规划优化格局为 II 级较安全级别，明显增强了区域发展的生态安全性；现状（2007 年）、规划、规划优化和改善型 3 优化 4 方案的综合环境承载力相比较，剩余率总值分别为 1.40、0.81、1.42 和 1.74，均未超载，但规划方案承载力剩余率已很小，比 2007 年降低了 42.14%，规划优化方案比规划方案提高了 75.31%，改善型 3 优化方案又比规划优化方案提高了 22.54%，优化方案较规划方案的可持续性显著增强。

因此，方法应用研究结果验证了本书所开发方法的先进性、科学性和实用性，对决策的支持能力显著增强，实现了将环境因素前瞻性地系统地纳入经济和社会发展规划这一战略环评最本质的目的，以及战略环评"培育一种综合的政治和生态合理性"这一先进理念，达到了区域规划环评方法学研究设定目标。

（2）开发了区域规划环评方法研究的热点和难点——累积环境影响评价方法框架及耦合模型，为发挥区域规划环评的突出优势——解决规划的累积影响问题提供了新的途径。规划环评的主要优势之一是，它可以解决规划层次环境影响的主要特征——累积影响。目前国内外对累积影响评价的研究多集中于概念、理论框架及少量的具体评价技术应用，方法和案例研究尚处于起步阶段，缺乏成熟的、系统的累积影响评价方法框架和高效、实用、可操作的技术方法，这种情况使得规划环评可以解决累积影响的这一优势难以发挥，评价结论和可靠性令人质疑。本书针对目前规划环评累积环境影响评价方法的这一明显不足，基于区域"经济–社会–环境"复合巨系统的复杂性、非线性、多变量及多反馈特征和时空耦合思路，采用系统动力学（SD）模型模拟各子系统间的关联并预测时间尺度上的累积效应，再依据时间累积，按环境受体的空间状态概率分布规律，选择合适的机理模型求算污染物排放总量的长期空间浓度分布，并叠加 GIS 分析，获得空间尺度的累积效应，系统提出了包括规划描述、影响识别、尺度确定、因果分析、评价基准、情景构建、累积评价与预警、减缓措施以及适应调控等主要步骤在内的系统的累积环境影响评价方法框架及时空耦合模型，并应用于环境空气、地表水环境的累积影响评价，提高了规划环评的有效性和可信度，从方法角度为解决区域规划的累积环境影响奠定了基础，使得规划环评的这一优势和潜力得以发挥，为规划环评方案优化、选择及区域污染物排放总量控制和管理提供了新的、可操作的途径。

（3）基于景观格局分析的区域规划环评方法为构建区域景观安全格局和产业布局优化提供了方法支持。区域景观格局的安全性判别和景观安全格局构建是区域规划环评方法学的主要组成部分，也是区域可持续发展的基础，对于解决区域生态环境问题具有不可替代的作用。目前对此方面的研究刚刚起步，且多为概念和理论探索，缺乏实用的、操作性强的方法，尤其是判别景观格局安全性与构建景观安全格局的先进、实用方法。本书所开发的方法优势在于建立了系统的景观格局分析指标体系和包括种群源分析、景观组织开放性分析及景观异质性分析等表征景观格局安全性主要特征的景观格局安全性判别准则，可以对区域景观格局进行系统的动态分析，判别景观格局安全性缺陷，从而为景观格局的优化调整和产业布局的优化提供方法支持，为提高区域规划的可持续性奠定景观生态学基础。应用研究表明，采用该方法不仅明确回答了航空港区总体规划的景观格局安全水平，而且景观格局优化后的安全水平显著高于原规划方案，提高了一个级别，达到了较安全水平，满足景观格局安全性要求。

（4）区域规划环评污染物排放总量控制管理方法及模型为完成区域污染减排目标和任务，实现区域环境质量目标提供了新的思路和方法。污染物排放总量控制是实现区域环境质量目标的主要手段和重要制度。以往的总量控制方法过分强调容量控制，注意力集中于现有污染源的被动治理，忽略了对新建项目的总量控制和新老污染源总量控制的内在联系，使得面对我国多数现状已大大超过环境容量的地区，短期内难以推行，实践中效果有限。本书针对容量控制的这一现实弊病，结合实际工作，采用发展的视角、循环渐进的思路，从污染防治的角度协调发展和环境的关系，提出了构建区域新老污染源总量控制的良性互动机制、对区域发展建设项目实施总量控制是实现区域环境质量目标的关键，开发了基于目标总量控制方法的区域总量控制管理方法及模型，即以区域老污染源的总量削减为基础，科学合理地分配给新建项目总量审批指标，同步实现污染减排和区域发展。污染减排（总量削减）为新建项目提供了发展空间和入区机会，新建低污染、低消耗、高效益的建设项目又为进一步的污染减排提供了资金支持，形成新老交替、循环往复的良性代谢机制，逐步实现区域总量控制目标和环境质量目标，二者相辅相成、相得益彰、协调发展、共生共赢。该方法对于我国目前乃至今后相当长的一段时期内面临日趋强化的资源环境约束，又要又好又快地发展将是一个比较适宜的有效手段。该思路和方法已在实际工作中得到应用，获得了良好效果。

（5）从应用来看，验证了以上方法的科学性、先进性和实用性。首先，本书所开发的方法在目前国内外区域规划环评方法研究中为首创，体现了国内外方法学研究环境优先、兼顾政治与生态合理性、增强对决策背景变化的适应性和决策弹性等一系列先进理念。方法集可持续发展原则、决策理论和项目环评的技术方法为一体，其构架中包含了规划环评与规划方案制定过程融为一体的一系列系统有序的优化思想及方法逻辑结构，即"3层2级"系统优化模型以生态系统服务功能价值最大化为目标函数，体现了环境优先的先进理论；方案优化消除了其本身潜在的不利环境影响，体现了战略环评的本质；累积环境影响评价对各方案实施后可能的累积影响进行比较，验证了方案优化的效果和目的；环保补救措施优化实现了环境效益和经济效益的统一；污染物排放总量控制管理保障了环境质量目标的实现等，克服了以往区域规划环评方法在消除规划方案本身潜在的不利环境影响、方案系统优化及风险评估、累积环境影响评价及区域规划环评的景观生态学方法等方面存在的缺陷，体现了方法的科学性和先进性。规划方案的系统优化获得了战略层次的区域可持续发展方案，为下一步非战略层次——项目层次的环评、审批和监督管理提供了科学依据、总体管控和技术支持，避免了战略层次的决策失误，为区域可持续发展奠定了基础。其次，上述方法所具有的优势及其实用性在郑州航空港区总体规划环评方法应用研究中均得到了验证。对郑州航空港区总体规划方案的"3 层 2 级"耦合优化，获得了生态服务功能价值最大化条件下的最优土地利用方案、产业结构、布局及景观安全格局。其中，各类土地利用面积和产业结构以区间表达，决策者可以在决策区间内依据决策背景的变化和决策偏好选择适宜的方案，制订分期实施计划，增强了决策弹性；累积影响评价方法的应用不仅获得了各方案的时空累积影响，而且对各方案的累积影响进行了预警，为方案选择、总量控制提供了依据；景观安全格局的构建和优化调整措施为区域生态建设和生态系统管理提供了支持；总量控制管理为规划决策后，下一步项目层次航空港区的污染减排和新建项目审批提供了科学实用的方法，从而为改善和保持区域环境质量奠定了管理基础。

5.2 研究展望

与以往规划环评方法相比，本书的"3 层 2 级"系统优化方法框架和耦合模型在体现政治与生态合理性、消除规划方案潜在的不利环境影响、累积环境影响评价、构建区域景观安全格局及增强决策弹性等方面具有明显优势，但作为方法学研究它仍处于初期阶段，在实际应用方面还有广泛发展空间。以下从方法学和应用两个角度阐述今后研究方向。

5.2.1 方法学研究

1. 基于产业地均 GDP 概念的空间管制层–产业方案层双层耦合优化方法及模型

(1) 产业地均 GDP 是方法 1 耦合模型的基础，但目前缺乏数据积累及其时空变化规律的研究，短期内应用该模型需要进行实际调查，且其变化规律只能依据地均 GDP 的变化规律进行情景假设，但长远来看，具有广阔的研究价值和应用前景，是实现空间和产业耦合优化的必要途径，也是将土地利用和产业结构的数量化指标落实到空间的关键结合点，对于规划的空间表达具有非常重要的意义。建议分区域、分时间开展产业地均 GDP 的实际调查，在其变化规律、主要影响因素及其预测、调控等方面广泛深入地研究，以实现其应用价值。

（2）单位污染物总量所需土地承载面积是以污染物排放总量指标限值约束建设用地面积的综合参数，在模型约束条件中具有比较重要的意义，但目前只能选用对研究区域影响最突出的单项污染物总量如 COD 进入参数，如何探明多项污染物如 COD、$NH_3\text{-}N$ 和 SO_2 等之间的空间耦合数量关系，并同时将它们综合在一个参数中，是今后需要深入研究的内容，对于提高这一参数的全面性具有重要意义。

2. 累积环境影响评价方法

累积环境影响是规划环境影响的主要特征，但又是一个非常复杂的问题。本书的方法仅探讨了环境空气、地表水和非污染生态系统景观格局的累积影响评价，对各种影响的交互作用、二次影响、诱导影响和其他污染因素如噪声、固体废物、危险废物、辐射等的累积影响，以及区域生态系统的种群结构、分布、演替等方面的累积影响，需要更加深入的研究，逐步完善累积影响评价内容和方法。

3. 景观格局优化方法

景观安全格局是区域可持续发展的重要保障。今后需要加强景观格局动态预测、景观格局安全性判别准则和调控方法的深入研究，其中，景观安全水平的细分、景观格局指数和格局安全水平之间的数量关系以及对应的空间调控方法研究更具有实用价值。

5.2.2 应用研究

（1）风险评估。在本书的应用研究中，由于缺乏数据支持，目标函数中生态系统服务功能价值系数（$S_i^{\pm}$）为确定数而非区间数（目前的研究进展尚未见到此方面的数据），故未获得 3.3.2 节所述强化区间（EILP）模型的 7 种风险决策方案。本书仅从决策风险的影响因素角度，总体上分析了可能遇到的决策风险及防范措施，模型求解上未实现决策方案的风险评估。因此，建议今后要加强生态系统服务功能价值系数的变化区间研究，为风险评估提供更为具体的数据支持。

（2）适应性管理。规划实施过程的定期监测和评估是适应性管理机制的关键环节，需要制订长期的监测计划，开展必要的监测和调查，建立系统完整的数据库和共享机制，为规划的适时调整提供数据支持。

（3）政策和制度研究。应加强区域总量交易政策、生态补偿政策、经济激励政策及决策磋商制度等研究，为区域规划和管理提供政策和制度支持。

参 考 文 献

包存宽，陆雍森，尚金城 . 2004. 规划环境影响评价方法及实例 . 北京：科学出版社

包存宽，尚金城 . 2000. 论战略环境评价中的公众参与 . 重庆环境科学，22（2）：37-40

包存宽，张敏，尚金城 . 2000. 流域水污染物排放总量控制研究 . 地理科学，20（1）：61-64

蔡玉梅，谢俊奇，杜官印，等 . 2005. 规划导向的土地利用规划环境影响评价方法 . 中国土地
　　科学，19（2）：3-8

曹德友，郭强，程海静 . 2006. 港口规划环境影响评价指标体系的初步研究 . 环境科学与管理，
　　31（5）：135-138

柴发合，陈义珍，文毅，等 . 2006. 区域大气污染物总量控制技术与示范研究 . 环境科学研究，
　　19（4）：163-171

陈彬，张格平 . 2001. 战略环境影响评价研究 . 厦门大学学报（自然科学版），40（3）：770-774

陈国阶 . 2006. 环境影响评价需要新的突破 . 中国人口·资源与环境，16（6）：149-152

陈剑霄 . 2007. 区域开发累积环境影响及其全幕景分析法评价 . 地下水，29（2）：73-76

陈蓉 . 2004. 浅论我国规划环境影响评价制度及其完善 . 规划研究，28（8）：84-86

陈绍娟 . 2001. 论城镇建设规划的战略环境影响评价 . 环境科学与技术，94（2）：37-39

陈文波，肖笃宁，李秀珍 . 2002. 景观空间分析的特征和主要内容 . 生态学报，22（7）：1135-
　　1142

程龙飞 . 2007. 开展规划环境影响评价的探讨 . 环境科学与管理，32（5）：185-188

董博，李小敏，海热提 . 2007. 规划环境影响识别与层次划分探讨——以某城市快速轨道交通
　　线网规划环评为例 . 环境科学与技术，30（7）：59-61

董德明，赵文晋，王宪恩，等 . 2002. 战略环境评价若干问题研究 . 地理科学，22（5）：
　　615-618

傅英江 . 2004. 对自然资源开发项目环境影响评价的分析 . 环境保护，7：35-37

耿福明，薛联青，陆桂华 . 2006. 基于复合生态系统的流域梯级开发累积环境影响识别 . 水资
　　源与水工程学报，17（1）：30-38

桂滨，钟文香，孙绿松 . 2004. 战略环评和项目环评 . 交通标准化，10：16-19

郭怀成，尚金成，张天柱 . 2001. 环境规划学 . 北京：高等教育出版社

郭怀成，张振兴，于湧 . 2003. 流域土地可持续利用规划方法及应用研究 . 地理研究，22
　　（6）：671-679

郭晋平，周志翔 . 2006. 景观生态学 . 北京：中国林业出版社

国家环境保护部环境影响评价司 . 2006. 战略环境影响评价案例讲评第一辑 . 北京：中国环境
　　科学出版社

国家环境保护部环境影响评价司 . 2009. 战略环境影响评价案例讲评第二辑 . 北京：中国环境

科学出版社

国家环境保护部环境影响评价司.2010.战略环境影响评价案例讲评第三辑.北京：中国环境
　科学出版社

贾彩霞.2006.区域环评中生态满意度指标体系研究.科技情报开发与经济,16（1）：176-177

贾海娟,黄显昌,谢永平.2007.开展规划环境影响评价的若干问题探讨.西北大学学报（自
　然科学版）,37（2）：306-310

贾生元.2004.景观生态学在公路建设项目环境影响评价中的应用.新疆环境护,26（4）：
　15-17

蒋宏国,林朝阳.2004.规划环评中的替代方案研究.环境科学动态,1：11-13

鞠美庭,朱坦.2003.国际战略环评实践追踪及中国对规划实施环境影响评价的管理程序和技
　术路线探讨.重庆环境科学,25（11）：124-127

李川.2007.矿产资源规划环境影响评价内容与方法.环境科学与管理,32（1）：181-182

李丛.2006.关于居住区规划环评中限制因素的探讨.辽宁城乡环境科技,26（3）：33-34

李峰,左安建.2006.我国战略环境影响评价及其规范化初探.能源环境保护,20（1）：56-59

李明光.2003.规划环境影响评价的工作程序与评价内容框架研究.环境保护,7：31-34

李明光,陈新庚,桑艳鸿.2002a.分层环境影响评价研究.环境保护,（5）：33-35

李明光,陈新庚,桑艳鸿.2002b.战略环境评价的实践进展和问题讨论.上海环境科学,21
　（6）：365-368

李明光,陈新庚,吴仁海.2002c.战略环境影响评价在环境与发展综合决策中的应用.上海环
　境科学,21（5）：313-315

李明光,龚辉,李志琴,等.2003.开展规划环境影响评价的若干问题探讨.环境保护,1：
　34-36

李飒,李海生,周云.2006.中美环境影响评价比较.环境保护,12A：67-71

李巍,王华东,王淑华.1995.战略环境影响评价研究.环境科学进展,3（3）：1-5

李巍,谢德嫦,张杰.2009.景观生态学方法在规划环境影响评价中的应用.中国环境科学,
　29（6）：605-610

梁学功,刘娟.2004.中国实施规划环评可能出现的问题及其解决方法.环境科学,25（6）：
　163-166

廖德兵,衡景梅,周黎,等.2004.景观生态学在区域环评中的应用.四川环境,23（2）：
　53-56

林逢春,陆雍森.1999.浅析区域环境影响评价与累积效应分析.环境保护,2：22-24

刘大义,许和贵.2005.综合指数判别法筛选建设项目环境影响评价因子.北方环境,30（1）：
　88-94

刘洁,冯银厂,朱坦.2003.总量控制在环境管理中应用.城市环境与城市生态,16（1）：
　59-61

刘兰岚,杨凯,徐启新,等.2006.规划环境影响评价有效性研究.环境保护,12A：63-66

刘茂松, 张明娟. 2004. 景观生态学——原理与方法. 北京: 化学工业出版社

刘品高, 江南, 余瑶, 等. 2007. 基于遗传算法的大气污染总量控制新方法. 环境污染与防治, 29 (3): 233-237

刘现伟. 2006. 中国开发区的区域分布及其影响因素分析. www.docin.com/p-6315397.html [2011-01-05]

刘毅, 陈吉宁, 何炜琪. 2008. 城市总体规划环境影响评价方法. 环境科学学报, 28 (6): 1249-1255

刘永, 郭怀成. 2008. 湖泊-流域生态系统管理研究. 北京: 科学出版社

吕昌河, 贾克敬, 冉圣宏, 等. 2007. 土地利用规划环境影响评价指标与案例. 地理研究, 26 (2): 249-257

吕洪良, 张秀霞, 赵朝成. 2006. 区域环评中大气环境容量估算的研究进展. 电力环境保护, 22 (6): 1-4

马克明, 傅伯杰, 黎晓亚, 等. 2004. 区域生态安全格局: 概念与理论基础. 生态学报, 24 (4): 761-768

马蔚纯, 林建枝, 陈立民, 等. 2000. 战略环境影响评价 (SEA) 及其研究进展. 环境科学, 21 (5): 107-112

马祥华. 2007. 景观生态学在生态环境影响评价中的应用. 水土保持研究, 14 (5): 232-234

马小明, 曹云, 张帆. 2001. 基于随机优化方法的大气污染物总量控制模型. 中国环境科学, 21 (5): 436-439

马小明, 张立勋, 戴大军. 2003. 产业结构调整规划的环境影响评价方法及案例. 北京大学学报 (自然科学版), 39 (4): 565-571

马中, 吴健, 张建宇, 等. 2002. 论总量控制与排污权交易. 中国环境科学, 22 (1): 89-92

毛文锋, 吴仁海. 1998. 建议在我国开展累积影响评价的理论与实践研究. 环境科学研究, 11 (5): 8-11

毛小苓, 赵智杰, 张辉, 等. 2002. 经济开放地区工业园项目环境影响评价的特点. 应用基础与工程科学学报, 10 (1): 18-24

孟伟, 张远, 郑丙辉. 2006. 水环境质量基准、标准与流域水污染物总量控制策略. 环境科学研究, 19 (3): 1-6

孟伟. 2007. 中国流域水环境污染综合防治战略. 中国环境科学, 27 (5): 712-716

孟伟, 张楠, 张远, 等. 2007. 流域水质目标管理技术研究. 环境科学研究, 20 (4): 1-8

潘嫦英, 刘卫东. 2004. 浅谈土地利用规划的环境影响评价. 中国人口·资源与环境, 14 (2): 134-137

潘岳. 2005. 战略环评与可持续发展. 市场论坛, 9: 18-20

彭应登. 1999. 区域开发环境影响评价研究进展. 环境科学进展, 7 (4): 34-40

彭应登, 王华东. 1995. 战略环境影响评价与项目环境影响评价. 中国环境科学, 15 (6): 452-455

钱易，唐孝炎.2000. 环境保护与可持续发展. 北京：高等教育出版社

秦建春，李文水.2007. 关于规划环境影响评价的思考. 环境科学与管理，32（5）：189-190：

清华大学.2006. 北京市顺义区区域战略环境影响评价报告（送审稿）

尚金城，包存宽.2000. 战略环境评价系统及工作程序. 城市环境与城市生态，13（3）：31-33

沈虹，肖青，鲍仙华.2004. 区域环评中生态适宜度分析指标体系的探讨. 上海环境科学，3（4）：156-160

沈清基.2000. 论城市规划的生态思维. 城市规划汇刊，6：7-12

沈清基.2003. 论城市规划的生态学化——兼论城市规划与城市生态规划的关系. 规划师，3：5-9

沈清基.2004. 规划环境影响评价及城市规划的应对. 城市生态研究，28（2）：52-56

石晓枫，卢力.2000. 大气环境容量的分配与污染物总量控制方法的研究. 环境工程，18（1）：50-53

史捍民，仲良喜.2006. 北京市大气污染物排放总量控制. 环境保护，5（B）：31-35

舒廷飞，包存宽，陆雍森，等.2006a. 规划环境影响评价与生态规划的现状及其关系. 同济大学学报（自然科学版），34（3）：382-387

舒廷飞，霍莉，蒋丙南，等.2006b. 城市规划与规划环评融合的思考与实践. 城市规划学刊，164（4）：29-34

宋国君.2000. 论中国污染物排放总量控制和浓度控制. 环境保护，6：11-13

苏继新，刘春博.2002. 国外战略环评的实践与进展. 山东环境，108（2）：15-16

孙钰.2006. 加强环境影响评价推进历史性转变. 环境保护.6A：30-34

汤振兴，杜丽.2005. 景观生态学在高速公路景观规划中的应用. 山东林业科技，5：75-77

唐弢，朱坦，徐鹤，等.2007. 基于生态系统服务功能价值评估的土地利用总体规划环境影响评价研究. 中国人口·资源与环境，17（3）：45-48

唐占辉，马逊风，马宏军.2004. 景观生态学理论在流域环境影响评价中的应用. 环境保护，5：43-46

田刚，蔡博峰.2004. 北京地区人工景观生态服务价值估算. 环境科学，25（5）：5-9

汪劲.2007. 欧美战略环评法律制度中的主体比较研究. 环境保护，2AB：86-89

王灿发.2004. 战略环评法律问题研究. 法学论坛，19（3）：13-19

王吉华，刘永，郭怀成，等.2004. 基于不确定性多目标的规划环境影响评价研究. 环境科学学报，24（5）：922-929

王江玲，李鱼，赵文晋，等.2007. 建设项目总量控制探讨. 环境保护，9（B）：44-46

王金南，武雪芳，曹东，等.2004. 中国“十五”期间二氧化硫总量控制方案研究. 环境科学研究，17（2）：45-48

王静，戴明忠.2007. 规划环评和区域开发环评的比较研究. 污染防治技术，20（2）：37-38

王圣，陈文燕.2007. 能源规划环境影响评价内容框架实践与探讨. 环境保护科学，33（4）：94-96

王万茂 . 2001 . 人均耕地 0.8 亩警戒线透视 . 中国土地，10：32-33

王亚男，赵永革 . 2006 . 空间规划战略环境评价的理论、实践及影响 . 城市规划，30（3）：20-25

王亚平 . 2005 . 总量控制中的面源问题及其解决 . 环境保护，6：51-53

王云 . 2000 . 中国区域环境影响评价的发展 . 上海环境科学，19（12）：550-552

王志国，滕玉庆，王锷一 . 2001 . 区域开发生态影响评价方法及应用 . 上海环境科学，20（7）：343-346

王志轩 . 2001 . 对我国大气污染物总量控制与浓度控制的再认识 . 环境保护，7：12-14

王志义 . 2000 . 区域环境影响评价在城市建设中的重要地位 . 中国环境科学，20：44-46

邬建国 . 2000 . 景观生态学概念与理论 . 生态学杂志，19（1）：42-52

吴飚 . 2007 . 规划环评指标体系的构建及在区域环评中的应用 . 安徽农业科学，35（17）：5225-5227

吴飚，陈尧华，廖正军 . 2000 . 景观生态学在生态环境影响评价中的应用——重庆二郎科技园区生态环境影响探讨 . 重庆环境科学，22（5）：31-33

吴婧，姜华 . 2006 . 我国战略环境评价能力综述 . 环境保护，1B：44-51

吴静 . 2007 . 天津市湿地资源开发的累积环境影响评价初探 . 环境科学与技术，30（2）：64-66

吴小寅，陈莉 . 2007 . 累积环境影响评价中若干问题的探讨 . 四川环境，26（2）：84-87

吴贻名，张礼兵，万飚 . 2000 . 系统动力学在累积环境影响评价中的应用研究 . 武汉水利电力大学学报，33（1）：70-73

肖笃宁，李秀珍 . 1997 . 当代景观生态学的进展和展望 . 地理科学，17（4）：356-364

肖笃宁，李秀珍，高峻，等 . 2010 . 景观生态学 . 北京：科学出版社

徐鹤，朱坦，贾纯荣 . 2000 . 战略环境影响评价（SEA）在中国的开展——区域环境评价（REA）. 城市环境与城市生态，13（3）：4-6

杨凯，林健枝 . 2001 . 累积影响评价：中国内地与香港的问题与实践探讨 . 环境科学，22（1）：120-125

杨乃克 . 2000 . 工业开发区区域环评的特点 . 城市环境与城市生态，13（3）：43-44

杨喜爱，薛雄志 . 2004 . 海岸工程累积环境影响评价：厦门西海域案例研究 . 海洋科学，28（1）：76-78

叶文虎 . 2000 . 环境管理学 . 北京：高等教育出版社

叶正波 . 2000 . 可持续发展评估——理论及实践 . 北京：中国环境科学出版社

于晶，王在峰，李栋 . 2005 . 水污染源总量控制方法研究 . 环境科学研究，18（4）：125-128

于书霞，尚金城，郭怀成 . 2004 . 基于生态价值核算的土地利用政策环境评价 . 地理科学，24（6）：727-732

余富基，张华忠 . 2006 . 关于流域规划生态等重要问题的几点立法思考 . 人民长江，37（7）：34-35

余艳红 . 2010 . 景观格局指数在生态环境影响评价中的应用 . 环境科学导刊，29（2）：82-85

俞孔坚，李迪华．1997. 城乡与区域规划的景观生态模式．国外城市规划，3：27-31

俞孔坚，叶正，李迪华，等．1998. 论城市景观生态过程与格局的连续性——以中山市为例．城市规划，22（4）：14-17

张惠远，倪晋仁．2001. 城市景观生态调控的空间途径探讨．城市规划，25（7）：15-18

张惠远，王仰麟．2000. 土地资源利用的景观生态优化方法．地学前缘（中国地质大学，北京），7（增刊）：112-120

张惠远．2006. 城市生态化及其规划对策探讨．环境保护，5A：49-53

张淑芳，徐本良，袁宝成．2005. 区域环评是 EIA 向 SEA 的过渡——以沈阳农业高新技术开发区规划环评为例介绍 SEA. 环境保护科学，31（127）：66-70

张巍，王学军，李莹，等．2001. 在总量控制体系下实施点源与非点源排污的理论研究．环境科学学报，21（6）：748-753

张晓峰，周伟．2007. 基于 GIS 的生态景观结构分析及其在公路网规划环评中的应用．北京工业大学学报，33（2）：197-202

中国城市规划设计研究院深圳分院．2008. 郑州航空港地区总体规划（2008-2035）

中国环境科学研究院．2009. 郑州新郑国际机场总体规划环境影响报告书

中国开发区网．2009. 国家级经济技术开发区、边境经济合作区主要经济指标．www. cadz. org. cn/Item. jsp？ItemID＝1570page＝4

中华人民共和国国家统计局．2003-2009. 国民经济和社会发展统计公报．www. stats. gov. cn/tjb/

中华人民共和国环境保护部．2008 年环境统计年报．www. mep. gov. cn/zwgk/hjtjl

中华人民共和国科学技术部．2009. 中国高技术产业数据．www. most. gov. cn

周丹平，孙苏，蒋大和，等．2007. 规划环境影响评价项目实施有效性的评估．环境科学研究，20（5）：66-71

周丰，郭怀成．2010. 不确定性非线性系统"模拟–优化"耦合模型研究．北京：科学出版社

周丰，郭怀成，黄国和，等．2008. 改进区间线性规划及其在湖泊流域管理中的应用．环境科学学报，28（8）：1688-1698

周宏伟，朱继业，王腊春，等．2004. 水污染物排放总量控制方法研究．长江流域资源与环境，13（1）：60-64

周生贤．2010-06-09. 努力推进生态文明建设，积极探索中国环保新道路．中国环境报，（1）

周世星，王斌，杨秀杰．2005. 规划环评中环境影响分析 SD 模型应用——以四川川南某县县城总体规划环评为例．重庆工商大学学报（自然科学版），22（3）：257-261

周甦，江剑平．2000. 关于污染排放总量控制立法的探讨．环境保护，2：11-12

朱俊，张利鸣，马蔚纯．2006. 辽宁营口港总体规划环境评价实践．中国环境科学，26（5）：618-622

朱坦，汲奕．2006. 以规划环境影响评价促进落实循环经济理念．环境保护，12A：23-26

朱坦，吴婧．2005. 当前规划环境影响评价遇到的问题和几点建议．环境保护，4：50-54

祝兴祥．2005. 环境影响评价未来十年．环境保护，2：60-62

祝兴祥 . 2006. 环境影响评价与保护环境优化经济增长 . 环境保护, 12A: 12-18

Abbruzzese B, Leibowitz S G. 1997. Environmental auditing: a synoptic approach for assessing cumulative impacts to wetlands. Environmental Management, 21 (3): 457-475

Alshuwaikhat H M. 2005. Strategic environmental assessment can help solve environmental impact assessment failures in developing countries. Environmental Impact Assessment Review, 25: 307-317

Bao C K, Lu Y S, Shang J C. 2004. Framework and operational procedure for implementing strategic environmental assessment in China. Environmental Impact Assessment Review, 24: 27-46

Barker A, Wood C. 2001. Environmental assessment in the European Union: perspectives, past, present and strategic. European Planning Studies, 9 (2): 243-254

Bertrand F, Larrue C. 2004. Integration of the sustainable development evaluation process in regional planning: promises and problems in the case of France. Journal of Environmental Assessment Policy and Management, 6 (4): 443-463

Bina O. 2007. A critical review of the dominant lines of argumentation on the need for strategic environmental assessment. Environmental Impact Assessment Review, 27: 585-606

Bonnell S, Storey K. 2000. Addressing cumulative effects through strategic environmental assessment: a case study of small hydro development in Newfoundland, Canada. Journal of Environmental Assessment Policy and Management, 2 (4): 477-499

Bras-Klapwijk R M, Knot J M C. 2001. Strategic environmental assessment for sustainable households in 2050: illustrated for clothing. Sustainable Development, Sust Dev, 9: 109-118

Carter J, Howe J. 2006. The water framework directive and the strategic environmental assessment directive: exploring the linkages. Environmental Impact Assessment Review, 26: 287-300

Chaker A, El- Fadl K, Chamas L, et al. 2006. A review of strategic environmental assessment in 12 selected countries. Environmental Impact Assessment Review, 26: 15-56

Chen C H, Wu R S, Liu W L, et al. 2009. Development of a methodology for strategic environmental assessment: application to the assessment of golf course installation policy in Taiwan. Environmental Management, 43: 166-188

Chia L, Jonesb K G, Lederera A L, et al. 2005. Environmental assessment in strategic information systems planning. International Journal of Information Management, 25: 253-269

Dalkmanna H, Herrera R J, Bongardta D. 2004. Analytical strategic environmental assessment (ANSEA) developing a new approach to SEA. Environmental Impact Assessment Review, 24: 385-402

Deakin M, Curwell S, Lombardi P. 2002. Sustainable urban development: the framework and directory of assessment methods. Journal of Environmental Assessment Policy and Management, 4 (2): 171-197

Desmond M. 2009. Identification and development of waste management alternatives for Strategic Environmental Assessment (SEA). Environmental Impact Assessment Review, 29: 51-59

Devuyst D. 1999. Sustainability assessment: the application of a methodological framework. Journal of Environmental Assessment Policy and Management, 1 (4): 459-487

Devuyst D. 2000. Linking impact assessment and sustainable development at the local level: the introduction of sustainability assessment system. Sustainable Development, 8: 67-78

Diduck A, Mitchell B. 2003. Learning, public involvement and environmental assessment: a Canadian case study. Journal of Environmental Assessment Policy and Management, 5 (3): 339-364

Donnelly A, Jones M, O'Mahony T, et al. 2007. Selecting environmental indicator for use in strategic environmental assessment. Environmental Impact Assessment Review, 27: 161-175

Dube M G. 2003. Cumulative effect assessment in Canada: a regional framework for aquatic ecosystems. Environmental Impact Assessment Review, 23: 723-745

Dube M, Johnson B, Dunn G, et al. 2006. Development of a new approach to cumulative effects assessment: a northern river ecosystem example. Environmental Monitoring and Assessment, 113: 87-115

Duinker P N, Greig L A. 2007. Scenario analysis in environmental impact assessment: improving explorations of the future. Environmental Impact Assessment Review, 27: 206-219

Díaz M, Illera J C, Hedo D. 2001. Strategic environmental assessment of plans and programs: a methodology for estimating effects on biodiversity. Environmental Management, 28 (2): 267-279

Federico G, Rizzo G, Traverso M. 2009. Strategic environmental assessment of an integrated provincial waste system. Waste Management & Research, 27: 390-398

Fischer T B. 2002. Strategic environmental assessment performance criteria—the same requirements for every assessment? Journal of Environmental Assessment Policy and Management, 4 (1): 83-99

Fischer T B. 2003. Strategic environmental assessment in post-modern times. Environmental Impact Assessment Review, 23: 155-170

Forman R T T. 1995. Some general principles of landscape and regional ecology. Landscape Ecology, 10 (3): 133-142

Frank V. 2004. The triple bottom line and impact assessment: how do TBL, EIA, SIA, SEA and EMS relate to each other? Journal of Environmental Assessment Policy and Management, 6 (3): 265-288

Geneletti D, Bagli S, Napolitano P, et al. 2007. Spatial decision support for strategic environmental assessment of land use plans: A case study in southern Italy. Environmental Impact Assessment Review, 27: 408-423

Haber W. 1990. Using landscape ecology in planning and management. In: Zonneveld I S, Forman R T T. Changing Landscapes: an Ecological Perspective. New York: Springer-Verlag: 217-231

Hassan O A B. 2008. Assessing the sustainability of a region in the light of composite indicators. Journal of Environmental Assessment Policy and Management, 10 (1): 51-65

Herrera R J. 2004. A holarchical model for regional sustainability assessment. Journal of Environmental Assessment Policy and Management, 6 (4): 511-538

Herrera R J. 2007. Strategic environmental assessment: the need to transform the environmental assessment paradigms. Journal of Environmental Assessment Policy and Management, 9 (2): 211-234

Hoöjer M, Ahlroth S, Dreborg K H, et al. 2008. Scenarios in selected tools for environmental systems analysis. Journal of Cleaner Production, 16: 1958-1970

Jackson T, Illsley B. 2007. An analysis of the theoretical rationale for using strategic environmental assessment to deliver environmental justice in the light of the Scottish Environmental Assessment Act. Environmental Impact Assessment Review, 27: 607-623

João E. 2007a. Special issue on data and scale issues for SEA: The importance of data and scale issues for strategic environmental assessment (SEA). Environmental Impact Assessment Review, 27: 361-364

João E. 2007b. Special issue on data and scale issues for SEA: A research agenda for data and scale issues in strategic environmental assessment (SEA). Environmental Impact Assessment Review, 27: 479-491

Ju M T, Shi L L, Chen X H. 2005. Trends in chinese urban environmental management. Journal of Environmental Assessment Policy and Management, 7 (1): 99-124

Keith J E, Ouattar S. 2004. Strategic planning, impact assessment, and technical aid: the souss-massa integrated water management project. Journal of Environmental Assessment Policy and Management, 6 (2): 245-259

Koornneef J, Faaij A, Turkenburg W. 2008. The screening and scoping of environmental impact assessment and strategic environmental assessment of carbon capture and storage in the Netherlands. Environmental Impact Assessment Review, 28: 392-414

Kørnøv L. 2009. Strategic Environmental Assessment as catalyst of healthier spatial planning: the Danish guidance and practice. Environmental Impact Assessment Review, 29: 60-65

Lindsay K M, Svrcek C P, Smith D W. 2002. Evaluation of cumulative effects assessment in friends of the west country association v. Canada and land use planning alternatives. Journal of Environmental Assessment Policy and Management, 4 (2): 151-169

Liou M L, Yu Y H. 2004. Development and implementation of strategic environmental assessment in Taiwan. Environmental Impact Assessment Review, 24: 337-350

Liou M L, Yeh S C, Yu Y H. 2006. Reconstruction and systemization of the methodologies for strategic environmental assessment in Taiwan. Environmental Impact Assessment Review, 26 : 170-184

MacDonald L H. 2000. Evaluating and managing cumulative effects: process and constraints. Environmental Management, 26 (3): 299-315

Mao W F, Zhang S J. 2003. Impacts of the economic transition on environmental regulation in china. Journal of Environmental Assessment Policy and Management, 5 (2): 183-204

Martinuzzi A. 2004. Sustainable development evaluations in Europe — Market analysis, meta evaluation and future challenges. Journal of Environmental Assessment Policy and Management, 6 (4): 411-442

Marull J, Pino J, Mallarach J M, et al. 2007. A land suitability index for strategic environmental assessment in metropolitan areas. Landscape and Urban Planning, 81: 200-212

Morrison- Saunders A, Therivel R. 2006. Sustainability integration and assessment. Journal of Environmental Assessment Policy and Management, 8 (3): 281-298

Mörtberga U M, Balforsa B, Knol W C. 2007. Landscape ecological assessment: a tool for integrating biodiversity issues in strategic environmental assessment and planning. Journal of Environmental Management, 82: 457-470

Nestler J M, Long K S. 1997. Development of hydrological indices to aid cumulative impact analysis of riverine wetlands. Regulated Rivers: Research & Management, 13: 317-334

Ng K L, Obbard J P. 2005. Strategic environmental assessment in Hong Kong. Environment International, 31: 483-492

Nilsson M, Dalkmann H. 2001. Decision making and strategic environmental assessment. Journal of Environmental Assessment Policy and Management, 3 (3): 305-327

Nitz T, BrownA L. 2001. SEA must learn how policy making works. Journal of Environmental Assessment Policy and Management, 3 (3): 329-342

Noble B F. 2000. Strategic environmental assessment: what is it? & what makes it strategic? Journal of Environmental Assessment Policy and Management, 2 (2): 203-224

Noble B F. 2003. Auditing Strategic Environmental Assessment Practice in Canada. Journal of Environmental Assessment Policy and Management, 5 (2): 127-147

Noble B F. 2004a. Integrating strategic environmental assessment with industry planning: a case study of the pasquai- porcupine forest management plan, Saskatchewan, Canada. Environmental Management, 33 (3): 401-411

Noble B F. 2004b. Strategic environmental assessment quality assurance: evaluating and improving the consistency of judgments in assessment panels. Environmental Impact Assessment Review, 24: 3-25

Noble B F. 2009. Promise and dismay: the state of strategic environmental assessment systems and practices in Canada. Environmental Impact Assessment Review, 29: 66-75

Noble B F, Christmas L M. 2008. strategic environmental assessment of greenhouse gas mitigation options in the Canadian Agricultural Sector. Environmental Management, 41: 64-78

Noble B F, Storey K. 2001. Towards a Strategic approach to strategic environmental assessment. Journal of Environmental Assessment Policy and Management, 3 (4): 483-508

Partidario M R. 1996. Strategic environmental assessment: key issues emerging from recent practice. Environmental Impact Assessment Review, 16: 31-35

Piper J M. 2001. Barriers to implementation of cumulative effects assessment. Journal of Environmental Assessment Policy and Management, 3 (4): 465-481

Poulsen T G, Hansen J A. 2003. Strategic environmental assessment of alternative sewage sludge management scenarios. Waste Management & Research, 21: 19-28

Rajvanshi A. 2001. Strategic environmental assessment of the India ecodevelopment project: experiences, prospects and lessons learnt. Journal of Environmental Assessment Policy and Management, 3 (3): 373-393

Rajvanshi A. 2003a. Promoting public participation for integrating sustainability issues in environmental decision- making: the Indian experience. Journal of Environmental Assessment Policy and Management, 5 (3): 295-319

Rajvanshi A. 2003b. Strategic Environmental Assessment of the India Ecodevelopment Project: experiences, prospects and lessons learnt. Journal of Environmental Assessment Policy and Management, 3 (3): 373-393

Retief F. 2007. A performance evaluation of strategic environmental assessment (SEA) processes within the South African context. Environmental Impact Assessment Review, 27: 84-100

Ridder W D, Turnpenny J, Nilsson M, et al. 2007. A framework for tool selection and use in integrated assessment for sustainable development. Journal of Environmental Assessment Policy and Management, 9 (4): 423-441

Risse N, Crowley M, Vincke P, et al. 2003. Implementing the European SEA directive: the member states' margin of discretion. Environmental Impact Assessment Review, 23: 455-470

Say N P, Yucel M. 2006. Strategic environmental assessment and national development plans in Turkey: towards legal framework and operational procedure. Environmental Impact Assessment Review, 26: 301-316

Seht H V. 1999. Requirements of a comprehensive strategic environmental assessment system. Landscape and Urban Planning, 45: 1-14

Shepherd A, Ortolano L. 1996. Strategic environmental assessment for sustainable urban development. Environmental Impact Assessment Review, 16: 321-335

Slootweg R, Hoevenaars J, Abdel-Dayem S. 2007. DRAINFRAME as a tool for integrated strategic environmental assessment: lessons from practice. Irrigation and drainage. Irrig and Drain, 56: S191-S203

Smit B, Spaling H. 1995. Methods for cumulative effects assessment. Environ Impact Asses Rev, 15: 81-106

Spaling H, Zwier J, Ross W, et al. 2000. Managing regional cumulative effects of oil sands development in Alberta, Canada. Journal of Environmental Assessment Policy and Management, 2 (4): 501-528

Stewart J M P, Sinclair A J. 2007. Meaningful public participation in environmental assessment: perspectives from canadian participants, proponents, and government. Journal of Environmental Assessment Policy and Management, 9 (2): 161-183

Stinchcombe K, Gibson R B. 2001. Strategic environmental assessment as a means of pursuing sustainability: ten advantages and ten challenges. Journal of Environmental Assessment Policy and Management, 3 (3): 343-372

Söderman T, Kallio T. 2009. Strategic environmental assessment in Finland: an evaluation of the sea act application. Journal of Environmental Assessment Policy and Management, 11 (1): 1-28

Tang T, Zhu T, Xu H. 2007. Integrating environment into land-use planning through strategic environmental assessment in China: towards legal frameworks and operational procedures. Environmental Impact Assessment Review, 27: 243-265

Therivel R, Partidario M R. 1996. The Practice of Strategic Environmental Assessment. London: Earthscan Publication Ltd

Therivel R, Ross B. 2007. Cumulative effects assessment: does scale matter? Environmental Impact Assessment Review, 27: 365-385

Therivel R, Walsh F. 2006. The Strategic Environmental Assessment Directive in the UK: 1 year onwards. Environmental Impact Assessment Review, 26: 663-675

Thompson S, Treweek J R, Thurling D J. 1995. The potential application of Strategic Environmental Assessment (SEA) to the Farming of Atlantic Salmon (*Salmo salar* L.) in Mainland Scotland. Journal of Environmental Management, 45: 219-229

Therivel R, Wilson E, Thompson S, et al. 1992. Strategic Environmental Assessment. London: Earthscan Publication Ltd

Tricker R C. 2007. Assessing cumulative environmental effects from major public transport projects. Transport Policy, 14: 293-305

Tzilivakis J, Broom C, Lewis K A, et al. 1999. A strategic environmental assessment method for agricultural policy in the UK. Land Use Policy, 16: 223-234

Videira N, Antunes P, Santos R, et al. 2003. Participatory modelling in environmental decision-making: the ria formosa natural park case study. Journal of Environmental Assessment Policy and Management, 5 (3): 421-447

Wallington T, Bina O, Thissen W. 2007. Theorising strategic environmental assessment: fresh perspectives and future challenges. Environmental Impact Assessment Review, 27: 569-584

Wickham J D, Jones K B, Riitters K H, et al. 1999. Environmental auditing: an integrated environmental assessment of the US mid-atlantic region. Environmental Management, 24 (4): 553-560

Xu H, Zhu T, Dai S G. 2003. Strategic environmental assessment (sea) of wastewater reuse policy: a case study from tianjin in china. Journal of Environmental Assessment Policy and Management, 5

（4）：503-521

Yang S S. 2008. Public participation in the chinese environmental impact assessment（EIA）system. Journal of Environmental Assessment Policy and Management, 5（3）：91-113

Yu K J. 1996. Security patterns and surface model in landscape ecological planning. Landscape and Urban Planning, 36：1-17

Zhou F, Huang G H, Chen G X, et al. 2009. Enhanced interval linear programming. European Journal of Operational Research, 199（2）：323-333

Zhu D, Ru J. 2008. Strategic environmental assessment in China：motivations, politics, and effectiveness. Journal of Environmental Management, 88：615-626

Zhu T, Wu J, Chang I S. 2005. Requirements for strategic environmental assessment in china. Journal of Environmental Assessment Policy and Management, 7（1）：81-97

附录1 郑州航空港区社会经济环境系统动力学仿真模型构建及预测

郑州航空港区可分为人口、经济、水资源和污染4个相互关联的了系统。其中，污染子系统又分为COD、NH_3-N、SO_2、NO_2和PM_{10}5个子系统；水资源和污染子系统中又分为工业、机场和生活3个子区域；工业分为食品制造业、石油化工业、生物制药业、机械制造业、纺织服装业、电子信息业、其他产业7个行业类型。采用Vensim-PLE建立系统流程图，系统中含248个变量，以这些变量为基础建立方程组，共含166个方程。

1.1 郑州航空港区社会经济环境系统动力学仿真模型构建

1.1.1 航空港区系统动力学概念模型

郑州航空港区社会-经济-环境大系统可分为人口子系统、经济子系统、水资源子系统和污染子系统，各子系统之间的相互联系如附图1-1所示。

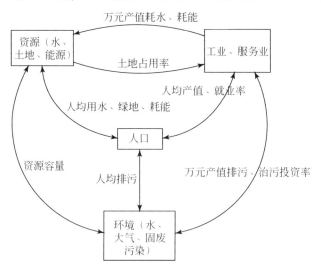

附图1-1 各子系统相互关系图

Attached Fig. 1-1 The interrelationship among subsystems

1.1.2　参数确定

除了参照现状调查从而对区域的社会经济发展趋势进行分析外，在郑州航空港规划的社会经济发展预测中，还需采用类比法。在港区产业发展规模上，从航空港发展阶段、产业结构特征、人口规模、产业规模等方面选取与郑州航空港发展相匹配的国内或国际其他航空港，通过文献调研与调查得到其经济和人口规模等值，建立一套较为简单的指标体系评价后得到适用于郑州航空港发展的参数，用于模型构建。规划的环境影响、污染预测等，则可借鉴更大区域范围内（如郑州市）一些相关的系数和参数。

1.1.3　模型设计

郑州航空港区系统模型以 2007 年为基准年，包括社会子系统、经济子系统、水资源子系统和环境子系统，各子系统的主要变量和相互关系如下。模型使用 Vensim-PLE 完成。

1. 社会子系统

人口子系统涉及的主要变量有总人口量、常住人口、流动人口、出生率、死亡率、迁出、迁入、人口密度等。社会子系统流程图如附图 1-2 所示。

2. 经济子系统

经济子系统中，经济增长采用指数式增长，各不同工业产业的发展由其固定资产和投入产出率决定。涉及的变量主要有 GDP 及其增长率、第三产业增加值及其增长率、工业增加值、工业总产值、i 产业产值、i 产业固定资产、i 产业固定资产投资量、i 产业固定资产折旧量、i 产业投入产出率等。经济子系统流程图如附图 1-3 和附图 1-4 所示。

3. 水资源子系统

水资源子系统涉及的变量有工业需水量、i 行业需水量、环境需水量、生活需水量、中水回用量、水资源需求量和实际需求量，以及这些量相关的速度变量、辅助变量。水资源子系统流程图如附图 1-5 所示。

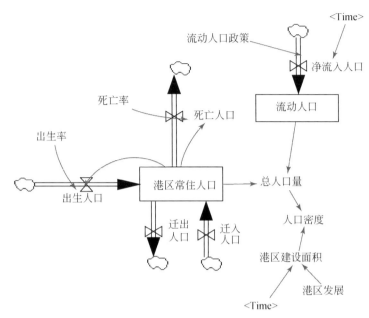

附图 1-2　社会子系统结构流图

Attached Fig. 1-2　The structure flow chart for subsystem of society

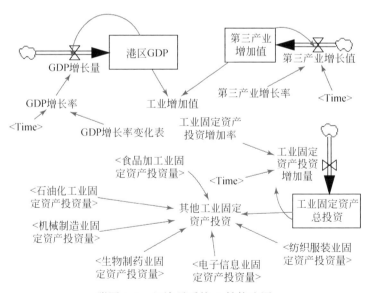

附图 1-3　经济子系统-1 结构流图

Attached Fig. 1-3　The structure flow chart for subsystem-1 of economy

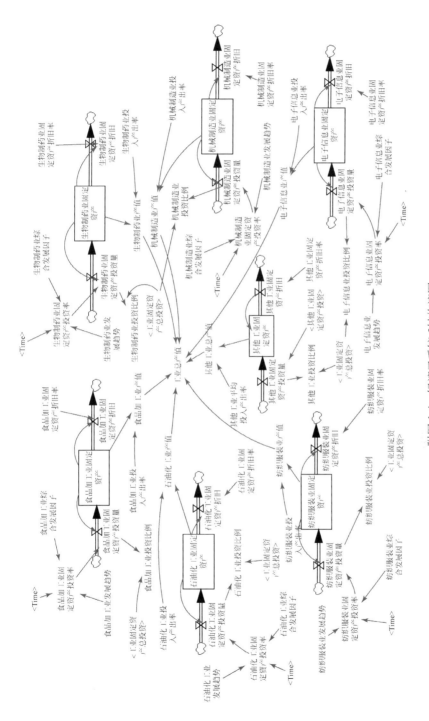

附图 1-4 经济子系统-2结构流图

Attached Fig. 1-4 The structure flow chart for subsystem-2 of economy

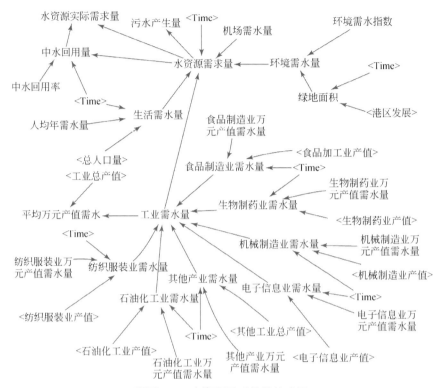

附图 1-5　水资源子系统结构流图

Attached Fig. 1-5　The structure flow chart for subsystem of water resources

4. 污染子系统

污染子系统主要考虑水污染物和大气污染物。其中，水污染物根据数据可得性主要是 COD 和 NH_3-N。COD 和 NH_3-N 子系统涉及的变量有 COD、NH_3-N 产生量、i 行业 COD、NH_3-N 产生量、机场 COD、NH_3-N 输入量、生活 COD、NH_3-N 产生量、工业万元产值污水产生量，以及相关的速度变量和辅助变量。COD 和 NH_3-N 污染子系统流程图如附图 1-6 和附图 1-7 所示。

大气污染物考虑 SO_2、PM_{10} 和 NO_2 排放量。SO_2 排放包括点源和面源，点源有工业企业、采暖锅炉、其他生活源（主要指第三产业）和机场锅炉排放，面源除了这些还包括飞机起降所产生的 SO_2 排放。SO_2 子系统涉及的变量为 SO_2 排放量、i 行业 SO_2 排放量、采暖锅炉 SO_2 排放量、其他生活源 SO_2 排放量、机场输入的 SO_2 排放量等，以及相关的速度变量和辅助变量。SO_2 污染子系统流程图如附图 1-8 所示。

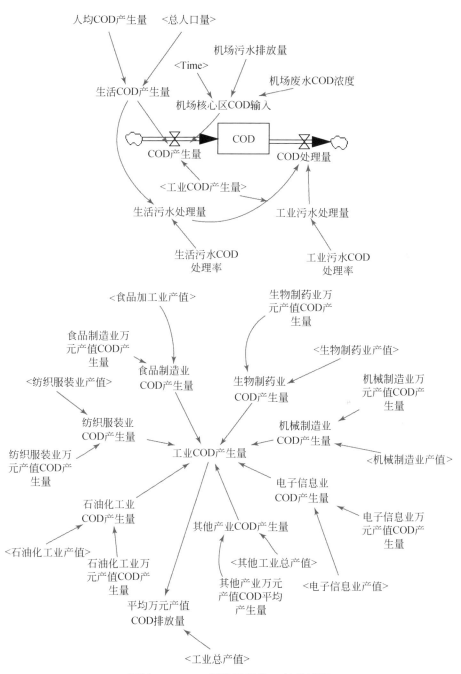

附图 1-6　COD 污染子系统-1 结构流图

Attached Fig. 1-6　The structure flow chart for COD contamination subsystem-1

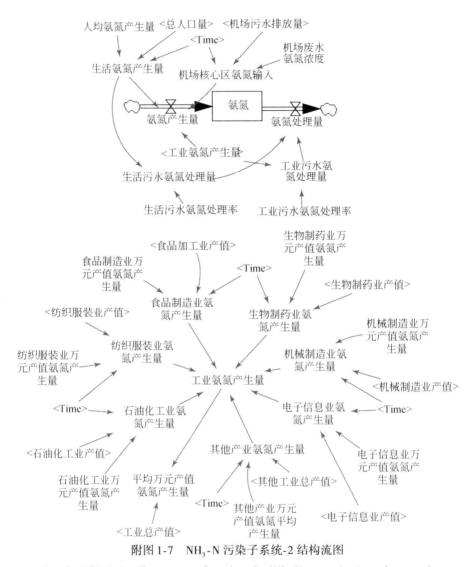

附图 1-7　NH₃-N 污染子系统-2 结构流图

Attached Fig. 1-7　The structure flow chart for NH₃-N contamination subsystem-2

　　NO₂排放包括点源和面源，点源有工业企业、采暖锅炉、其他生活源（主要指第三产业）和机场锅炉排放，面源除了这些还包括飞机起降和机场汽车尾气所产生的 NO₂排放。NO₂子系统涉及的变量为 NO₂排放量、i 行业 NO₂排放量、采暖锅炉 NO₂排放量、其他生活源 NO₂排放量、机场输入的 NO₂排放量等，以及相关的速度变量和辅助变量。NO₂污染子系统流程图如附图 1-9 所示。

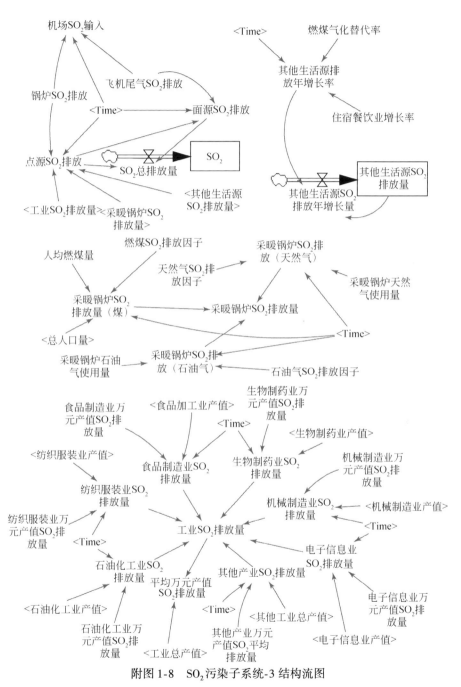

附图 1-8　SO_2 污染子系统-3 结构流图

Attached Fig. 1-8　The structure flow chart for SO_2 contamination subsystem-3

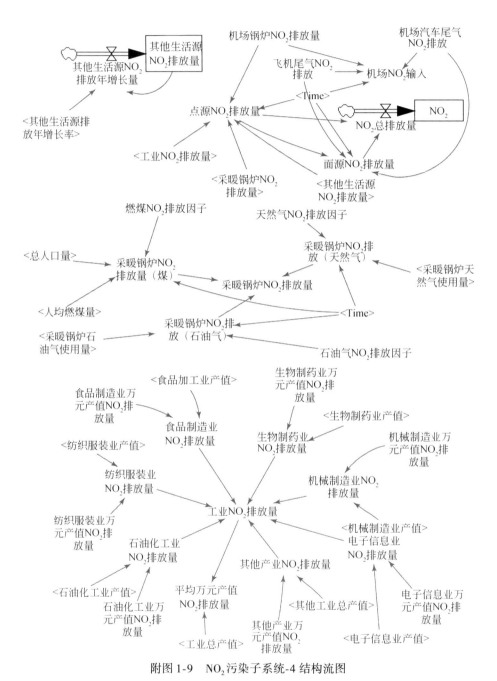

附图 1-9　NO₂污染子系统-4 结构流图

Attached Fig. 1-9　The structure flow chart for NO₂ contamination subsystem-4

PM$_{10}$排放包括点源和面源，点源有工业企业、采暖锅炉、其他生活源（主要指第三产业）和机场锅炉排放，面源除了这些还包括裸地扬尘和交通扬尘产生的PM$_{10}$排放。PM$_{10}$子系统涉及的变量为PM$_{10}$排放量、i行业PM$_{10}$排放量、采暖锅炉PM$_{10}$排放量、其他生活源PM$_{10}$排放量、机场输入的PM$_{10}$排放量、扬尘PM$_{10}$产生量等，以及相关的速度变量和辅助变量。PM$_{10}$污染子系统流程图如附图1-10所示。

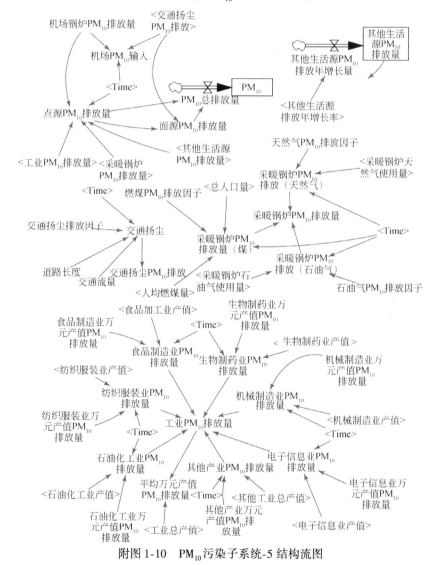

附图1-10　PM$_{10}$污染子系统-5 结构流图

Attached Fig. 1-10　The structure flow chart for PM$_{10}$ contamination subsystem-5

1.1.4 系统参数估计与设定

模型中参数众多，种类众多，参数的确定除根据现状调查对区域社会经济发展趋势分析的结果外，还通过类比郑州市、河南省或者其他类似航空港区及开发区的一些相关参数和系数得到。

1. 模型初始值确定

模型初始值指模型中涉及的 level 变量的起始值，主要包括经济总量、人口总量和污染物排放总量，经济和人口的数据获得从《新郑统计年鉴》中港区数据直接或折算获得，污染物排放量根据不同污染物产生来源，由污染源普查数据等折算获得。模型初始值如附表 1-1 所示。

附表 1-1　SD 模型初始值

Attached Table 1-1　The initial values of the parameters for SD model

变量	初始值	变量	初始值
GDP/万元	76 141	固定资产	176 156
第三产业增加值/万元	12 557	食品加工业	71 478
港区常住人口/人	86 669	石油化工业	55 618
流动人口/人	0	生物医药业	32 023
COD 产生量/(t/a)	5 219.08	机械制造业	150 970
SO_2 排放量/(t/a)	2 569.25	纺织服装业	18 685
NO_2 排放量/(t/a)	4 204.45	电子信息业	12 074
PM_{10} 排放量/(t/a)	8 526.86	其他产业	122 337

2. 模型速率变量及辅助变量值确定

（1）零方案和规划方案情景变量参数确定如附表 1-2 ～ 附表 1-9 所示。

附表 1-2　社会子系统变量参数

Attached Table 1-2　The variable parameters of the social subsystem

参数	零方案			规划方案		
	2007 年	2020 年	2035 年	2007 年	2020 年	2035 年
出生率/‰		9.635			9.635	
死亡率/‰		5.785			5.785	

续表

参数	零方案			规划方案		
	2007 年	2020 年	2035 年	2007 年	2020 年	2035 年
迁入/人		923			5500	
迁出/人		903			903	
流动人口政策/人		0		20000	3500	1000
港区建设面积/km²	12.63	13.5	15	12.63	34.93	46.1

附表 1-3　经济子系统变量参数

Attached Table 1-3　The variable parameters of the economical subsystem

参数	零方案			规划方案		
	2007 年	2020 年	2035 年	2007 年	2020 年	2035 年
GDP 增长率/%	0.18	0.1	0.06	0.2	0.15	0.1
各行业折旧率/%		10			10	
各行业发展趋势						
食品加工业	0.35	0.15	0.1	0.35	0.15	0.1
石油化工业	0.45	0.2	0.1	0.45	0.2	0.1
生物医药业	0.4	0.2	0.15	0.4	0.2	0.15
机械制造业	0.38	0.2	0.1	0.38	0.2	0.1
纺织服装业	0.6	0.2	0.07	0.6	0.2	0.07
电子信息业	0.8	0.4	0.1	0.8	0.4	0.1
各行业综合发展因子						
食品加工业		0		0.06	0.03	0
石油化工业		0		−0.1	−0.05	0
生物医药业		0		0.06	0.03	0
机械制造业		0		−0.1	−0.05	0
纺织服装业		0		0	0	0
电子信息业		0		0.06	0.03	0
各行业投入产出率/%						
食品加工业		1.375			1.375	
石油化工业		1.03			1.03	
生物医药业		0.39			0.39	
机械制造业		0.482			0.482	
纺织服装业		0.603			0.603	
电子信息业		0.13			0.13	

参数	零方案			规划方案		
	2007 年	2020 年	2035 年	2007 年	2020 年	2035 年
其他产业		0.265			0.265	
第三产业增长率/%		0.10		0.15	0.15	0.2
工业固定资产投资增长率/%	0.3	0.1	0	0.1	0.07	0.04

附表 1-4　水资源子系统变量参数

Attached Table 1-4　The variable parameters of the subsystem of water resources

参数	零方案			规划方案		
	2007 年	2020 年	2035 年	2007 年	2020 年	2035 年
各产业万元产值需水量/t						
食品加工业		22.29		22.29	16.74	14.46
石油化工业		16.6		16.60	12.46	10.77
生物医药业		15.14		15.14	11.43	9.86
机械制造业		18.29		18.29	16.00	14.00
纺织服装业		37.57		37.57	28.14	24.43
电子信息业		5		5.00	4.43	3.57
其他产业		60.7		60.70	46.08	39.75
中水回用率/%	0	0	0	0		20
环境需水指数 */[m³/(km²·d)]		1000			1000	
人均日需水量 */(L/d)	450		500	450		500

*与航空港区总体规划一致。

附表 1-5　COD 污染子系统变量参数

Attached Table 1-5　The variable parameters of the COD contamination subsystem

参数	零方案			规划方案		
	2007 年	2020 年	2035 年	2007 年	2020 年	2035 年
各产业万元产值 COD 产生量/t						
食品加工业		0.031 535		0.031 535	0.025 346	0.018 862
石油化工业		0.000 028		0.000 028	0.000 023	0.000 017
生物医药业		0.012 319		0.012 319	0.010 038	0.007 300
机械制造业		0.000 108		0.000 108	0.000 086	0.000 069

续表

参数	零方案			规划方案		
	2007 年	2020 年	2035 年	2007 年	2020 年	2035 年
纺织服装业		0.025 000		0.025 000	0.019 907	0.015 046
电子信息业		0.000 025		0.000 025	0.000 020	0.000 020
其他产业		0.000 029		0.000 029	0.000 024	0.000 018
人均 COD 产生量*/（g/d）		50			50	70
机场污水排放量/（t/a）	692 040	5 416 600	12 369 900	692 040	5 416 600	12 369 900
机场废水 COD 浓度/（mg/L）		133			133	
工业污水 COD 处理率**/%		88.6			88.6	
生活污水 COD 处理率***/%		0		0	62.4	62.4

*由郑州市平均数据调整得到；**根据污染普查数据中排放量与产生量差值得到；***规划方案数值根据机场环评报告中港区污水处理厂出水水质变化得到。

附表 1-6 NH$_3$-N 污染子系统变量参数

Attached Table 1-6 The variable parameters of the NH$_3$-N contamination subsystem

参数	零方案			规划方案		
	2007 年	2020 年	2035 年	2007 年	2020 年	2035 年
各产业万元产值 NH$_3$-N 产生量/t						
食品加工业		0.000 029 4		0.000 029 4	0.000 023 6	0.000 021 0
石油化工业		0.000 246 0		0.000 246 0	0.000 206 0	0.000 186 0
生物医药业		0.000 013 2		0.000 013 2	0.000 011 5	0.000 010 5
机械制造业		0.000 001 7		0.000 001 7	0.000 001 4	0.000 001 1
纺织服装业		0.000 000 1		0.000 000 1	0.000 000 1	0.000 000 1
电子信息业		0.000 000 21		0.000 000 2	0.000 000 2	0.000 000 2
其他产业		0.000 001 03		0.000 001 0	0.000 000 9	0.000 000 8
人均 NH$_3$-N 产生量/（g/d）		5		5		7
机场废水 NH$_3$-N 浓度/（mg/L）		20			20	
工业污水 NH$_3$-N 处理率/%		66			66	
生活污水 NH$_3$-N 处理率/%		0		0	75	75

附表 1-7　SO₂污染子系统变量参数

Attached Table 1-7　The variable parameters of the SO_2 contamination subsystem

参数	零方案			规划方案		
	2007 年	2020 年	2035 年	2007 年	2020 年	2035 年
各产业万元产值 SO₂排放量/t						
食品加工业		0.000 851		0.000 851	0.000 772	0.000 723
石油化工业		0.000 345		0.000 345	0.000 311	0.000 292
生物医药业		0.000 403		0.000 403	0.000 369	0.000 343
机械制造业		0.000 072		0.000 072	0.000 061	0.000 050
纺织服装业		0.000 325		0.000 325	0.000 291	0.000 281
电子信息业		0.000 001		0.000 001	0.000 001	0.000 001
其他产业		0.000 547		0.000 547	0.000 491	0.000 460
人均采暖燃煤量/(t/a)		0.333		0.333		0
燃煤 SO₂排放因子/(t/t)		0.007 2			0.007 2	
采暖天然气使用量/(m³/a)		0		0		1 660
天然气 SO₂排放因子*/(t/m³)		4×10⁻⁷			4×10⁻⁷	
采暖液化石油气使用量/(t/a)		0		0		7 200
液化石油气 SO₂排放因子/(t/t)**		2.8×10⁻⁴			2.8×10⁻⁴	
住宿餐饮业增长率/%		10			15	
燃煤气化率/%		0		0		100
机场锅炉 SO₂排放/(t/a)	84	0.091 96	0.506 83	84	0.091 96	0.506 83
飞机尾气 SO₂排放/(t/a)	12.13	80.43	179.42	12.13	80.43	179.42

*引自《第一次全国污染源普查城镇生活源产排污系数手册》；**根据《第一次全国污染源普查城镇生活源产排污系数手册》折算，液化石油气密度为 2.39kg/标准 m³，液化石油气要求含硫量小于 343mg/m³。

附表 1-8　NO₂污染子系统变量参数

Attached Table 1-8　The variable parameters of the NO_2 contamination subsystem

参数	零方案			规划方案		
	2007 年	2020 年	2035 年	2007 年	2020 年	2035 年
各产业万元产值 NO₂排放量/t						
食品加工业		0.002 225			0.002 225	
石油化工业		0.000 871			0.000 871	

续表

参数	零方案			规划方案		
	2007 年	2020 年	2035 年	2007 年	2020 年	2035 年
生物医药业		0.001 171			0.001 171	
机械制造业		0.000 096			0.000 096	
纺织服装业		0.000 433			0.000 433	
电子信息业		0			0	
其他产业		0.001 581			0.001 581	
人均采暖燃煤量/(t/a)		0.333		0.333		0
燃煤 NO_2 排放因子/(t/t)		0.009 06			0.009 06	
采暖天然气使用量/(m³/a)		0		0		1 660
天然气 NO_2 排放因子/(t/m³)		$1×10^{-5}$			$1×10^{-5}$	
采暖液化石油气使用量/(t/a)		0		0		7 200
液化石油气 NO_2 排放因子/(t/t)		$4.51×10^{-3}$			$4.51×10^{-3}$	
机场锅炉 NO_2 排放/(t/a)	271.8	12.262	67.58	271.8	12.262	67.58
飞机尾气 NO_2 排放/(t/a)	136.48	853.68	1 748.79	136.48	853.68	1 748.79
汽车尾气 NO_2 排放/(t/a)	22.42	52.08	122.79	22.42	52.08	122.79

附表 1-9 PM_{10} 污染子系统变量参数

Attached Table 1-9 The variable parameters of the PM_{10} contamination subsystem

参数	零方案			规划方案		
	2007 年	2020 年	2035 年	2007 年	2020 年	2035 年
各产业万元产值 PM_{10} 排放量/t						
食品加工业		0.000 544		0.000 544	0.000 489	0.000461
石油化工业		0.000 468		0.000 468	0.000 422	0.000 398
生物医药业		0.000 463		0.000 463	0.000 414	0.000 390
机械制造业		0.000 052		0.000 052	0.000 039	0.000 032
纺织服装业		0.000 233		0.000 233	0.000 212	0.000 198
电子信息业		0.000 001		0.000 001	0.000 001	0.000 001
其他产业		0.000 851		0.000 851	0.000 764	0.000 719
人均采暖燃煤量/(t/a)		0.333		0.333		0
燃煤 PM_{10} 排放因子/(t/t)		0.021			0.021	
采暖天然气使用量/(m³/a)		0		0		1660

续表

参数	零方案			规划方案		
	2007 年	2020 年	2035 年	2007 年	2020 年	2035 年
天然气 PM_{10} 排放因子/(t/m³)	6×10^{-10}			6×10^{-10}		
采暖液化石油气使用量/(t/a)	0			0		7200
液化石油气 PM_{10} 排放因子/(t/t)	2.81×10^{-6}			2.81×10^{-6}		
机场锅炉 PM_{10} 排放/(t/a)	45		0	45		0
交通扬尘 PM_{10} 排放因子/[g/(km·辆)]	1.029			1.029		
道路长度/km	88.33		140	88.33		255
交通流量/(辆/h)	150		170	150		200

（2）替代方案（3 种改善型情景）变量参数确定如附表 1-10 ～ 附表 1-16 所示。

附表 1-10 不同情景下社会子系统变量参数

Attached Table 1-10 The variable parameters of the social subsystem under different scenarios

参数	情景一			情景二			情景三		
	2007 年	2020 年	2035 年	2007 年	2020 年	2035 年	2007 年	2020 年	2035 年
出生率/‰	9.635			9.635			9.635		
死亡率/‰	5.785			5.785			5.785		
迁入/人	5 500			4 000			4 600		
迁出/人	903			903			903		
流动人口政策/人	20 000	3 500	1 000	17 000	3 000	1 000	17 500	3 100	1 000
港区建设面积/km²	12.63	34.93	46.1	12.63	30	40	12.63	34.93	46.1

附表 1-11 不同情景下经济子系统变量参数

Attached Table 1-11 The variable parameters of the economical subsystem under different scenarios

参数	情景一			情景二			情景三		
	2007 年	2020 年	2035 年	2007 年	2020 年	2035 年	2007 年	2020 年	2035 年
GDP 增长率	0.2	0.13	0.1	0.18	0.13	0.08	0.2	0.15	0.1
各行业折旧率/%	10			10			10		
各行业发展趋势									
食品加工业	0.35	0.15	0.1	0.35	0.15	0.1	0.35	0.15	0.1

续表

参数	情景一			情景二			情景三		
	2007 年	2020 年	2035 年	2007 年	2020 年	2035 年	2007 年	2020 年	2035 年
石油化工业	0.45	0.2	0.1	0.45	0.2	0.1	0.45	0.2	0.1
生物医药业	0.4	0.2	0.15	0.4	0.2	0.15	0.4	0.2	0.15
机械制造业	0.38	0.2	0.1	0.38	0.2	0.1	0.38	0.2	0.1
纺织服装业	0.6	0.2	0.07	0.6	0.2	0.07	0.6	0.2	0.07
电子信息业	0.8	0.4	0.1	0.8	0.4	0.1	0.8	0.4	0.1
各行业综合发展因子									
食品加工业	0.06	0.03	0	0.01	0.005	0	0.02	0.01	0
石油化工业	−0.1	−0.05	0	−0.08	−0.04	0	−0.1	−0.05	0
生物医药业	0.06	0.03	0	0.05	0.025	0	0.06	0.03	0
机械制造业	−0.1	−0.05	0	−0.05	−0.03	0	−0.06	−0.04	0
纺织服装业	0	0	0	−0.035	0	0	0	0	0
电子信息业	0.06	0.03	0	0.05	0.02	0.02	0.07	0.03	0
各行业投入产出率									
食品加工业		1.375			1.375			1.375	
石油化工业		1.03			1.03			1.03	
生物医药业		0.39			0.39			0.39	
机械制造业		0.482			0.482			0.482	
纺织服装业		0.603			0.603			0.603	
电子信息业		0.13			0.13			0.13	
其他产业		0.265			0.265			0.265	
第三产业增长率	0.15	0.15	0.2	0.16	0.18	0.19	0.18	0.18	0.22
工业固定资产投资增长率	0.1	0.07	0.04	0.09	0.07	0.02	0.1	0.07	0.04

注：负号表示减弱。

附表 1-12　不同情景下水资源子系统变量参数

Attached Table 1-12　The variable parameters of the subsystem of water resources under different scenarios

参数	情景一			情景二			情景三		
	2007 年	2020 年	2035 年	2007 年	2020 年	2035 年	2007 年	2020 年	2035 年
产业万元产值需水/t									
食品加工业	22.29	14.27	12.33	22.29	16.74	14.46	22.29	14.27	12.33

参数	情景一			情景二			情景三		
	2007 年	2020 年	2035 年	2007 年	2020 年	2035 年	2007 年	2020 年	2035 年
石油化工业	16.60	10.88	9.41	16.60	12.46	10.77	16.60	10.88	9.41
生物医药业	15.14	7.70	6.64	15.14	11.43	9.86	15.14	7.70	6.64
机械制造业	18.29	12.25	10.72	18.29	16.00	14.00	18.29	12.25	10.72
纺织服装业	37.57	18.30	15.89	37.57	28.14	24.43	37.57	18.30	15.89
电子信息业	5.00	3.16	2.55	5.00	4.43	3.57	5.00	3.16	2.55
其他产业	60.70	36.44	31.44	60.70	46.08	39.75	60.70	36.44	31.44
环境需水指数/[m³/(km²·d)]	1000			1000			1000		
中水回用率/%	0		35	0		20	0		35
人均日需水量/(L/d)	450		440	450		500	450		440

附表 1-13 不同情景下 COD 污染子系统变量参数

Attached Table 1-13 The variable parameters of the COD contamination subsystem under different scenarios

情景一	2007 年	2020 年	2035 年
产业万元产值 COD 产生量/t			
食品加工业	0.031 535	0.012 860	0.009 570
石油化工业	0.000 028	0.000 012	0.000 009
生物医药业	0.012 319	0.003 259	0.002 370
机械制造业	0.000 108	0.000 086	0.000 069
纺织服装业	0.025 000	0.012 900	0.009 750
电子信息业	0.000 025	0.000 004	0.000 004
其他产业	0.000 029	0.000 024	0.000 018
机场废水 COD 浓度/(mg/L)		100	
工业污水 COD 处理率/%	88.6		90
生活污水 COD 处理率/%	0	90	90
机场污水排放量/(t/a)	692 040	5 416 600	12 369 900
人均 COD 产生量/(g/d)	50		70

续表

情景二	2007 年	2020 年	2035 年
产业万元产值 COD 产生量/t			
食品加工业	0. 031 535	0. 025 346	0. 018 862
石油化工业	0. 000 028	0. 000 023	0. 000 017
生物医药业	0. 012 319	0. 010 038	0. 007 300
机械制造业	0. 000 108	0. 000 086	0. 000 069
纺织服装业	0. 025 000	0. 019 907	0. 015 046
电子信息业	0. 000 025	0. 000 020	0. 000 020
其他产业	0. 000 029	0. 000 024	0. 000 018
机场废水 COD 浓度/(mg/L)		133	
工业污水 COD 处理率/%		88. 6	
生活污水 COD 处理率/%	0	62. 4	62. 4
机场污水排放量/(t/a)	692 040	5 416 600	12 369 900
人均 COD 产生量/(g/d)	50		70

情景三	2007 年	2020 年	2035 年
产业万元产值 COD 产生量/t			
食品加工业	0. 031 535	0. 012 860	0. 009 570
石油化工业	0. 000 028	0. 000 012	0. 000 009
生物医药业	0. 012 319	0. 003 259	0. 002 370
机械制造业	0. 000 108	0. 000 086	0. 000 069
纺织服装业	0. 025 000	0. 012 900	0. 009 750
电子信息业	0. 000 025	0. 000 004	0. 000 004
其他产业	0. 000 029	0. 000 024	0. 000 018
机场废水 COD 浓度/(mg/L)		100	
工业污水 COD 处理率/%	88. 6	90	90
生活污水 COD 处理率/%	0	90	90
机场污水排放量/(t/a)	692 040	5 416 600	12 369 900
人均 COD 产生量/(g/d)	50		70

附表 1-14 不同情景下 NH_3-N 污染子系统变量参数

Attached Table 1-14 The variable parameters of the NH_3-N contamination subsystem under different scenarios

情景一	2007 年	2020 年	2035 年
产业万元产值 NH_3-N 产生量/t			
食品加工业	0. 000 029 4	0. 000 023 6	0. 000 021 0
石油化工业	0. 000 246 0	0. 000 206 0	0. 000 186 0
生物医药业	0. 000 013 2	0. 000 011 5	0. 000 010 5
机械制造业	0. 000 001 7	0. 000 001 4	0. 000 001 1
纺织服装业	0. 000 000 1	0. 000 000 1	0. 000 000 1
电子信息业	0. 000 000 2	0. 000 000 2	0. 000 000 2
其他产业	0. 000 001 0	0. 000 000 9	0. 000 000 8
机场废水 NH_3-N 浓度/(mg/L)		20	
工业污水 NH_3-N 处理率/%	66		70
生活污水 NH_3-N 处理率/%	0	80	80
人均 NH_3-N 产生量/(g/d)	5		7
情景二	2007 年	2020 年	2035 年
产业万元产值 NH_3-N 产生量/t			
食品加工业	0. 000 029 4	0. 000 023 6	0. 000 021 0
石油化工业	0. 000 246 0	0. 000 206 0	0. 000 186 0
生物医药业	0. 000 013 2	0. 000 011 5	0. 000 010 5
机械制造业	0. 000 001 7	0. 000 001 4	0. 000 001 1
纺织服装业	0. 000 000 1	0. 000 000 1	0. 000 000 1
电子信息业	0. 000 000 2	0. 000 000 2	0. 000 000 2
其他产业	0. 000 001 0	0. 000 000 9	0. 000 000 8
机场废水 NH_3-N 浓度/(mg/L)		20	
工业污水 NH_3-N 处理率/%		66	
生活污水 NH_3-N 处理率/%	0	75	75
人均 NH_3-N 产生量/(g/d)	5		7

续表

情景三	2007 年	2020 年	2035 年
产业万元产值 NH$_3$-N 产生量/t			
食品加工业	0.000 029 4	0.000 023 6	0.000 021 0
石油化工业	0.000 246 0	0.000 206 0	0.000 186 0
生物医药业	0.000 013 2	0.000 011 5	0.000 010 5
机械制造业	0.000 001 7	0.000 001 4	0.000 001 1
纺织服装业	0.000 000 1	0.000 000 1	0.000 000 1
电子信息业	0.000 000 2	0.000 000 2	0.000 000 2
其他产业	0.000 001 0	0.000 000 9	0.000 000 8
机场废水 NH$_3$-N 浓度/(mg/L)		20	
工业污水 NH$_3$-N 处理率/%	66		70
生活污水 NH$_3$-N 处理率/%	0	80	80
人均 NH$_3$-N 产生量/(g/d)	5		7

附表 1-15 不同情景下 SO$_2$ 污染子系统变量参数

Attached Table 1-15 The variable parameters of the SO$_2$ contamination subsystem under different scenarios

情景一	2007 年	2020 年	2035 年
产业万元产值 SO$_2$ 排放量/t			
食品加工业	0.000 851	0.000 726	0.000 679
石油化工业	0.000 345	0.000 265	0.000 250
生物医药业	0.000 403	0.000 351	0.000 326
机械制造业	0.000 072	0.000 061	0.000 050
纺织服装业	0.000 325	0.000 255	0.000 246
电子信息业	0.000 001	0.000 001	0.000 001
其他产业	0.000 547	0.000 455	0.000 426
情景二	**2007 年**	**2020 年**	**2035 年**
产业万元产值 SO$_2$ 排放量/t			
食品加工业	0.000 851	0.000 772	0.000 723
石油化工业	0.000 345	0.000 311	0.000 292
生物医药业	0.000 403	0.000 369	0.000 343
机械制造业	0.000 072	0.000 061	0.000 050
纺织服装业	0.000 325	0.000 291	0.000 281
电子信息业	0.000 001	0.000 001	0.000 001
其他产业	0.000 547	0.000 491	0.000 460

情景三	2007 年	2020 年	2035 年
产业万元产值 SO_2 排放量/t			
食品加工业	0.000 851	0.000 726	0.000 679
石油化工业	0.000 345	0.000 265	0.000 250
生物医药业	0.000 403	0.000 351	0.000 326
机械制造业	0.000 072	0.000 061	0.000 050
纺织服装业	0.000 325	0.000 255	0.000 246
电子信息业	0.000 001	0.000 001	0.000 001
其他产业	0.000 547	0.000 455	0.000 426
三种情景下的不变参数	2007 年	2020 年	2035 年
人均采暖燃煤量/(t/a)	0.333		0
燃煤 SO_2 排放因子/(t/t)		0.007 2	
采暖天然气使用量/(m³/a)	0		1660
天然气 SO_2 排放因子/(t/m³)		$4×10^{-7}$	
采暖液化石油气使用量/(t/a)	0		7200
液化石油气 SO_2 排放因子/(t/t)		$2.8×10^{-4}$	
住宿餐饮业增长率/%		15	
燃煤气化率/%	0		100
机场锅炉 SO_2 排放/(t/a)	84	0.091 96	0.506 83
飞机尾气 SO_2 排放/(t/a)	12.13	80.43	179.42

由于规划方案中 NO_2 排放整体水平较低，因此情景中对 NO_2 排放相关参数不作考虑。

附表 1-16　不同情景下 PM_{10} 污染子系统变量参数

Attached Table 1-16　The variable parameters of the PM_{10} contamination subsystem under different scenarios

情景一	2007 年	2020 年	2035 年
产业万元产值 PM_{10} 排放量/t			
食品加工业	0.000 544	0.000 444	0.000 419
石油化工业	0.000 468	0.000 368	0.000 347
生物医药业	0.000 463	0.000 360	0.000 339
机械制造业	0.000 052	0.000 039	0.000 032
纺织服装业	0.000 233	0.000 185	0.000 172
电子信息业	0.000 001	0.000 001	0.000 001
其他产业	0.000 851	0.000 719	0.000 677

情景二	2007 年	2020 年	2035 年
产业万元产值 PM_{10} 排放量/t			
食品加工业	0.000 544	0.000 489	0.000 461
石油化工业	0.000 468	0.000 422	0.000 398
生物医药业	0.000 463	0.000 414	0.000 390
机械制造业	0.000 052	0.000 039	0.000 032
纺织服装业	0.000 233	0.000 212	0.000 198
电子信息业	0.000 001	0.000 001	0.000 001
其他产业	0.000 851	0.000 764	0.000 719
情景三	**2007 年**	**2020 年**	**2035 年**
产业万元产值 PM_{10} 排放量/t			
食品加工业	0.000 544	0.000 444	0.000 419
石油化工业	0.000 468	0.000 368	0.000 347
生物医药业	0.000 463	0.000 360	0.000 339
机械制造业	0.000 052	0.000 039	0.000 032
纺织服装业	0.000 233	0.000 185	0.000 172
电子信息业	0.000 001	0.000 001	0.000 001
其他产业	0.000 851	0.000 719	0.000 677
三种情景下的不变参数	**2007 年**	**2020 年**	**2035 年**
人均采暖燃煤量/(t/a)	0.333		0
燃煤 PM_{10} 排放因子/(t/t)		0.021	
采暖天然气使用量/(m³/a)	0		1 660
天然气 PM_{10} 排放因子/(t/m³)		6×10^{-10}	
采暖液化石油气使用量/(t/a)	0		7 200
液化石油气 PM_{10} 排放因子/(t/t)		2.81×10^{-6}	
机场锅炉 PM_{10} 排放/(t/a)	45		0
交通扬尘 PM_{10} 排放因子/[g/(km·辆)]		1.029	
道路长度/km	88.33		255
交通流量/(辆/h)	150		200

1.2 情景预测结果

（1）零方案和规划方案预测结果，如附表 1-17~附表 1-24 所示。

附表 1-17 航空港区零方案和规划方案人口增长趋势

Attached Table 1-17 The population growth trends of scenario zero and planning scenario in Zhengzhou Airport Zone

方案	指标	2007 年	2012 年	2020 年	2035 年
零方案	总人口/人	86 669	88 451	91 374.5	97 104.2
	常住人口/人	86 669	88 451	91 374.5	97 104.2
	流动人口/人	0	0	0	0
	人口密度/(人/km²)	6 862.15	6 822.5	6 768.48	6 473.62
规划方案	总人口/万人	8.67	19.88	31.33	42.81
	年综合增长率/%	—	18.06	5.85	2.10
	常住人口/万人	8.67	11.15	15.23	23.21
	流动人口/万人	0	8.73	16.10	19.60
	人口密度/(人/km²)	6 862	9 375	8 968	9 287

附表 1-18 航空港区零方案和规划方案经济发展趋势

Attached Table 1-18 The economy development trends of scenario zero and planning scenario in Zhengzhou Airport Zone

方案	指标	2007 年	2012 年	2020 年	2035 年
零方案	GDP/万元	76 141	159 863	355 150	$1.07×10^6$
	第三产业增加值/万元	12 557	20 223.2	43 350.2	181 084
	GDP 中三产比重/%	16.5	12.7	12.2	16.9
	工业总产值/万元	286 081	790 473	$1.67×10^6$	$2.63×10^6$
	食品加工业	98 282.3	244 027	404 539	543 999
	石油化工业	57 286.5	139 752	254 791	407 817
	生物医药业	12 489	38 037.1	91 023.8	250 946
	机械制造业	72 767.5	158 916	289 730	463 741
	纺织服装业	11 267.1	60 210.9	157 592	217 188
	电子信息业	1 569.6	10 032.9	53 837.5	209 382
	其他工业	32 419.3	139 496	422 198	533 813

续表

方案	指标	2007 年	2012 年	2020 年	2035 年
	GDP/亿元	7.61	17.98	55.58	304
	第三产业增加值/亿元	1.26	2.53	7.73	84.9
	GDP 中三产比重/%	16.5	14.1	13.9	27.9
	工业总产值/亿元	28.61	70.93	144.90	295.47
	食品加工业	9.83	30.57	68.19	115.61
规划方案	石油化工业	5.73	9.36	10.19	11.03
	生物医药业	1.25	4.72	15.01	51.62
	机械制造业	7.28	10.54	11.48	12.43
	纺织服装业	1.13	6.02	15.76	21.72
	电子信息业	0.16	1.21	8.40	40.36
	其他工业	3.24	8.51	15.87	42.69

附表 1-19　航空港区零方案和规划方案水资源需求量增长趋势

Attached Table 1-19　The growth trends of water resources requirement of scenario zero and planning scenario in Zhengzhou Airport Zone

方案	指标	2007 年	2012 年	2020 年	2035 年	年均增长率/%
	水资源需求量	2.30×10^7	4.17×10^7	7.74×10^7	1.10×10^8	
	工业需水量	7.06×10^6	2.20×10^7	5.17×10^7	7.28×10^7	
	食品加工业	2.19×10^6	5.44×10^6	9.02×10^6	1.21×10^7	
	石油化工业	950 957	2.32×10^6	4.23×10^6	6.77×10^6	
	生物医药业	189 083	575 882	1.38×10^6	3.80×10^6	
	机械制造业	1.33×10^6	2.91×10^6	5.30×10^6	8.48×10^6	
零方案	纺织服装业	423 303	2.26×10^6	5.92×10^6	8.16×10^6	
/(m³/a)	电子信息业	7 848.1	50 164.5	269 188	1.05×10^6	
	其他工业	1.97×10^6	8.47×10^6	2.56×10^7	3.24×10^7	
	平均万元产值需水量/t	24.68	27.86	30.91	27.71	
	机场需水量	1.01×10^6	2.36×106	9.15×106	1.87×10^7	
	生活需水量	1.42×10^7	1.48×107	1.58×10^7	1.77×10^7	
	中水回用量	0	0	0	0	
	实际需水量	2.30×10^7	4.17×10^7	7.74×10^7	1.10×10^8	

续表

方案	指标	2007 年	2012 年	2020 年	2035 年	年均增长率/%
规划方案 /（万 m³/a）	水资源需求量	2 300.22	5 544.56	9 352.99	14 785.30	
	工业需水量	706.07	1 683.70	2 835.94	4 845.25	
	食品加工业	219.07	616.22	1 141.72	1 671.63	7.53
	石油化工业	95.10	140.41	126.92	118.80	0.80
	生物医药业	18.91	64.77	171.59	509.01	12.48
	机械制造业	133.09	183.51	183.63	174.01	0.96
	纺织服装业	42.33	204.37	443.46	530.59	9.45
	电子信息业	0.78	5.79	37.20	144.10	20.46
	其他工业	196.79	468.63	731.42	1 697.11	8.00
	平均万元产值需水量/t	24.68	23.74	19.57	16.40	
	机场需水量	101.47	414.33	914.91	1 873.96	
	生活需水量	1 423.54	3 330.42	5 410.89	7 813.72	
	环境需水量	69.15	116.11	191.24	252.40	
	中水回用量	0.00	198.02	868.49	2 957.06	
	实际需水量	2 300.22	5 346.54	8 484.49	11 828.30	

附表 1-20　航空港区零方案和规划方案 COD 排放量预测结果

Attached Table 1-20　The predicting results of the COD discharge quantity for scenario zero and planning scenario in Zhengzhou Airport Zone

方案	指标	2007 年	2012 年	2020 年	2035 年	年均增长率/%
零方案	COD 产生量/（t/a）	5 219.08	11 642.6	20 258.4	29 175.8	
	机场/（t/a）	92.04	333.721	720.408	1 645.2	
	生活/（t/a）	1 581.71	1 614.23	1 667.58	1 772.15	
	工业/（t/a）	3 545.33	9 694.66	17 870.4	25 758.5	
	食品加工业	3 099.33	7 695.4	12 757.2	17 155	
	石油化工业	1.63	3.913 07	7.134 14	11.418 9	
	生物医药业	153.85	468.579	1 121.32	3 091.4	
	机械制造业	7.86	17.16	31.29	50.08	
	纺织服装业	281.68	1 505.27	3 939.8	5 429.71	
	电子信息业	0.04	0.25	1.34	5.23	
	其他工业	0.95	4.087	12.37	15.64	
	平均万元产值 COD 产生量/t	0.012 4	0.012	0.011	0.009	

续表

方案	指标	2007 年	2012 年	2020 年	2035 年	年均增长率/%
规划方案	COD 产生量	5 219.08	15 077.9	29 445	41 454.5	7.68
	机场/(t/a)	92.04	333.72	720.41	1 645.2	10.85
	生活/(t/a)	1 581.71	3 887.65	6 778.93	10 939.2	7.15
	工业/(t/a)	3 545.33	10 856.5	21 945.7	2 8870.1	7.78
	食品加工业	3 099.33	8 913.34	17 285.00	21 806.60	7.22
	石油化工业	1.63	2.46	2.32	1.90	0.55
	生物医药业	153.85	540.45	1 506.94	3 768.55	12.1
	机械制造业	7.86	10.51	9.93	8.60	0.32
	纺织服装业	281.68	1 387.17	3 136.08	3 268.68	9.15
	电子信息业	0.04	0.28	1.68	8.07	20.95
	其他工业	0.95	2.31	3.75	7.69	7.75
	平均万元产值 COD 产生量/t	0.012 4	0.015 3	0.015 1	0.009 8	
	COD 处理量/(t/a)	3 141.17	12 044.8	23 673.9	32 405	8.69

附表 1-21　航空港区零方案和规划方案 NH_3-N 排放量预测结果

Attached Table 1-21　The predicting results of the NH_3-N discharge quantity for scenario zero and planning scenario in Zhengzhou Airport Zone

方案	指标	2007 年	2012 年	2020 年	2035 年	年均增长率/%
零方案	氨氮产生量/(t/a)	189.316	254.083	351.819	545.654	
	机场/(t/a)	13.841	50.184	108.332	247.398	
	生活/(t/a)	158.171	161.423	166.758	177.215	
	工业/(t/a)	17.304	42.476	76.728	121.041	
	食品加工业	2.885 9	7.165	11.879	15.974	
	石油化工业	14.095 6	34.387	62.692	100.345	
	生物医药业	0.165 4	0.504	1.206	3.324	
	机械制造业	0.122 3	0.267	0.487	0.779	
	纺织服装业	0.001 3	0.007	0.017	0.024	
	电子信息业	0.000 3	0.002	0.011	0.043	
	其他工业	0.033 5	0.144	0.436	0.552	
	平均万元产值氨氮产生量/t	0.000 060 5	0.000 053 7	0.000 045 8	0.000 046 1	

续表

方案	指标	2007 年	2012 年	2020 年	2035 年	年均增长率/%
规划方案	氨氮产生量/(t/a)	189. 316	469. 678	825. 367	1392. 14	7. 38
	机场/(t/a)	13. 841	50. 184	108. 332	247. 398	10. 85
	生活/(t/a)	158. 171	388. 765	677. 893	1093. 92	7. 15
	工业/(t/a)	17. 304	30. 729	39. 142	50. 825	3. 92
	食品加工业	2. 885 9	8. 299 4	16. 094 2	24. 278 4	7. 90
	石油化工业	14. 095 6	21. 578 6	20. 984 1	20. 519 2	1. 35
	生物医药业	0. 165 4	0. 593 9	1. 726 4	5. 420 5	13. 27
	机械制造业	0. 122 3	0. 163 7	0. 154 9	0. 136 7	0. 40
	纺织服装业	0. 001 3	0. 006 7	0. 017 3	0. 023 9	11. 10
	电子信息业	0. 000 3	0. 002 5	0. 017 3	0. 083 3	21. 92
	其他工业	0. 033 5	0. 084 6	0. 147 6	0. 362 9	8. 88
	平均万元产值氨氮产生量/t	0. 000 060 5	0. 000 043 3	0. 000 027	0. 000 017 2	
	氨氮处理量/(t/a)	11. 421	311. 855	534. 253	853. 985	16. 66

附表 1-22　航空港区零方案和规划方案 SO$_2$ 排放量预测结果

Attached Table 1-22　The predicting results of the SO$_2$ emission quantity for scenario zero and planning scenario in Zhengzhou Airport Zone

方案	指标	2007 年	2012 年	2020 年	2035 年	年均增长率/%
零方案	SO$_2$ 总排放量/(t/a)	2569. 3	3892. 1	6080. 3	8800. 5	
	点源 SO$_2$ 排放/(t/a)	436. 4	657. 6	1023. 9	1471. 2	
	工业/(t/a)	135. 1	378. 5	771. 9	1100. 9	
	食品加工业	83. 6	207. 7	344. 3	462. 9	
	石油化工业	19. 8	48. 2	87. 9	140. 7	
	生物医药业	5. 0	15. 3	36. 7	101. 1	
	机械制造业	5. 2	11. 4	20. 9	33. 4	
	纺织服装业	3. 7	19. 6	51. 2	70. 6	
	电子信息业	0. 0	0. 0	0. 0	0. 1	
	其他工业	17. 7	76. 3	230. 9	292. 0	
	平均万元产值 SO$_2$ 排放量/t	0. 0	0. 0	0. 0	0. 0	
	采暖锅炉/(t/a)	207. 8	212. 1	219. 1	232. 8	

续表

方案	指标	2007 年	2012 年	2020 年	2035 年	年均增长率/%
零方案	机场锅炉/(t/a)	84.0		0.1	0.5	
	其他生活源/(t/a)	9.5	15.3	32.8	137.0	
	面源排放量/(t/a)	2 132.9	3 234.5	5 056.4	7 329.3	
	飞机尾气	12.1		80.4	179.4	
规划方案	SO₂总排放量/(t/a)	2 569.25	4 919.07	7 042.79	8 306.86	4.28
	点源 SO₂排放/(t/a)	436.37	832.88	1 188.12	1 386.93	4.22
	工业/(t/a)	135.07	370.99	744.37	1 308.97	8.45
	食品加工业	83.64	250.88	526.47	835.87	8.57
	石油化工业	19.76	31.05	31.68	32.21	1.76
	生物医药业	5.03	18.42	55.40	177.07	13.56
	机械制造业	5.24	7.14	6.99	6.19	0.60
	纺织服装业	3.66	18.78	45.86	61.03	10.57
	电子信息业	0.00	0.01	0.04	0.20	21.92
	其他工业	17.73	44.71	77.94	196.40	8.97
	平均万元产值 SO₂排放量/t	0.000 472	0.000 523	0.000 514	0.000 443	
	采暖锅炉/(t/a)	207.80	391.93	403.31	2.02	−15.26
	机场锅炉/(t/a)	84.00		0.09	0.51	−16.68
	其他生活源/(t/a)	9.50	18.23	40.35	75.44	7.68
	面源排放量/(t/a)	2 132.88	4 086.19	5 854.68	6 919.92	4.29
	飞机尾气	12.13		80.43	179.42	10.10

附表 1-23　航空港区零方案和规划方案 NO₂排放量预测结果

Attached Table 1-23　The predicting results of the NO₂ emission quantity for scenario zero and planning scenario in Zhengzhou Airport Zone

方案	指标	2007 年	2012 年	2020 年	2035 年	年均增长率/%
零方案	NO₂排放量/(t/a)	4 204.45	6 931.25	11 437.5	17 163.7	
	点源排放量/(t/a)	891.09	1 428.43	2 319.77	3 368.32	
	工业排放业/(t/a)	346.3	971.1	1 992.1	2 841.9	
	食品加工业	218.68	542.96	900.1	1 210.4	

续表

方案	指标	2007 年	2012 年	2020 年	2035 年	年均增长率/%
零方案	石油化工业	49.90	121.72	221.92	355.22	
	生物医药业	14.62	44.541 5	106.589	293.86	
	机械制造业	6.98	15.240 1	27.785 1	44.47	
	纺织服装业	4.879	26.07	68.24	94.04	
	电子信息业	0	0	0	0	
	其他工业	51.254 9	220.543	667.496	843.959	
	平均万元产值 NO$_2$ 排放量/t	0.001 2	0.001 2	0.001 2	0.001 1	
	采暖锅炉/(t/a)	261.479	266.855	275.675	292.962	
	机场锅炉/(t/a)	271.8	—	12.262	67.577 5	
	其他生活源/(t/a)	11.5	18.520 9	39.701 1	165.841	
	面源排放量/(t/a)	3 313.36	5 502.81	9 117.74	13 795.40	
	飞机尾气	136.48	—	853.68	1 748.79	
	机场汽车尾气	22.42	—	52.08	122.79	
规划方案	NO$_2$ 排放量/(t/a)	4 204.45	8 074.77	13 139.1	21 145.3	5.94
	点源排放量/(t/a)	891.09	1 680.31	2 694.56	4 245.31	5.73
	工业排放/(t/a)	346.311	987.738	2 112.05	4 053.92	9.18
	食品加工业	218.68	680.24	1 517.34	2 572.35	9.20
	石油化工业	49.90	81.49	88.72	96.09	2.37
	生物医药业	14.62	55.31	175.79	604.52	14.22
	机械制造业	6.98	10.11	11.01	11.92	1.93
	纺织服装业	4.88	26.07	68.24	94.04	11.14
	电子信息业	0.00	0.00	0.00	0.00	0
	其他工业	51.25	134.52	250.95	675.00	6.82
	平均万元产值 NO$_2$ 排放量/t	0.001 2	0.001 4	0.001 5	0.001 4	
	采暖锅炉/(t/a)	261.479	498.526	521.403	32.488 6	-16.89
	机场锅炉/(t/a)	271.8		12.262	67.577 5	12.05
	其他生活源/(t/a)	11.5	22.070 5	48.844 1	91.322 8	4.26
	面源排放量/(t/a)	3 313.36	6 394.46	10 444.5	16 900	3.26
	飞机尾气	136.48		853.68	1 748.79	4.90
	机场汽车尾气	22.42		52.08	122.79	5.88

附表 1-24　航空港区零方案和规划方案 PM$_{10}$ 排放量预测结果

Attached Table 1-24　The predicting results of the PM$_{10}$ emission quantity for scenario zero and planning scenario in Zhengzhou Airport Zone

方案	指标	2007 年	2012 年	2020 年	2035 年	年均增长率/%
零方案	PM$_{10}$总排放量/(t/a)	8 526.86	11 298.80	16 680.30	24 793.20	
	点源 PM$_{10}$排放/(t/a)	809.20	1 073.58	1 587.07	2 360.41	
	工业排放/(t/a)	120.03	356.71	792.45	1 131.92	
	食品加工业	53.47	132.75	220.07	295.94	
	石油化工业	26.81	65.40	119.24	190.86	
	生物医药业	5.78	17.61	42.14	116.19	
	机械制造业	3.75	8.20	14.95	23.93	
	纺织服装业	2.63	14.03	36.72	50.60	
	电子信息业	0.00	0.01	0.03	0.13	
	其他工业	27.59	118.71	359.29	454.28	
	平均万元产值 PM$_{10}$排放量/t	0.000 4	0.000 5	0.000 5	0.000 4	
	采暖锅炉/(t/a)	606.08	618.54	638.98	679.05	
	机场锅炉/(t/a)	45.00	0.00	0.00	0.00	
	其他生活源/(t/a)	38.10	61.36	131.53	549.44	
	面源排放量/(t/a)	7 717.66	10 225.20	15 093.20	22 432.80	
	交通扬尘	70.68	79.92	95.44	126.96	
规划方案	PM$_{10}$总排放量/(t/a)	8 526.86	16 435.00	20 607.00	15 268.00	2.10
	点源 PM$_{10}$排放/(t/a)	809.20	1 563.15	1 957.31	1 435.02	2.07
	工业排放/(t/a)	120.03	310.98	597.78	1 132.44	8.34
	食品加工业	53.47	159.85	333.47	532.97	8.56
	石油化工业	26.81	42.13	42.99	43.91	1.78
	生物医药业	5.78	20.98	62.15	201.33	13.52
	机械制造业	3.75	4.92	4.44	4.01	0.24
	纺织服装业	2.63	13.54	33.41	43.00	10.50
	电子信息业	0.000 9	0.007 3	0.050 4	0.24	21.92
	其他工业	27.59	69.56	121.27	306.97	8.98
	平均万元产值 PM$_{10}$排放量/t	0.000 42	0.000 44	0.000 41	0.000 38	
	采暖锅炉/(t/a)	606.08	1 142.08	1 173.6	0.020 233	−3.08

续表

方案	指标	2007 年	2012 年	2020 年	2035 年	年均增长率/%
规划方案	机场锅炉/(t/a)	45			0	—
	其他生活源/(t/a)	38.1	73.120 7	161.823	302.556	7.68
	面源排放量/(t/a)	7 717.66	14 871.9	18 649.7	13 833	2.10
	交通扬尘	70.68	100.116	153.116	272.05	4.93

（2）3 种改善型情景预测结果，如附表 1-25 ~ 附表 1-39 所示。

附表 1-25　航空港区不同情景下（改善型 1，改善型 2，改善型 3 情景）的经济发展趋势

Attached Table 1-25　The economy development trends of different scenarios（improved-type 1, improved-type 2, improved-type 3）in Zhengzhou Airport Zone

情景	经济变量	2007 年	2012 年	2020 年	2035 年
情景一	GDP/万元	76 141	179 774	555 789	3 040 030
	第三产业增加值/万元	12 557	25 257	77 261	848 767
	GDP 中第三产业比重/%	16.5	14.1	13.9	27.9
情景二	GDP/万元	76 141	165 136	443 760	1 852 360
	第三产业增加值/万元	12 557	26 725	95 834	1 217 430
	CDP 中第二产业比重/%	16.5	16.2	21.6	65.7
情景三	GDP/万元	76 141	183 458	632 298	3 778 510
	第三产业增加值/万元	12 557	28 727	107 982	1 635 040
	GDP 中第三产业比重/%	16.5	15.7	17.1	43.3

附表 1-26　不同情景下工业产值增长与结构预测结果（亿元）

Attached Table 1-26　The predicting results of industry production and structure under different scenarios in Zhengzhou Airport Zone（10^8 yuan）

情景	工业部门产值	2007 年	2012 年	2020 年	2035 年
情景一	总产值	28.61	70.93	144.90	295.47
	食品加工	9.83	30.57	68.19	115.61
	石油化工	5.73	9.36	10.19	11.03
	生物医药	1.25	4.72	15.01	51.62
	机械制造	7.28	10.54	11.48	12.43
	纺织服装	1.13	6.02	15.76	21.72
	电子信息	0.16	1.21	8.40	40.36
	其他	3.24	8.51	15.87	42.69

续表

情景	工业部门产值	2007 年	2012 年	2020 年	2035 年
情景二	总产值	28.61	67.59	125.41	233.82
	食品加工	9.83	25.36	44.20	61.79
	石油化工	5.73	10.16	12.30	14.42
	生物医药	1.25	4.56	13.83	45.85
	机械制造	7.28	12.95	17.87	22.66
	纺织服装	1.13	5.41	13.02	17.94
	电子信息	0.16	1.17	7.62	38.91
	其他	3.24	7.97	16.57	32.24
情景三	总产值	28.61	68.35	130.74	260.63
	食品加工	9.83	26.34	48.26	70.14
	石油化工	5.73	9.36	10.19	11.03
	生物医药	1.25	4.72	15.01	51.62
	机械制造	7.28	12.47	16.76	21.25
	纺织服装	1.13	6.02	15.76	21.72
	电子信息	0.16	1.24	8.82	42.40
	其他	3.24	8.19	15.95	42.45

附表 1-27　航空港区不同情景下（改善型 1，改善型 2，改善型 3 情景）规划人口增长趋势

Attached Table 1-27　The population growth trends of different scenarios（improved-type 1, improved-type 2, improved-type 3）in Zhengzhou Airport Zone

情景	人口	2007 年	2012 年	2020 年	2035 年	年均增长率/%
情景一	总人口/万人	8.67	19.88	31.33	42.81	5.87
	常住人口/万人	8.67	11.15	15.23	23.21	3.58
	流动人口/万人	0.00	8.73	16.10	19.60	
	人口密度/（人/km²）	6862	9375	8968	9287	
情景二	总人口/万人	8.67	17.82	26.93	35.59	5.17
	常住人口/万人	8.67	10.40	13.23	18.79	2.80
	流动人口/万人	0.00	7.42	13.70	16.80	
	人口密度/（人/km²）	6862	9227	8977	8897	

情景	人口	2007 年	2012 年	2020 年	2035 年	年均增长率/%
情景三	总人口/万人	8.67	18.34	28.14	37.85	5.41
	常住人口/万人	8.67	10.70	14.03	20.56	3.13
	流动人口/万人	0.00	7.64	14.11	17.29	
	人口密度/(人/km²)	6862	8648	8056	8210	

附表 1-28 航空港区不同情景下（改善型 1，改善型 2，改善型 3 情景）水资源需求量增长趋势（万 t/a）

Attached Table 1-28 The growth trends of water resources requirement of different scenarios（improved-type 1, improved-type 2, improved-type 3）in Zhengzhou Airport Zone（10^4 t/a）

情景	经济变量	2007 年	2012 年	2020 年	2035 年
情景一	水资源需求量	2 300.22	5 355.15	8 432.00	12 798.10
	工业需水量	706.07	1 572.04	2 233.49	3 795.68
	机场需水量	101.47	414.33	914.91	1 873.96
	生活需水量	1 423.54	3 252.67	5 092.36	6 876.07
	环境需水量	69.15	116.11	191.24	252.40
	中水回用量	0.00	334.70	1 370.20	4 479.34
	实际需水量	2 300.22	5 020.45	7 061.80	8 318.77
情景二	水资源需求量	2 300.22	5 084.90	8 231.61	12 264.90
	工业需水量	706.07	1 580.08	2 500.80	3 676.96
	机场需水量	101.47	414.32	914.91	1 873.96
	生活需水量	1 423.54	2 984.77	4 651.66	6 495.02
	环境需水量	69.15	105.73	164.25	219.00
	中水回用量	0.00	181.60	764.36	2 452.99
	实际需水量	2 300.22	4 903.30	7 467.25	9 811.95
情景三	水资源需求量	2 300.22	5 036.33	7 698.15	11 532.20
	工业需水量	706.07	1 505.48	2 017.76	3 327.25
	机场需水量	101.47	414.32	914.91	1 873.96
	生活需水量	1 423.54	3 000.41	4 574.23	6 078.62
	环境需水量	69.15	116.11	191.24	252.40
	中水回用量	0.00	314.77	1 250.95	4 036.28
	实际需水量	2 300.22	4 721.56	6 447.20	7 495.94

附表 1-29 不同情景下不同行业需水量预测

Attached Table 1-29 The water resources requirement of different scenarios（improved-type 1，improved-type 2，improved-type 3）and industries in Zhengzhou Airport Zone

情景	需水量	2007 年	2012 年	2020 年	2035 年
情景一	工业需水量/（万 t/a）	706.07	1572.04	2233.49	3795.68
	食品加工	219.07	587.16	973.14	1425.49
	石油化工	95.10	134.72	110.83	103.81
	生物医药	18.91	58.00	115.60	342.78
	机械制造	133.09	168.30	140.59	133.24
	纺织服装	42.33	181.59	288.39	345.11
	电子信息	0.78	5.19	26.53	102.93
	其他	196.79	437.08	578.41	1342.32
	平均万元产值需水量/t	24.68	22.16	15.41	12.85
情景二	工业需水量/（万 t/a）	706.07	1580.08	2500.80	3676.96
	食品加工	219.07	511.06	739.97	893.49
	石油化工	95.10	152.54	153.29	155.30
	生物医药	18.91	62.52	158.08	452.09
	机械制造	133.09	225.46	285.91	317.25
	纺织服装	42.33	183.73	366.35	438.33
	电子信息	0.78	5.59	33.77	138.91
	其他	196.79	439.17	763.43	1281.59
	平均万元产值需水量/t	24.68	23.38	19.94	15.73
情景三	工业需水量/（万 t/a）	706.07	1505.48	2017.76	3327.25
	食品加工	219.07	505.81	688.68	864.87
	石油化工	95.10	134.72	110.83	103.81
	生物医药	18.91	58.00	115.60	342.78
	机械制造	133.09	199.15	205.29	227.82
	纺织服装	42.33	181.59	288.39	345.11
	电子信息	0.78	5.34	27.87	108.12
	其他	196.79	420.88	581.12	1334.73
	平均万元产值需水量/t	24.68	22.03	15.43	12.77

附表 1-30　不同情景下 COD 排放预测结果（t/a）

Attached Table 1-30　The predicting results of the COD discharge quantity under different scenarios in Zhengzhou Airport Zone（t/a）

情景	经济变量	2007 年	2012 年	2020 年	2035 年
情景一	COD 产生量	5 219.08	13 064.80	17 744.90	23 882.90
	机场	69.20	250.92	541.66	1 236.99
	生活	1 581.71	3 628.48	5 717.17	7 813.72
	工业	3 545.33	9 102.55	11 307.30	14 424.00
	COD 处理量	2 212.29	5 679.99	7 055.75	9 000.57
情景二	COD 产生量	5 219.08	12 764.50	20 840.80	25 875.20
	机场	92.04	333.72	720.41	1 645.20
	生活	1 581.71	3 251.89	4 914.96	6 495.02
	工业	3 545.33	9 178.88	15 205.50	17 735.00
	COD 处理量	2 212.29	5 727.62	9 488.20	11 066.60
情景三	COD 产生量	5 219.08	11 753.70	14 604.20	18 631.50
	机场	92.04	333.72	720.41	1 645.20
	生活	1 581.71	3 347.07	5 135.47	6 907.52
	工业	3 545.33	8 072.90	8 748.30	10 078.80
	COD 处理量	2 212.29	5 037.49	5 458.94	6 289.19

附表 1-31　不同情景下不同行业 COD 排放预测结果

Attached Table 1-31　The predicting results of the COD discharge quantity under different scenarios and industries in Zhengzhou Airport Zone

情景	需水量	2007 年	2012 年	2020 年	2035 年
情景一	工业 COD 产生量/(t/a)	3 545.33	9 102.55	11 307.30	14 424.00
	食品加工	3 099.33	7 445.11	8 769.87	11 064.00
	石油化工	1.63	2.07	1.22	0.99
	生物医药	153.85	417.30	489.25	1 223.49
	机械制造	7.86	10.51	9.93	8.60
	纺织服装	281.68	1 225.06	2 032.94	2 117.59
	电子信息	0.04	0.20	0.34	1.61
	其他	0.95	2.31	3.75	7.69
	平均万元产值 COD 产生量/t	0.012 4	0.012 8	0.007 8	0.004 9

续表

情景	需水量	2007 年	2012 年	2020 年	2035 年
情景二	工业 COD 产生量/(t/a)	3 545. 33	9 178. 88	15 205. 50	17 735. 00
	食品加工	3 099. 33	7 392. 19	11 202. 70	11 655. 80
	石油化工	1. 63	2. 67	2. 80	2. 48
	生物医药	153. 85	521. 63	1 388. 24	3 347. 13
	机械制造	7. 86	12. 92	15. 46	15. 68
	纺织服装	281. 68	1 247. 05	2 590. 78	2 700. 33
	电子信息	0. 04	0. 27	1. 52	7. 78
	其他	0. 95	2. 16	3. 91	5. 80
	平均万元产值 COD 产生量/t	0. 012 4	0. 013 6	0. 012 1	0. 0076
情景三	工业 COD 产生量/(t/a)	3 545. 33	8 072. 90	8 748. 30	10 078. 80
	食品加工	3 099. 33	6 413. 61	6 206. 28	6 712. 72
	石油化工	1. 63	2. 07	1. 22	0. 99
	生物医药	153. 85	417. 30	489. 25	1 223. 49
	机械制造	7. 86	12. 44	14. 50	14. 71
	纺织服装	281. 68	1 225. 06	2 032. 94	2 117. 59
	电子信息	0. 04	0. 21	0. 35	1. 70
	其他	0. 95	2. 22	3. 76	7. 64
	平均万元产值 COD 产生量/t	0. 012 4	0. 011 8	0. 006 7	0. 003 9

附表 1-32   不同情景下 NH_3-N 排放预测结果 （t/a）

Attached Table 1-32   The predicting results of the NH_3-N discharge quantity under different scenarios in Zhengzhou Airport Zone （t/a）

情景	经济变量	2007 年	2012 年	2020 年	2035 年
情景一	NH_3-N 产生量	189. 316	469. 678	825. 367	1392. 140
	机场	13. 841	50. 184	108. 332	247. 398
	生活	158. 171	388. 765	677. 893	1093. 920
	工业	17. 304	30. 729	39. 142	50. 825
	NH_3-N 处理量	11. 421	331. 513	568. 875	910. 714
情景二	NH_3-N 产生量	189. 316	429. 789	728. 895	1201. 940
	机场	13. 841	50. 184	108. 332	247. 398
	生活	158. 171	348. 417	582. 773	909. 302
	工业	17. 304	31. 188	37. 789	45. 238
	NH_3-N 处理量	11. 421	281. 897	462. 021	711. 833

情景	经济变量	2007 年	2012 年	2020 年	2035 年
	NH_3-N 产生量	189. 316	438. 405	751. 762	1255. 830
	机场	13. 841	50. 184	108. 332	247. 398
情景三	生活	158. 171	358. 615	608. 920	967. 053
	工业	17. 304	29. 606	34. 510	41. 376
	NH_3-N 处理量	11. 421	306. 644	510. 553	802. 605

附表 1-33　　不同情景下不同行业 NH_3-N 排放预测结果

Attached Table 1-33　　The predicting results of the NH_3-N discharge quantity under different scenarios and industries in Zhengzhou Airport Zone

情景	需水量	2007 年	2012 年	2020 年	2035 年
	工业 NH_3-N 产生量/(t/a)	17. 304 3	30. 729 5	39. 142 0	50. 825 0
	食品加工	2. 885 9	8. 299 4	16. 094 2	24. 278 4
	石油化工	14. 095 6	21. 578 6	20. 984 1	20. 519 2
	生物医药	0. 165 4	0. 593 9	1. 726 4	5. 420 5
情景一	机械制造	0. 122 3	0. 163 7	0. 154 9	0. 136 7
	纺织服装	0. 001 2	0. 006 7	0. 017 3	0. 023 9
	电子信息	0. 000 3	0. 002 5	0. 017 3	0. 083 3
	其他	0. 033 5	0. 084 58	0. 147 6	0. 362 9
	平均万元产值 NH_3-N 产生量/t	0. 000 060 5	0. 000 043 3	0. 000 027	0. 000 017 2
	工业 NH_3-N 产生量/(t/a)	17. 304 3	31. 188 5	37. 789 3	45. 237 7
	食品加工	2. 885 9	6. 883 0	10. 431 0	12. 976 9
	石油化工	14. 095 6	23. 443 3	25. 342 5	26. 823 1
	生物医药	0. 165 4	0. 573 2	1. 590 4	4. 814 4
情景二	机械制造	0. 122 3	0. 201 2	0. 241 2	0. 249 3
	纺织服装	0. 001 2	0. 006 0	0. 014 3	0. 019 7
	电子信息	0. 000 3	0. 002 4	0. 015 7	0. 080 3
	其他	0. 033 52	0. 079 3	0. 154 1	0. 274 0
	平均万元产值 NH_3-N 产生量/t	0. 000 060 5	0. 000 046 1	0. 000 030 1	0. 000 019 3

续表

情景	需水量	2007 年	2012 年	2020 年	2035 年
情景三	工业 NH$_3$-N 产生量/(t/a)	17.304 3	29.606 5	34.510 2	41.375 9
	食品加工	2.885 9	7.149 5	11.389 6	14.730 1
	石油化工	14.095 6	21.578 6	20.984 1	20.519 2
	生物医药	0.165 4	0.593 9	1.726 4	5.420 5
	机械制造	0.122 3	0.193 8	0.226 2	0.233 8
	纺织服装	0.001 2	0.006 7	0.017 3	0.023 9
	电子信息	0.000 3	0.002 6	0.018 2	0.087 5
	其他	0.033 5	0.081 4	0.148 3	0.360 8
	平均万元产值 NH$_3$-N 产生量/t	0.000 060 5	0.000 043 3	0.000 026 4	0.000 015 9

附表 1-34 不同情景下 SO$_2$ 排放量预测结果（t/a）

Attached Table 1-34   The predicting results of the SO$_2$ emission quantity under different scenarios in Zhengzhou Airport Zone（t/a）

情景	经济变量	2007 年	2012 年	2020 年	2035 年
情景一	SO$_2$ 排放量	2569.25	4863.97	6748.94	7800.58
	点源排放量	436.37	823.48	1137.97	1300.54
	工业排放	135.07	361.59	694.22	1222.57
	采暖锅炉	207.80	391.93	403.31	2.02
	机场锅炉	84.00		0.09	0.51
	其他生活源	9.50	18.23	40.35	75.44
	面源排放量	2132.88	4040.49	5610.97	6500.04
	飞机尾气	12.13		80.43	179.42
情景二	SO$_2$ 排放量	2569.25	4423.97	5635.40	5654.58
	点源排放量	436.37	748.39	947.95	934.33
	工业排放	135.07	327.14	560.66	856.36
	采暖锅炉	207.80	351.29	346.85	2.02
	机场锅炉	84.00		0.09	0.51
	其他生活源	9.50	18.23	40.35	75.44
	面源排放量	2132.88	3675.58	4687.45	4720.25
	飞机尾气	12.13		80.43	179.42

续表

情景	经济变量	2007 年	2012 年	2020 年	2035 年
	SO$_2$排放量	2569.25	4484.93	5681.79	6011.21
	点源排放量	436.37	758.79	955.86	995.19
	工业排放	135.07	327.27	553.05	917.22
情景三	采暖锅炉	207.80	361.56	362.37	2.02
	机场锅炉	84		0.09	0.51
	其他生活源	9.5	18.23	40.35	75.44
	面源排放量	2132.88	3726.13	4725.92	5016.02
	飞机尾气	12.13		80.43	179.42

附表 1-35　不同情景下不同行业 SO$_2$排放预测结果

Attached Table 1-35　The predicting results of the SO$_2$ discharge quantity under different scenarios and industries in Zhengzhou Airport Zone

情景	需水量	2007 年	2012 年	2020 年	2035 年
	工业 SO$_2$排放量/(t/a)	135.07	361.59	694.22	1 222.57
	食品加工	83.64	245.47	495.10	785.00
	石油化工	19.76	29.40	26.99	27.58
	生物医药	5.03	18.09	52.69	168.29
情景一	机械制造	5.24	7.14	6.99	6.19
	纺织服装	3.66	17.95	40.19	53.43
	电子信息	0.00	0.01	0.04	0.20
	其他	17.73	43.53	72.22	181.88
	平均万元产值 SO$_2$排放量/t	0.000 472	0.000 510	0.000 479	0.000 414
	工业 SO$_2$排放量/(t/a)	135.07	327.14	560.66	856.36
	食品加工	83.64	208.07	341.21	446.78
	石油化工	19.76	33.74	38.26	42.11
	生物医药	5.03	17.78	51.03	157.27
情景二	机械制造	5.24	8.77	10.88	11.29
	纺织服装	3.66	16.88	37.89	50.42
	电子信息	0.00	0.01	0.04	0.19
	其他	17.73	41.90	81.35	148.31
	平均万元产值 SO$_2$排放量/t	0.000 472	0.000 484	0.000 447	0.000 366

续表

情景	需水量	2007 年	2012 年	2020 年	2035 年
情景三	工业 SO_2 排放量/(t/a)	135.07	327.27	553.05	917.22
	食品加工	83.64	211.46	350.37	476.27
	石油化工	19.76	29.40	26.99	27.58
	生物医药	5.03	18.09	52.69	168.29
	机械制造	5.24	8.45	10.21	10.58
	纺织服装	3.66	17.95	40.19	53.43
	电子信息	0.00	0.01	0.04	0.21
	其他	17.73	41.92	72.56	180.85
	平均万元产值 SO_2 排放量/t	0.000 472	0.000 479	0.000 423	0.000 352

附表 1-36 不同情景下 NO_2 排放量预测结果（t/a）

Attached Table 1-36 The predicting results of the NO_2 emission quantity of different scenarios in Zhengzhou Airport Zone（t/a）

情景	经济变量	2007 年	2012 年	2020 年	2035 年
情景一	NO_2 排放量	4 204.45	8 074.77	13 139.10	21 145.30
	点源排放量	891.09	1 680.31	2 694.56	4 245.31
	工业排放	346.31	987.74	2 112.05	4 053.92
	采暖锅炉	261.48	498.53	521.40	32.49
	机场锅炉	271.80		12.26	67.58
	其他生活源	11.50	22.07	48.84	91.32
	面源排放量	3 313.36	6 394.46	10 444.50	16 900.00
	飞机尾气	136.48		853.68	1 748.79
	机场汽车尾气	22.42		52.08	122.79
情景二	NO_2 排放量	4 204.45	7 298.93	10 437.10	14 756.10
	点源排放量	891.09	1 509.42	2 099.42	2 838.00
	工业排放	346.31	867.99	1 587.96	2 646.61
	采暖锅炉	261.48	447.39	450.36	32.49
	机场锅炉	271.80		12.26	67.58
	其他生活源	11.50	22.07	48.84	91.32
	面源排放量	3 313.36	5 789.51	8 337.71	11 918.10
	飞机尾气	136.48		853.68	1 748.79
	机场汽车尾气	22.42		52.08	122.79

情景	经济变量	2007 年	2012 年	2020 年	2035 年
情景三	NO_2 排放量	4 204.45	7 459.18	10 919.8	16 573.4
	点源排放量	891.09	1 544.72	2 205.74	3 238.29
	工业排放	346.31	890.36	1 674.74	3 046.9
	采暖锅炉	261.48	460.31	469.89	32.49
	机场锅炉	271.8		12.26	67.58
	其他生活源	11.5	22.07	48.84	91.32
	面源排放量	3 313.36	5 914.46	8 714.07	13 335.1
	飞机尾气	136.48		853.68	1 748.79
	机场汽车尾气	22.42		52.08	122.79

附表 1-37 不同情景下不同行业 NO_2 排放预测结果

Attached Table 1-37 The predicting results of the NO_2 discharge quantity under different scenarios and industries in Zhengzhou Airport Zone

情景	需水量	2007 年	2012 年	2020 年	2035 年
情景一	工业 NO_2 排放量/(t/a)	346.31	987.74	2 112.05	4 053.92
	食品加工	218.68	680.24	1 517.34	2 572.35
	石油化工	49.90	81.49	88.72	96.09
	生物医药	14.62	55.31	175.79	604.52
	机械制造	6.98	10.11	11.01	11.92
	纺织服装	4.88	26.07	68.24	94.04
	电子信息	0.00	0.00	0.00	0.00
	其他	51.25	134.52	250.95	675.00
	平均万元产值 NO_2 排放量/t	0.001 211	0.001 393	0.001 458	0.001 372
情景二	工业 NO_2 排放量/(t/a)	346.31	867.99	1 587.96	2 646.61
	食品加工	218.68	564.15	983.42	1 374.94
	石油化工	49.90	88.53	107.15	125.61
	生物医药	14.62	53.39	161.95	536.92
	机械制造	6.98	12.42	17.14	21.73
	纺织服装	4.88	23.44	56.37	77.69
	电子信息	0.00	0.00	0.00	0.00
	其他	51.25	126.07	261.93	509.73
	平均万元产值 NO_2 排放量/t	0.001 211	0.001 284	0.001 266	0.001 132

情景	需水量	2007 年	2012 年	2020 年	2035 年
	工业 NO_2 排放量/(t/a)	346.31	890.36	1 674.74	3 046.90
	食品加工	218.68	585.99	1 073.79	1 560.69
	石油化工	49.90	81.49	88.72	96.09
	生物医药	14.62	55.31	175.79	604.52
情景三	机械制造	6.98	11.96	16.07	20.38
	纺织服装	4.88	26.07	68.24	94.04
	电子信息	0.00	0.00	0.00	0.00
	其他	51.25	129.53	252.13	671.19
	平均万元产值 NO_2 排放量/t	0.001 211	0.001 303	0.001 281	0.001 169

附表 1-38　不同情景下 PM_{10} 排放量预测结果（t/a）

Attached Table 1-38　The predicting results of the PM_{10} emission quantity of different scenarios in Zhengzhou Airport Zone（t/a）

情景	经济变量	2007 年	2012 年	2020 年	2035 年
	PM_{10} 排放量	8 526.86	16 327.20	20 025.00	14 180.30
	点源排放量	809.20	1 552.83	1 901.61	1 330.93
	工业排放	120.03	300.67	542.09	1 028.35
情景一	采暖锅炉	606.08	1 142.08	1 173.60	0.02
	机场锅炉	45.00			0.00
	其他生活源	38.10	73.12	161.82	302.56
	面源排放量	7 717.66	14 774.40	18 123.40	12 849.30
	交通扬尘	70.68	100.12	153.12	272.05
	PM_{10} 排放量	8 526.86	14 893.40	17 722.60	11 752.00
	点源排放量	809.20	1 415.63	1 681.29	1 098.56
	工业排放	120.03	282.00	486.44	795.98
情景二	采暖锅炉	606.08	1 023.55	1 008.92	0.02
	机场锅炉	45.00			0.00
	其他生活源	38.10	73.12	161.82	302.56
	面源排放量	7 717.66	13 477.80	16 041.30	10 653.40
	交通扬尘	70.68	100.12	153.12	272.05

情景	经济变量	2007 年	2012 年	2020 年	2035 年
情景三	PM$_{10}$排放量	8 526.86	15 160.90	17 879.20	12 202.30
	点源排放量	809.20	1 441.22	1 696.28	1 141.65
	工业排放	120.03	277.63	456.16	839.07
	采暖锅炉	606.08	1 053.51	1 054.19	0.02
	机场锅炉	45.00			0.00
	其他生活源	38.10	73.12	161.82	302.56
	面源排放量	7 717.66	13 719.70	16 182.90	11 060.60
	交通扬尘	70.68	100.12	153.12	272.05

附表 1-39　不同情景下不同行业 PM$_{10}$ 排放预测结果

Attached Table 1-39　The predicting results of the PM$_{10}$ discharge quantity under different scenarios and industries in Zhengzhou Airport Zone

情景	需水量	2007 年	2012 年	2020 年	2035 年
情景一	工业 PM$_{10}$排放量/(t/a)	120.03	300.67	542.09	1 028.35
	食品加工	53.47	154.56	302.79	484.41
	石油化工	26.81	40.19	37.49	38.28
	生物医药	5.78	20.00	54.04	175.01
	机械制造	3.75	4.92	4.44	4.01
	纺织服装	2.63	12.92	29.15	37.36
	电子信息	0.00	0.01	0.05	0.24
	其他	27.59	68.09	114.13	289.04
	平均万元产值 PM$_{10}$排放量/t	0.000 420	0.000 424	0.000 374	0.000 348
情景二	工业 PM$_{10}$排放量/(t/a)	120.03	282.00	486.44	795.98
	食品加工	53.47	132.57	216.13	284.87
	石油化工	26.81	45.77	51.92	57.40
	生物医药	5.78	20.25	57.26	178.82
	机械制造	3.75	6.04	6.92	7.32
	纺织服装	2.63	12.17	27.60	35.53
	电子信息	0.00	0.01	0.05	0.23
	其他	27.59	65.19	126.58	231.81
	平均万元产值 PM$_{10}$排放量/t	0.000 420	0.000 417	0.000 388	0.000 340

续表

情景	需水量	2007 年	2012 年	2020 年	2035 年
情景三	工业 PM_{10} 排放量/(t/a)	120.03	277.63	456.16	839.07
	食品加工	53.47	133.14	214.28	293.90
	石油化工	26.81	40.19	37.49	38.28
	生物医药	5.78	20.00	54.04	175.01
	机械制造	3.75	5.82	6.49	6.86
	纺织服装	2.63	12.92	29.15	37.36
	电子信息	0.00	0.01	0.05	0.25
	其他	27.59	65.56	114.66	287.41
	平均万元产值 PM_{10} 排放量/t	0.000 420	0.000 406	0.000 349	0.000 322

附录2　郑州航空港区 2035 年各方案污染物排放总量功能区和烟囱分配（时空耦合）

郑州航空港区 2035 年各方案污染物排放总量功能区和烟囱分配情况如附表 2-1～附表 2-8 所示。

附表 2-1　航空港区 2035 年各方案及产业 SO₂ 排放总量功能区分配

Attached Table 2-1　The SO_2 emissions allocation of scenarios and industries of Zhengzhou Airport Zone in 2035 by functional area

污染物及产业类别		污染物总量/(t/a)				相关功能区面积及比例			污染物总量分配/(t/a)			
		规划方案	改善型3	规划优化	改善型3优化	相关功能区	面积/hm²	相对比例/%	规划方案	改善型3	规划优化	改善型3优化
点源工业	食品加工业	835.87	476.27	476.76	415.87	孟庄居住区	663	4.20	366.07	208.59	208.80	182.13
						薛店居住区	694	4.39	382.64	218.02	218.25	190.37
						台商工业园区	158	1.00	87.16	49.66	49.71	43.36
	石油化工业	32.21	27.58	20.32	13.03	孟庄居住区	663	4.20	14.11	12.079	8.90	5.71
						薛店居住区	694	4.39	14.74	12.63	9.30	5.96
						台商工业园区	158	1.00	3.36	2.88	2.12	1.36
	生物医药业	177.07	168.29	170.54	127.45	南部高新区	949	6.01	151.81	144.28	146.21	109.27
						台商工业园区	158	1.00	25.26	24.01	24.33	18.18
	机械制造业	6.19	10.58	25.85	22.81	出口加工区	455	1.00	2.60	4.45	10.86	9.58
						航空制造区	629	1.38	3.59	6.13	14.99	13.23
	纺织服装业	61.03	53.43	49.82	57.70	南部高新区	949	1.00	61.03	53.43	49.82	57.70
						北部高新区	301	1.00	0.03	0.03	0.12	0.11
	电子信息业	0.20	0.21	0.74	0.65	南部高新区	949	3.15	0.10	0.10	0.37	0.33
						航空制造区	629	2.09	0.07	0.07	0.25	0.22
	其他产业	196.40	180.85	135.92	111.03	孟庄居住区	663	1.00	95.80	88.22	66.30	54.16
						薛店居住区	694	1.05	100.60	92.63	69.62	56.87
合计		1 308.97	917.22	879.94	748.54	—	—	—	1 308.97	917.21	879.94	748.54

附录2 | 郑州航空港区2035年各方案污染物排放总量功能区和烟囱分配（时空耦合）

污染物及产业类别	污染物总量/(t/a) 规划方案	改善型3优化	规划优化	改善型3优化	相关功能区	面积/hm²	相对比例/%	污染物总量分配/(t/a) 规划方案	改善型3	规划优化	改善型3优化
点源 生活	77.46	77.46	77.46	77.46	孟庄居住区	663	6.44	15.44	15.44	15.44	15.44
					教育研发区	280	2.72	6.52	6.52	6.52	6.52
					中央商务区	330	3.20	7.69	7.69	7.69	7.69
					北滨水居住区	198	1.92	4.61	4.61	4.61	4.61
					保税物流园区	508	4.93	11.83	11.83	11.83	11.83
					薛店居住区	694	6.74	16.16	16.16	16.16	16.16
					空港次中心区	412	4.00	9.60	9.60	9.60	9.60
					南滨水居住区	138	1.34	3.21	3.21	3.21	3.21
					古城遗址区	103	1.00	2.40	2.40	2.40	2.40
面源	6740.50	4836.60	4654.65	4016.39	孟庄居住区	663	6.44	768.13	551.48	530.43	457.96
					出口加工区	455	4.42	527.14	378.50	364.02	314.31
					教育研发区	280	2.72	324.40	232.92	224.01	193.42
					北部高新区	301	2.92	348.73	250.05	240.82	207.65
					中心商务区	330	3.20	382.32	274.03	264.01	227.56
					北滨水居住区	198	1.92	229.39	164.42	158.41	136.54
					保税物流园区	508	4.93	588.55	422.17	406.42	350.58
					薛店居住区	694	6.74	804.04	577.17	555.23	479.29
					台商工业园区	158	1.53	183.05	131.02	126.41	108.80
					南部高新区	949	9.21	1099.47	788.69	759.24	654.94
					航空制造区	629	6.11	728.73	523.22	503.22	434.49
					空港次中心区	412	4.00	477.33	342.54	329.62	284.45
					南滨水居住区	138	1.34	159.88	114.75	110.41	95.29
					古城遗址区	103	1.00	119.33	85.63	82.40	71.11
机场 锅炉	0.51	0.51	0.51	0.51	—	—	—	0.51	0.51	0.51	0.51
面源	179.42	179.42	179.42	179.42	—	—	—	179.42	179.42	179.42	179.42

附表 2-2　航空港区 2035 年各方案及各产业 NO₂排放总量功能区分配

Attached Table 2-2　The NO_2 emissions allocation of scenarios and industries of Zhengzhou Airport Zone in 2035 by functional area

污染物及产业类别		污染物总量（t/a）				相关功能区面积及比例			污染物总量分配（t/a）			
		规划方案	改善型3	优化方案	改善型3优化	相关功能区	面积/hm²	相对比例/%	规划方案	改善型3	优化方案	改善型3优化
点源工业	食品加工业	2572.35	1560.69	1467.22	1362.77	孟庄居住区	663	4.20	1126.58	683.51	642.58	596.83
						薛店居住区	694	4.39	1177.54	714.43	671.65	623.83
						台商工业园区	158	1.00	268.23	162.74	152.99	142.10
	石油化工业	96.09	96.09	60.60	45.40	孟庄居住区	663	4.20	42.08	42.08	26.54	19.88
						薛店居住区	694	4.39	43.99	43.99	27.74	20.78
						台商工业园区	158	1.00	10.02	10.02	6.32	4.73
	生物医药业	604.52	604.52	582.22	457.80	南部高新区	949	6.01	518.28	518.28	499.16	392.49
						台商工业园区	158	1.00	86.24	86.24	83.06	65.31
	机械制造业	11.92	20.38	49.64	43.79	出口加工区	455	1.00	5.01	8.56	20.86	18.40
						航空制造区	629	1.38	6.91	11.82	28.78	25.39
	纺织服装业	94.04	94.04	76.76	101.57	南部高新区	949	1.00	94.04	94.04	76.76	101.57
	电子信息业	0.00	0.00	0.00	0.00	北部高新区	301	1.00	0.00	0.00	0.00	0
						南部高新区	949	3.15	0.00	0.00	0.00	0
						航空制造区	629	2.09	0.00	0.00	0.00	0
	其他产业	675.00	671.19	467.14	412.06	孟庄居住区	663	1.00	329.27	327.41	227.87	201.00
						薛店居住区	694	1.05	345.73	343.78	239.27	211.06
	合计	4053.92	3046.90	2703.58	2423.38	—	—	—	4053.92	3046.90	2703.58	2423.39

续表

污染物及产业类别	污染物总量/(t/a) 规划方案	改善型3	优化方案	改善型3优化	相关功能区	面积/hm²	相对比例/%	污染物总量分配/(t/a) 规划方案	改善型3	优化方案	改善型3优化
点源 生活	123.81	123.81	123.81	123.81	孟庄居住区	663	6.44	24.69	24.69	24.69	24.69
					教育研发区	280	2.72	10.43	10.43	10.43	10.43
					中央商务区	330	3.20	12.27	12.27	12.27	12.27
					北滨水居住区	198	1.92	7.36	7.36	7.36	7.36
					保税物流园区	508	4.93	18.90	18.90	18.90	18.90
					薛店居住区	694	6.74	25.84	25.84	25.84	25.84
					空港次中心区	412	4.00	15.34	15.34	15.34	15.34
					南滨水居住区	138	1.34	5.14	5.14	5.14	5.14
					古城遗址区	103	1.00	3.83	3.83	3.83	3.83
面源	15028.42	11463.52	10170.88	9209.20	孟庄居住区	663	6.44	1713.58	1307.10	1159.71	1050.06
					出口加工区	455	4.42	1176.09	897.11	795.95	720.69
					教育研发区	280	2.72	723.75	552.07	489.82	443.51
					北部高新区	301	2.92	776.97	592.66	525.82	476.11
					中心商务区	330	3.20	851.47	649.49	576.26	521.77
					北滨水居住区	198	1.92	510.88	389.69	345.75	313.06
					保税物流园区	508	4.93	1311.79	1000.62	887.79	803.85
					薛店居住区	694	6.74	1793.41	1367.99	1213.74	1098.98
					台商工业园区	158	1.53	407.11	310.52	275.52	249.46
					南部高新区	949	9.21	2450.63	1869.32	1658.53	1501.72
					航空制造区	629	6.11	1625.77	1240.12	1100.28	996.25
					空港次中心区	412	4.00	1064.34	811.86	720.32	652.21
					南滨水居住区	138	1.34	356.55	271.97	241.30	218.49
					古城遗址区	103	1.00	266.08	202.97	180.08	163.06
机场 机场锅炉	67.58	67.58	67.58	67.58	—	—		67.58	67.58	67.58	67.58
面源	1871.58	1871.58	1871.58	1871.58	—	—		1871.58	1871.58	1871.58	1871.58

附表 2-3　航空港区 2035 年各方案及各产业 PM$_{10}$ 排放总量功能区分配

Attached Table 2-3　The PM$_{10}$ emissions allocation of scenarios and industries of Zhengzhou Airport Zone in 2035 by functional area

污染物及产业类别		污染物总量（t/a）				相关功能区	面积/hm²	相对比例/%	污染物总量分配（t/a）			
		规划方案	改善型3	优化方案	改善型3优化	相关功能区			规划方案	改善型3	优化方案	改善型3优化
点源工业	食品加工业	532.97	293.9	303.99	256.63	孟庄居住区	663	4.20	233.42	128.72	133.13	112.39
						薛店居住区	694	4.39	243.98	134.54	139.16	117.48
						台商工业园区	158	1.00	55.58	30.65	31.70	26.76
	石油化工业	43.91	38.28	27.69	18.09	孟庄居住区	663	4.20	19.23	16.76	12.13	7.92
						薛店居住区	694	4.39	20.10	17.52	12.68	8.28
						台商工业园区	158	1.00	4.58	3.99	2.89	1.89
	生物医药业	201.33	175.01	193.91	132.53	南部高新区	949	6.01	172.61	150.04	166.25	113.62
						台商工业园区	158	1.00	28.72	24.97	27.66	18.91
	机械制造业	4.01	6.86	16.55	14.6	出口加工区	455	1.00	1.68	2.88	6.95	6.13
						航空制造区	629	1.38	2.33	3.98	9.60	8.47
	纺织服装业	43.00	37.36	35.10	40.35	南部高新区	949	1.00	43.00	37.36	35.10	40.35
						北部高新区	301	1.00	0.04	0.04	0.12	0.10
	电子信息业	0.24	0.25	0.74	0.65	南部高新区	949	3.15	0.12	0.13	0.37	0.33
						航空制造区	629	2.09	0.08	0.08	0.25	0.22
	其他产业	306.97	287.41	212.44	176.45	孟庄居住区	663	1.00	149.74	140.20	103.63	86.07
						薛店居住区	694	1.05	157.23	147.21	108.81	90.38
	合计	1132.44	839.07	790.42	639.29	—	—	—	1132.44	839.07	790.42	639.30

续表

污染物总量/(t/a)

污染物及产业类别	规划方案	改善型3	优化方案	改善型3优化
点源 生活	302.58	302.58	302.58	302.58
面源	13833.00	11060.60	10536.07	9125.07
机场 机场锅炉	0.00	0.00	0.00	0.00
机场 面源	0.00	0.00	0.00	0.00

相关功能区面积和比例 ／ 污染物总量分配/(t/a)

类别	相关功能区	面积/hm²	相对比例/%	规划方案	改善型3	优化方案	改善型3优化
点源 生活	孟庄居住区	663	6.44	60.35	60.35	60.35	60.35
	教育研发区	280	2.72	25.49	25.49	25.49	25.49
	中央商务区	330	3.20	29.99	29.99	29.99	29.99
	北滨水居住区	198	1.92	17.99	17.99	17.99	17.99
	保税物流园区	508	4.93	46.20	46.20	46.20	46.20
	薛店居住区	694	6.74	63.16	63.16	63.16	63.16
	空港次中心区	412	4.00	37.48	37.48	37.48	37.48
	南滨水居住区	138	1.34	12.56	12.56	12.56	12.56
	古城遗址区	103	1.00	9.37	9.37	9.37	9.37
面源	孟庄居住区	663	6.44	1577.28	1261.16	1201.35	1040.47
	出口加工区	455	4.42	1082.54	865.58	824.53	714.11
	教育研发区	280	2.72	666.18	532.66	507.40	439.45
	北部高新区	301	2.92	715.16	571.83	544.71	471.76
	中心商务区	330	3.20	783.74	626.66	596.94	517.00
	北滨水居住区	198	1.92	470.24	376.00	358.16	310.20
	保税物流园区	508	4.93	1207.45	965.45	919.67	796.50
	薛店居住区	694	6.74	1650.75	1319.91	1257.31	1088.94
	台商工业园区	158	1.53	374.73	299.62	285.42	247.19
	南部高新区	949	9.21	2255.70	1803.61	1718.08	1487.99
	航空制造区	629	6.11	1496.45	1196.53	1139.79	987.15
	空港次中心区	412	4.00	979.67	783.33	746.18	646.25
	南滨水居住区	138	1.34	328.19	262.42	249.97	216.50
	古城遗址区	103	1.00	244.92	195.83	186.55	161.56
机场	机场锅炉	—	—	0.00	0.00	0.00	0.00
	面源	—	—	0.00	0.00	0.00	0.00

附表 2-4　航空港区 2035 年各功能区环境空气污染物排放总量分配结果

Attached Table 2-4　The summarization results of the air pollutants emissions allocation of Zhengzhou Airport Zone in 2035 by functional area

功能区	面积/hm²	点源/面源	SO₂/(t/a)				NO₂/(t/a)				PM₁₀/(t/a)			
			规划方案	改善型3	优化方案	改善型3优化	规划方案	改善型3	优化方案	改善型3优化	规划方案	改善型3	优化方案	改善型3优化
1. 孟庄居住区	663	点源工业	475.98	308.89	284.00	242.00	1 497.93	1 053	896.99	817.72	402.39	285.68	248.89	206.39
		点源生活	15.44	15.44	15.44	15.44	24.69	24.69	24.69	24.69	60.35	60.35	60.35	60.35
		点源合计	491.42	324.33	299.44	257.44	1 522.62	1 077.69	921.68	842.41	462.74	346.03	309.24	266.74
		面源	768.13	551.48	530.43	457.96	1 713.58	1 307.1	1 159.71	1 050.06	1 577.28	1 261.16	1 201.35	1 040.47
2. 出口加工区	455	点源工业	2.60	4.45	10.86	9.58	5.01	8.56	20.86	18.40	1.68	2.88	6.95	6.13
		点源生活	0.00	0.00	0.00	0.00	0.00	0.00	0.00	0.00	0.00	0.00	0.00	0.00
		点源合计	2.60	4.45	10.86	9.58	5.01	8.56	20.86	18.40	1.68	2.88	6.95	6.13
		面源	527.14	378.5	364.02	314.31	1 176.09	897.11	795.95	720.69	1 082.54	865.58	824.53	714.11
3. 教育研发区	280	点源工业	0.00	0.00	0.00	0.00	0.00	0.00	0.00	0.00	0.00	0.00	0.00	0.00
		点源生活	6.52	6.52	6.52	6.52	10.43	10.43	10.43	10.43	25.49	25.49	25.49	25.49
		点源合计	6.52	6.52	6.52	6.52	10.43	10.43	10.43	10.43	25.49	25.49	25.49	25.49
		面源	324.4	232.92	224.01	193.42	723.75	552.07	489.82	443.51	666.18	532.66	507.40	439.45
4. 北部高新产业发展区	301	点源工业	0.03	0.03	0.12	0.10	0.00	0.00	0.00	0.00	0.04	0.04	0.12	0.10
		点源生活	0.00	0.00	0.00	0.00	0.00	0.00	0.00	0.00	0.00	0.00	0.00	0.00
		点源合计	0.03	0.03	0.12	0.10	0.00	0.00	0.00	0.00	0.04	0.04	0.12	0.10
		面源	348.73	250.05	240.82	207.65	776.97	592.66	525.82	476.11	715.16	571.83	544.71	471.76
5. 中央商务区	330	点源工业	0.00	0.00	0.00	0.00	0.00	0.00	0.00	0.00	0.00	0.00	0.00	0.00
		点源生活	7.69	7.69	7.69	7.69	12.27	12.27	12.27	12.27	29.99	29.99	29.99	29.99
		点源合计	7.69	7.69	7.69	7.69	12.27	12.27	12.27	12.27	29.99	29.99	29.99	29.99
		面源	382.32	274.03	264.01	227.56	851.47	649.49	576.26	521.77	783.74	626.66	596.94	517.00

续表

功能区	面积/hm²	点源/面源	SO₂/(t/a) 规划方案	SO₂/(t/a) 改善型3	SO₂/(t/a) 优化方案	SO₂/(t/a) 改善型3优化	NO₂/(t/a) 规划方案	NO₂/(t/a) 改善型3	NO₂/(t/a) 优化方案	NO₂/(t/a) 改善型3优化	PM₁₀/(t/a) 规划方案	PM₁₀/(t/a) 改善型3	PM₁₀/(t/a) 优化方案	PM₁₀/(t/a) 改善型3优化
6. 北部滨水居住区	198	点源工业	0.00	0.00	0.00	0.00	0.00	0.00	0.00	0.00	0.00	0.00	0.00	0.00
		点源生活	4.61	4.61	4.61	4.61	7.36	7.36	7.36	7.36	17.99	17.99	17.99	17.99
		点源合计	4.61	4.61	4.61	4.61	7.36	7.36	7.36	7.36	17.99	17.99	17.99	17.99
		面源	229.39	164.42	158.41	136.54	510.88	389.69	345.75	313.06	470.24	376	358.16	310.20
7. 保税物流园区	508	点源工业	0.00	0.00	0.00	0.00	0.00	0.00	0.00	0.00	0.00	0.00	0.00	0.00
		点源生活	11.83	11.83	11.83	11.83	18.9	18.9	18.9	18.9	46.2	46.2	46.2	46.2
		点源合计	11.83	11.83	11.83	11.83	18.9	18.9	18.9	18.9	46.2	46.2	46.2	46.2
		面源	588.55	422.17	406.42	350.58	1 311.79	1 000.62	887.79	803.85	1 207.45	965.45	919.67	796.50
8. 薛店居住区	694	点源工业	497.98	323.28	297.17	253.21	1 567.26	1 102.2	938.66	855.67	421.31	299.27	260.65	216.14
		点源生活	16.16	16.16	16.16	16.16	25.84	25.84	25.84	25.84	63.16	63.16	63.16	63.16
		点源合计	514.14	339.44	313.33	269.37	1 593.1	1 128.04	964.5	881.51	484.47	362.43	323.81	279.30
		面源	804.04	577.17	555.23	479.29	1 793.41	1 367.99	1 213.74	1 098.98	1 650.75	1 319.91	1 257.31	1 088.94
9. 台商工业园区	158	点源工业	115.78	76.55	76.16	62.90	364.49	259.00	242.37	212.14	88.88	59.61	62.25	47.55
		点源生活	0.00	0.00	0.00	0.00	0.00	0.00	0.00	0.00	0.00	0.00	0.00	0.00
		点源合计	115.78	76.55	76.16	62.90	364.49	259.00	242.37	212.14	88.88	59.61	62.25	47.55
		面源	183.05	131.02	126.41	108.80	407.11	310.52	275.52	249.46	374.73	299.62	285.42	247.19
10. 南部高新产业发展区	949	点源工业	212.94	197.81	196.40	167.30	612.32	612.32	575.92	494.06	215.73	187.53	201.72	154.30
		点源生活	0.00	0.00	0.00	0.00	0.00	0.00	0.00	0.00	0.00	0.00	0.00	0.00
		点源合计	212.94	197.81	196.40	167.30	612.32	612.32	575.92	494.06	215.73	187.53	201.72	154.30
		面源	1 099.47	788.69	759.24	654.94	2 450.63	1 869.32	1 658.53	1 501.72	2 255.7	1 803.61	1 718.08	1 487.99

续表

功能区	面积/hm²	点面源	SO₂/(t/a)				NO₂/(t/a)				PM₁₀/(t/a)			
			规划方案	改善型3	优化方案	改善型3优化	规划方案	改善型3	优化方案	改善型3优化	规划方案	改善型3	优化方案	改善型3优化
11. 航空制造业发展区	629	点源工业	3.66	6.2	15.24	13.44	6.91	11.82	28.78	25.39	2.41	4.06	9.85	8.68
		点源生活	0.00	0.00	0.00	0.00	0.00	0.00	0.00	0.00	0.00	0.00	0.00	0.00
		点源合计	3.66	6.2	15.24	13.44	6.91	11.82	28.78	25.39	2.41	4.06	9.85	8.68
		面源	728.73	523.22	503.22	434.49	1 625.77	1 240.12	1 100.28	996.25	1 496.45	1 196.53	1 139.79	987.15
12. 空港新城次中心区	412	点源工业	0.00	0.00	0.00	0.00	0.00	0.00	0.00	0.00	0.00	0.00	0.00	0.00
		点源生活	9.60	9.60	9.60	9.60	15.34	15.34	15.34	15.34	37.48	37.48	37.48	37.48
		点源合计	9.60	9.60	9.60	9.60	15.34	15.34	15.34	15.34	37.48	37.48	37.48	37.48
		面源	477.33	342.54	329.62	284.45	1 064.34	811.86	720.32	652.21	979.67	783.33	746.18	646.25
13. 南部滨水居生区	138	点源工业	0.00	0.00	0.00	0.00	0.00	0.00	0.00	0.00	0.00	0.00	0.00	0.00
		点源生活	3.21	3.21	3.21	3.21	5.14	5.14	5.14	5.14	12.56	12.56	12.56	12.56
		点源合计	3.21	3.21	3.21	3.21	5.14	5.14	5.14	5.14	12.56	12.56	12.56	12.56
		面源	159.88	114.75	110.41	95.29	356.55	271.97	241.30	218.49	328.19	262.42	249.97	216.50
14. 苑陵古城遗址保护区	103	点源工业	0.00	0.00	0.00	0.00	0.00	0.00	0.00	0.00	0.00	0.00	0.00	0.00
		点源生活	2.40	2.40	2.40	2.40	3.83	3.83	3.83	3.83	9.37	9.37	9.37	9.37
		点源合计	2.40	2.40	2.40	2.40	3.83	3.83	3.83	3.83	9.37	9.37	9.37	9.37
		面源	119.33	85.63	82.40	71.11	266.08	202.97	180.08	163.06	244.92	195.83	186.55	161.56
15. 机场核心区	4 800	机场锅炉	0.51	0.51	0.51	0.51	67.58	67.58	67.58	67.58	0.00	0.00	0.00	0.00
		面源	179.42	179.42	179.42	179.42	1 871.58	1 871.58	1 871.58	1 871.58	0.00	0.00	0.00	0.00
合计	10 618	点源工业	1 308.97	917.21	879.95	748.53	4 053.92	3 046.9	2 703.58	2 423.38	1 132.44	839.07	790.43	639.29
		点源生活	77.97	77.97	77.97	77.97	191.38	191.38	191.38	191.38	302.59	302.59	302.59	302.59
		点源合计	1 386.94	995.18	957.92	826.50	4 245.30	3 238.28	2 894.96	2 614.76	1 435.03	1 141.66	1 093.02	941.88
		面源	6 919.91	5 016.01	4 834.07	4 195.81	16 900	13 335.07	12 042.45	11 080.78	13 833	11 060.59	10 536.06	9 125.07

附表 2-5　航空港区2035年规划方案各功能区和烟囱环境空气污染物分配

Attached Table 2-5　The air pollutants emissions allocation of planning scheme of Zhengzhou Airport Zone in 2035 by functional area and chimney

功能区	烟囱	点源 污染物总量（t/a）			点源 排放速率（g/s）			面源 污染物总量（t/a）			面源 排放速率（g/s）		
		SO_2	NO_2	PM_{10}	SO_2	NO_2	PM_{10}	SO_2	NO_2	PM_{10}	SO_2	NO_2	PM_{10}
中央商务区	1个40m高点，5个20m低架	7.69	12.27	29.99	0.24	0.39	0.96	382.32	851.47	783.74	2.46	5.47	5.04
出口加工区	1个40m高点，4个20m低架	2.6	5.01	1.68	0.08	0.16	0.05	527.14	1176.09	1082.54	4.24	9.45	8.70
教育研发区	1个60m高点，4个20m低架	6.52	10.43	25.49	0.21	0.33	0.82	324.4	723.75	666.18	2.61	5.82	5.35
北部高新产业发展区	4个20m低架	0.03	0	0.04	—	—	—	348.73	776.97	715.16	2.80	6.24	5.75
北部滨水居住区	1个40m高点，3个20m低架	4.61	7.36	17.99	0.15	0.23	0.58	229.39	510.88	470.24	2.46	5.47	5.04
孟庄居住区	2个100m高点，4个20m低架	491.42	1522.62	462.74	7.79	24.14	7.44	768.13	1713.58	1577.28	6.17	13.77	12.68
保税物流园区	2个60m高点，4个20m低架	11.83	18.9	46.2	0.19	0.30	0.74	588.55	1311.79	1207.45	4.73	10.54	9.70
机场	4个20m低架	0.51	67.58	0	—	—	—	179.42	1871.58	0	—	—	—
空港新城次中心区	1个60m高点，5个20m低架	9.6	15.34	37.48	0.30	0.49	1.20	477.33	1064.34	979.67	3.07	6.84	6.30
航空制造业发展区	2个60m高点，4个20m低架	3.66	6.91	2.41	0.06	0.11	0.04	728.73	1625.77	1496.45	5.86	13.07	12.03
南部高新产业发展区	2个100m高点，4个20m低架	212.94	612.32	215.73	3.38	9.71	3.47	1099.47	2450.63	2255.7	8.84	19.70	18.13
南部滨水居住区	1个40m高点，3个15m低架	3.21	5.14	12.56	0.10	0.16	0.40	159.88	356.55	328.19	1.71	3.82	3.52
台商工业园区	1个60m高点，3个20m低架	115.78	364.49	88.88	3.67	11.56	2.86	183.05	407.11	374.73	1.96	4.36	4.02
薛店居住区	2个100m高点，4个20m低架	514.14	1593.1	484.47	8.15	25.26	7.79	804.04	1793.41	1650.75	6.46	14.41	13.27
苑陵古城遗址保护区	1个40m高点，2个30m低架	2.4	3.83	9.37	0.08	0.12	0.30	119.33	266.08	244.92	1.92	4.28	3.94

附表2-6 航空港区2035年规划优化方案各功能区和烟囱环境空气污染物分配

Attached Table 2-6　The air pollutants emissions allocation of improved planning scheme of Zhengzhou Airport Zone in 2035 by functional area and chimney

功能区	烟囱	点源						面源					
		污染物总量/(t/a)			排放速率/(g/s)			污染物总量/(t/a)			排放速率/(g/s)		
		SO₂	NO₂	PM₁₀	SO₂	NO₂	PM₁₀	SO₂	NO₂	PM₁₀	SO₂	NO₂	PM₁₀
中央商务区	1个40m高点，5个20m低架	7.69	12.27	29.99	0.24	0.39	0.96	264.01	576.26	596.94	1.70	3.71	3.84
出口加工区	1个40m高点，4个20m低架	10.86	20.86	6.95	0.34	0.66	0.22	364.02	795.95	824.53	2.93	6.40	6.63
教育研发区	1个60m高点，4个20m低架	6.52	10.43	25.49	0.21	0.33	0.82	224.01	489.82	507.4	1.80	3.94	4.08
北部高新产业发展区	4个20m低架	0.12	0	0.12	—	—	—	240.82	525.82	544.71	1.94	4.23	4.38
北部溱水居住区	1个40m高点，3个20m低架	4.61	7.36	17.99	0.15	0.23	0.58	158.41	345.75	358.16	1.70	3.71	3.84
孟庄居住区	2个100m高点，4个20m低架	299.44	921.68	309.24	4.75	14.61	4.97	530.43	1159.71	1201.35	4.26	9.32	9.66
保税物流园区	2个60m高点，4个20m低架	11.83	18.9	46.2	0.19	0.30	0.74	406.42	887.79	919.67	3.27	7.14	7.39
机场	4个20m低架	0.51	67.58	0	—	—	—	179.42	1871.58	0	—	—	—
空港新城次中心区	1个60m高点，5个20m低架	9.6	15.34	37.48	0.30	0.47	1.20	329.62	720.32	746.18	2.12	4.63	4.80
航空制造业发展区	2个60m高点，4个20m低架	15.24	28.78	9.85	0.24	0.46	0.16	503.22	1100.28	1139.79	4.04	8.84	9.16
南部高新产业发展区	2个100m高点，4个20m低架	196.4	575.92	201.72	3.11	9.13	3.24	759.24	1658.53	1718.08	6.10	13.33	13.81
南部溱水居住区	1个40m高点，3个15m低架	3.21	5.14	12.56	0.10	0.16	0.40	110.41	241.3	249.97	1.18	2.59	2.68
台商工业园区	1个60m高点，3个20m低架	76.16	242.37	62.25	2.42	7.69	2.00	126.41	275.52	285.42	1.35	2.95	3.06
薛店居住区	2个100m高点，4个20m低架	313.33	964.5	323.81	4.97	15.29	5.21	555.23	1213.74	1257.31	4.46	9.76	10.11
苑陵古城遗址保护区	1个40m高点，2个30m低架	2.4	3.83	9.37	0.08	0.12	0.30	82.4	180.08	186.55	1.32	2.89	3.00

附表 2-7 航空港区 2035 年改善型 3 方案各功能区和烟囱环境空气污染物分配

Attached Table 2-7 The air pollutants emissions allocation of improved-type 3 scenario of Zhengzhou Airport Zone in 2035 by functional area and chimney

功能区	烟囱	点源						面源					
		污染物总量/(t/a)			排放速率/(g/s)			污染物总量/(t/a)			排放速率/(g/s)		
		SO₂	NO₂	PM₁₀	SO₂	NO₂	PM₁₀	SO₂	NO₂	PM₁₀	SO₂	NO₂	PM₁₀
中央商务区	1 个 40m 高点，5 个 20m 低架	7.69	12.27	29.99	0.24	0.39	0.96	274.03	649.49	626.66	1.76	4.18	4.03
出口加工区	1 个 40m 高点，4 个 20m 低架	4.45	8.56	2.88	0.14	0.27	0.09	378.5	897.11	865.58	3.04	7.21	6.96
教育研发区	1 个 60m 高点，4 个 20m 低架	6.52	10.43	25.49	0.21	0.33	0.82	232.92	552.07	532.66	1.87	4.44	4.28
北部高新产业发展区	4 个 20m 低架	0.03	0	0.04	—	—	—	250.05	592.66	571.83	2.01	4.76	4.60
北部滨水居住区	1 个 40m 高点，3 个 20m 低架	4.61	7.36	17.99	0.15	0.23	0.58	164.42	389.69	376	1.76	4.18	4.03
孟庄居住区	2 个 100m 高点，4 个 20m 低架	324.33	1077.69	346.03	5.14	17.09	5.56	551.48	1307.1	1261.16	4.43	10.51	10.14
保税物流园区	2 个 60m 高点，4 个 20m 低架	11.83	18.9	46.2	0.19	0.30	0.74	422.17	1000.62	965.45	3.39	8.04	7.76
机场	4 个 20m 低架	0.51	67.58	0	—	—	—	179.42	1871.58	0	—	—	—
空港新城牧业中心区	1 个 60m 高点，5 个 20m 低架	9.6	15.34	37.48	0.30	0.49	1.20	342.54	811.86	783.33	2.20	5.22	5.04
航空制造业发展区	2 个 60m 高点，4 个 20m 低架	6.2	11.82	4.06	0.10	0.19	0.07	523.22	1240.12	1196.53	4.21	9.97	9.62
南部高新产业发展区	2 个 100m 高点，4 个 20m 低架	197.81	612.32	187.53	3.14	9.71	3.01	788.69	1869.32	1803.61	6.34	15.02	14.50
南部滨水居住区	1 个 40m 高点，3 个 15m 低架	3.21	5.14	12.56	0.10	0.16	0.40	114.75	271.97	262.42	1.23	2.91	2.81
台商工业园区	1 个 60m 高点，3 个 20m 低架	76.55	259	59.61	2.43	8.21	1.92	131.02	310.52	299.62	1.40	3.33	3.21
薛店居住区	2 个 100m 高点，4 个 20m 低架	339.44	1128.04	362.43	5.38	17.88	5.83	577.17	1367.99	1319.91	4.64	11.00	10.61
苑陵古城遗址保护区	1 个 40m 高点，2 个 30m 低架	2.4	3.83	9.37	0.08	0.12	0.30	85.63	202.97	195.83	1.38	3.26	3.15

附表 2-8　航空港区 2035 年改善型 3 优化方案各功能区和烟囱环境空气污染物分配

Attached Table 2-8　The air pollutants emissions allocation of optimized improved-type 3 scenario of Zhengzhou Airport Zone in 2035 by functional area and chimney

功能区	烟囱	点源						面源					
		污染物总量/(t/a)			排放速率/(g/s)			污染物总量/(t/a)			排放速率/(g/s)		
		SO₂	NO₂	PM₁₀	SO₂	NO₂	PM₁₀	SO₂	NO₂	PM₁₀	SO₂	NO₂	PM₁₀
中央商务区	1个40m高点，5个20m低架	7.69	12.27	29.99	0.24	0.39	0.96	227.56	521.77	517	1.46	3.36	3.32
出口加工区	1个40m高点，4个20m低架	9.58	18.4	6.13	0.30	0.58	0.20	314.31	720.69	714.11	2.53	5.79	5.74
教育研发区	1个60m高点，4个20m低架	6.52	10.43	25.49	0.21	0.33	0.82	193.42	443.51	439.45	1.55	3.56	3.53
北部高新产业发展区	4个20m低架	0.1	0	0.1	—	—	—	207.65	476.11	471.76	1.67	3.83	3.79
北部滨水居住区	1个40m高点，3个20m低架	4.61	7.36	17.99	0.15	0.23	0.58	136.54	313.06	310.2	1.46	3.35	3.32
孟庄居住区	2个100m高点，4个20m低架	257.44	842.41	266.74	4.08	13.36	4.29	457.96	1050.06	1040.47	3.68	8.44	8.36
保税物流园区	2个60m高点，4个20m低架	11.83	18.9	46.2	0.19	0.30	0.74	350.58	803.85	796.5	2.82	6.46	6.40
机场		0.51	67.58	0	—	—	—	179.42	1871.58	0	—	—	—
空港新城饮水中心区	1个60m高点，5个20m低架	9.6	15.34	37.48	0.30	0.49	1.20	284.45	652.21	646.25	1.83	4.19	4.16
航空制造业发展区	2个60m高点，4个20m低架	13.44	25.39	8.68	0.21	0.40	0.14	434.49	996.25	987.15	3.49	8.01	7.93
南部高新产业发展区	2个100m高点，4个20m低架	167.3	494.06	154.3	2.65	7.83	2.48	654.94	1501.72	1487.99	5.26	12.07	11.96
南部滨水居住区	1个40m高点，3个15m低架	3.21	5.14	12.56	0.10	0.16	0.40	95.29	218.49	216.5	1.02	2.34	2.32
台商工业园区	1个60m高点，3个20m低架	62.9	212.14	47.55	1.99	6.73	1.53	108.8	249.46	247.19	1.17	2.67	2.65
薛店居住区	2个100m，4个20m	269.37	881.51	279.3	4.27	13.98	4.49	479.29	1098.98	1088.94	3.85	8.83	8.75
苑陵古城遗址保护区	1个40m高点，2个30m低架	2.4	3.83	9.37	0.08	0.12	0.30	71.11	163.06	161.56	1.14	2.62	2.60

附录3 郑州航空港区规划环评方案优化相关约束条件和参数确定

3.1 空间管制层–产业方案层耦合优化相关约束条件和参数确定

3.1.1 非工业建设用地（X_{12}）和水域面积（X_3）约束确定

（1）X_{12}约束。根据建设部《城市用地分类与规划建设用地标准》（GBJ137—90），居住用地标准为 $18.0 \sim 28.0 m^2$/人；道路广场用地标准为 $7.0 \sim 15.0 m^2$/人；这两类用地均为非工业建设用地。考虑到航空港区实际，分别取其上限之和作为非工业建设用地约束，即 $43 m^2$/人。根据港区人口预测可得出港区非工业建设用地面积：规划方案 $1840.83 hm^2$；改善型第三情景 $1627.55 hm^2$，分别占港区总面积的 13.34% 和 11.79%；另由港区规划文本中统计出的非工业建设用地（不含城市绿地）面积为 $2501.03 hm^2$，占规划区域总面积的 18.12%。由此可以设定非工业建设用地（X_{12}）的约束：规划方案为 $13.34\% \leqslant X_{12}/TL \leqslant 18.12\%$；改善型第三情景为 $11.79\% \leqslant X_{12}/TL \leqslant 18.12\%$。

（2）X_3约束。根据港区现状（2007年）水域面积 $352.87 hm^2$，占规划区域总面积的 2.56%，及港区规划水域面积（2035年）$40 hm^2$，占规划区域总面积的 0.29%，设定水域面积（X_3）的约束条件为 $0.29\% \leqslant X_3/TL \leqslant 2.56\%$。

3.1.2 林地（FL）、城市绿地（GL）和耕地（发展备用地）（AL）约束确定

（1）（FL+GL）约束。《"十一五"国家环境保护模范城市考核指标及其实施细则（修订）》（环境保护部办公厅文件，环办〔2008〕71号）中第13项指标规定：建成区绿化覆盖率 $\geqslant 35\%$。其概念包括林地和城市绿地，由此设定林地和绿地面积之和占规划区域总面积的比例约束，即模型中的（FL+GL）/TL $\geqslant 35\%$；

（2）（AL）约束。经网上查询，联合国粮农组织确定的人均耕地警戒线为 $0.053 hm^2$（即0.8亩）（王万茂，2001）。由航空港区总体规划，规划范围内农村人口为 37 840人，预计规划范围内农村人口就业系数为0.5。由此可推出：港

区剩余农村人口 18 920 人，港区最小耕地面积应为 1002.76hm²，占港区总面积 7.27%。因此，耕地（发展备用地）约束确定为 AL/TL≥7.27%。

3.1.3 模型参数和约束条件值

1. 生态系统服务功能价值系数

生态系统服务功能价值系数见附表 3-1。

附表 3-1　生态系统服务功能价值系数 ［元/(hm²·a)］

Attached Table 3-1　The ecosystem services values (ESV) coefficient ［yuan/(hm²·a)］

土地覆盖类型	森林	城市绿地	水体	农田
生态价值系数	19 334.0	3 111.0	40 676.4	6 114.3
模型参数	$S_1^\pm$	$S_2^\pm$	$S_3^\pm$	$S_4^\pm$

注：森林、水体和农田引自唐弢等（2007）；城市绿地生态功能服务价值系数引自田刚和蔡博峰（2004）。

2. 航空港区用地类型和面积统计

航空港区用地类型和面积统计见附表 3-2。

附表 3-2　航空港区现状（2007 年）和规划用地类型和面积统计

Attached Table 3-2　Statistics of the planning land types and area of Zhengzhou Airport Zone in current situation (2007)

用地类型	林地（FL）	城市绿地（GL）	水域（WL）	耕地（发展备用地）（AL）	文物遗址（SL$_c$）	总建设用地（TL$_c$）（现状 4 422.39）（规划 9 410）			区域总面积
现状（2007 年）/hm²	5 654.64	0.00	352.87	3267.1	103	463.31（机场）	578.25（工业）	3 380.83（村镇）	13 800
占区域比例/%	40.98	0.00	2.56	23.67	0.75	3.36	4.19	24.50	100
规划（2035 年）/hm²	2420	853.2	40	973.8	103	4 800（机场）	1 960（北片区）	2 650（南片区）	13 800
占区域比例/%	17.54	6.18	0.29	7.06	0.75	34.78	14.20	19.20	100

注：部分数据引自《郑州航空港地区总体规划（2008—2035）》，部分数据统计计算。

3. 产业地均 GDP 和区域工业地均 GDP

产业地均 GDP 和区域工业地均 GDP 见附表3-3。

附表3-3　不同产业地均 GDP 和区域地均 GDP 调查统计结果（亿元/km²）

Attached Table 3-3　The Statistic results of the industrial and regional landuse area based GDP（10^8 yuan/km²）

地均 GDP	产业类型	下限	均值	上限
产业地均 GDP	食品加工业（B_5）	10.6269	13.7734	16.9200
	石油化工业（B_6）	6.4613	7.6074	8.7535
	生物医药业（B_7）	10.2884	11.7252	13.1620
	机械制造业（B_8）	7.3565	19.8727	32.3889
	纺织服装业（B_9）	8.3277	33.1709	58.0141
	电子信息业（B_{10}）	30.5237	41.3569	52.1900
	其他产业（B_{11}）	4.6495	13.4131	22.1769
区域工业地均 GDP	区域工业	2.2402	10.5142	18.7882

注：①2007年产业地均 GDP 和区域工业地均 GDP 由实地调查得出。调查对象为国家级郑州经济技术开发区和郑州高新技术产业开发区，共调查企业 200 多家，调查指标为企业规模、产品、产值、用地面积、原辅材料用量等，然后分类统计得出；②郑州经济技术开发区和郑州高新技术产业开发区分别于2002年和 1991 年被国务院批准，2007 年工业总产值分别为91.85 亿元和 565.90 亿元，建成区面积分别为41km² 和 30.12 km²。

4. 模型优化各产业产值比例确定

航空港区 2035 年规划方案模型优化各产业产值比例确定见附表3-4。

附表3-4　航空港区 2035 年规划方案模型优化各产业产值比例确定

Attached Table 3-4　Industrial production proportions of optimized planning scheme of Zhengzhou Airport Zone in 2035

产业类型	SD 模型预测产业结构		模型优化产值比例/%		
	产值（亿元/a）	比例/%	下限	平均值	上限
工业总产值	295.46	100			
食品加工业	115.61	39	15	20	25
石油化工业	11.03	4	2	4	6
生物医药业	51.62	17	15	17	20
机械制造业	12.43	4	15	17	20
纺织服装业	21.72	8	6	10	12

产业类型	SD 模型预测产业结构		模型优化产值比例/%		
	产值（亿元/a）	比例/%	下限	平均值	上限
电子信息业	40.36	14	15	20	25
其他产业	42.69	14	10	12	14

注：根据航空港区管委会相关部门意向确定。主导产业为机械制造业、电子信息业和生物医药业；次主导产业为食品加工业和纺织服装业；限制类产业为石油化工业。

3.2 航空港区地表水相关参数及空间累积环境影响预测

3.2.1 航空港区地表水体水质降解系数、水文现状及污水处理厂相关参数

航空港区地表水体水质降解系数、水文现状及污水处理厂相关参数见附表 3-5 ~ 附表 3-7。

附表 3-5 一般河道水质降解系数表

Attached Table 3-5 The water quality degradation coefficients of river

水质及水生态环境状况	水质降解系数参考值/d^{-1}	
	COD	NH$_3$-N
优（相应水质为 II - III 类）	0.18 ~ 0.25	0.15 ~ 0.20
中（相应水质为 III - IV 类）	0.10 ~ 0.18	0.10 ~ 0.15
劣（相应水质为 V 类或劣 V 类）	0.05 ~ 0.10	0.05 ~ 0.10

注：引自《全国地表水水环境容量核定技术复核要点》。

附表 3-6 航空港区地表水水文现状（2007 年）参数一览表

Attached Table 3-6 The surface water hydrology parameters of Zhengzhou Airport Zone in current situation (2007)

河流		河段及断面	河长/m	平均流量/（m³/s）	平均底宽/m	平均水深/m	平均流速/（m/s）
北区	丈八沟	北区污水处理厂→丈八沟→贾鲁河高庙范村断面	37160	0.20	6.0	0.3	0.11
	贾鲁河	丈八沟→贾鲁河高庙范村断面	11390	2.0	18.0	1.1	0.10
南区	梅河	南区污水处理厂→梅河→双泊河老岗坡村断面	32110	0.25	4.0	0.5	0.13
	双泊河	梅河→双泊河老岗坡村断面	34740	1.36	20.0	0.8	0.09

注：部分数据引自《郑州航空港地区总体规划（2008—2035）》和《郑州市环境质量报告书（2009）》，部分数据实地调查。

附表 3-7　郑州市五龙口和马头岗污水处理厂污染物削减率及处理费用调查表

Attached Table 3-7　The investigation results of the pollutants cut rate and treatment costs of the Wulongkou and Matougang sewage plants in Zhengzhou city of Henan province

污水处理厂及工艺	规模/（万t/d）	进口浓度/（mg/L）		出口浓度/（mg/L）		削减率/%		削减费用/（元/kg）		污水处理费用/（元/t）
		COD	NH₃-N	COD	NH₃-N	COD	NH₃-N	COD	NH₃-N	
五龙口（改良氧化沟）	20	350	42	40	1	88.57	97.62	1.94	14.63	0.6
马头岗（A²/o）	30	437	50	36	5	91.76	90.00	1.50	13.33	0.6

注：表中数据实际调查得出。

3.2.2　航空港区外排污水及污染物的地表水空间累积环境影响预测

1. 航空港区外排污水及污染物总量核定

航空港区外排污水及污染物总量核定见附表 3-8。

2. 航空港区地表水空间累积环境影响预测

因航空港区地表水无自然径流，要实现其地表水功能V类水标准，需将区域内产生的污废水处理达到地表水V类水质标准［《地表水环境质量标准》（GB3838—2002）］，并回用于地表水作为景观用水，即航空港区外排污水污染物浓度为：COD≤40mg/L，NH₃-N≤2mg/L。从郑州市已建成投用的两个污水处理厂的实际运行情况来看，采用马头岗污水处理厂的处理工艺可以达到地表水V类水水质标准（附表 3-7）。

设河流底宽为 b ，河流过水断面为矩形，Q_1 流量和 v_1 流速下，形成的河流平均水深为 h_1 ，Q_2 流量和 v_2 流速下，形成的河流平均水深为 h_2 ，根据曼宁公式：$V = \dfrac{1}{n}R^{2/3}S^{1/2}$，$R = A/P$ 。式中，V 为河流断面平均流速；R 为水力半径；S 为水流比降；n 为河道的糙率；A 为过水断面积；P 为湿周。当 b/h 很大时，$R = h$ ，则有：$h_2^5 = h_1^5 Q_2^3 / Q_1^3$。据此，可根据已知的 Q_1、Q_2 和 h_1 推算出 h_2 ，再由 h_2、b 和 Q_2 推算出 v_2 。据 v_2 可预测污染物浓度随时间衰减的情况。

附表 3-8 航空港区不同方案污水处理后外排污废水及污染物核定表

Attached Table 3-8 The check results of the wastewater and pollutants quantities discharged outside Zhengzhou Airport Zone under various designed scenarios

方案	水资源需求总量/(万 t/a)	外排污废水						外排污染物				
		机场+生活/(万 t/a)	工业/(万 t/a)	中水回用率/%	回用量/(万 t/d)	污废水外排量/(万 t/d)		污染物产生量/(t/a)	机场+生活/(t/a)	工业/(t/a)	污染物达标削减率/%	污染物外排量/(t/d)
规划1	14 532.93	9 687.68	4 845.25	20	5.02	22.85	①	41 454.50	12 584.40	28 870.10	91.26	8.03
							②	1 392.14	1 341.318	50.825	87.70	0.95
规划2	14 532.93	9 687.68	4 845.25	50	13.94	13.94	①	41 454.50	12 584.40	28 870.10	90.18	5.58
							②	1 392.14	1 341.32	50.83	85.39	0.28
规划优化	12 627.09	9 687.68	2 939.41	50	12.11	12.11	①	31 376.34	12 584.40	18 791.94	88.73	4.84
							②	1 374.30	1 341.32	32.98	87.14	0.24
改善型3	11 279.93	7 952.58	3 327.25	50	10.82	10.82	①	21 394.53	11 315.73	10 078.80	85.24	4.33
							②	1 255.83	1 214.45	41.38	87.43	0.22
改善型3优化	10 863.65	7 952.58	2 911.07	50	10.42	10.42	①	20 429.97	11 315.73	9 114.24	85.11	4.17
							②	1 241.98	1 214.45	27.53	87.75	0.21

①为 COD; ②为 NH_3-N。

注: 各方案污废水产生率为生活需水量的70%。规划1为原规划方案, 生活污水集中处理率为85%, 工业废水处理率为100%, 中水回用率为20%; 其他4个方案生活污水集中处理率为100%, 工业废水处理率为100%, 中水回用率为50%。

附录 4　郑州航空港区不同方案环境承载力计算结果

郑州航空港区不同方案环境承载力计算结果见附表 4-1。

附表 4-1　航空港区现状（2007 年）及 2035 年规划、规划优化和改善型 3 优化方案环境承载力计算结果

Attached Table 4-1　Environmental bearing capacity calculation results of the current situation (2007) and planning scheme, optimized planning scheme, and optimized improved-type 3 scenario in 2035 of Zhengzhou Airport Zone

准则层	指标号	指标名称	现状值	相对剩余率	分项合计	规划方案值	相对剩余率	分项合计	规划优化方案值	相对剩余率	分项合计	改善型3优化方案值	相对剩余率	分项合计
经济子系统	1	GDP 年均增长率/%	18.0	0.356		10	0.097		10	0.097		10	0.097	
	2	人均 GDP/元	8 785.3	-0.102		71 011.4	0.197		71 011.4	0.197		99 828.5	0.335	
	3	第三产业产值占 GDP 比重/%	16.5	-0.048	0.188	27.9	-0.032	0.249	27.9	-0.032	0.248	43.3	-0.010	0.415
	4	第二产业产值占 GDP 比重/%	83.5	-0.018		72.1	-0.014		72.1	-0.014		56.7	-0.007	
社会子系统	5	人口密度/(人/km^2)	628	0.057		3 102	0.015		3 102	0.015		2 743	0.021	
	6	城市化水平/%	34.23	-0.037	0.020	100	0.081	0.096	100	0.081	0.096	100	0.081	0.102
资源环境子系统	7	PM$_{10}$ 浓度/(mg/m^3)	0.036	0.008		0.1	0		0.1	0		0.1	0	
	8	NO$_2$ 浓度/(mg/m^3)	0.012	0.010		0.025	0.006		0.024	0.007		0.015	0.009	
	9	SO$_2$ 浓度/(mg/m^3)	0.013	0.020	1.268	0.058	0.001	0.729	0.013	0.02	1.096	0.007	0.023	1.206
	10	地表水水质达标率/%	0	-0.026		100	0		100	0		100	0	
	11	噪声达标率/%	100	0.002		95	0.001		95	0.000 8		95	0.000 8	
	12	绿地覆盖率/%	40.98	1.254		23.72	0.721		35	1.069		38.39	1.174	

续表

准则层	指标序号	指标名称	现状值	相对剩余率	分项合计	规划方案值	相对剩余率	分项合计	规划优化方案值	相对剩余率	分项合计	改善型3优化方案值	相对剩余率	分项合计
	13	万元工业产值废水排放量/t	17.28	-0.051		8.2	-0.013		4.97	0.000 1		5.58	-0.002	
	14	万元工业产值 COD 排放量/kg	4.96	-0.018		0.48	0.002		0.36	0.003		0.26	0.003	
	15	万元工业产值 SO$_2$ 排放量/kg	0.47	0.016	-0.064	0.44	0.016	-0.003	0.3	0.017	0.022	0.29	0.017	0.022
	16	万元工业产值烟尘排放量/kg	0.70	0.006		0.64	0.006		0.45	0.007		0.41	0.007	
	17	人均生活污水排放量/(t/a)	114.98	-0.016		106.04	-0.014		63.88	-0.004		56.21	-0.003	
资源环境子系统	18	工业废水排放达标率/%	100	0		100	0		100	0		100	0	
	19	城市污水集中处理率/%	4.1	-0.009	-0.009	85	0	0.001	100	0.002	0.003	100	0.002	0.003
	20	工业固体废物处置利用率/%	95	0.000 5		100	0.001		100	0.001		100	0.001	
	21	单位 GDP 水耗/(m³/万元)	293.18	-0.060		47.81	0.043		41.54	0.046		28.75	0.051	
	22	建设用地适宜性指数/%	32.05	0.005		68.93	0.001		49.85	0.003		46.38	0.004	
	23	产业密度/(万元 GDP/km²)	551.45	-0.006	-0.005	22 028.99	0.079	-0.26	22 028.99	0.079	-0.049	27 380.51	0.100	-0.011
	24	城市污水回用率/%	0	-0.021		20	-0.013		50	0		50	0	
	25	人均年生活用电量/[(kW·h)/a]	40	0.077		3 282	-0.370		1 884	-0.177		1 799	-0.165	
总计				1.40	1.40		0.81	0.81		1.42	1.42		1.74	1.74